U0232378

参与撰写人员

袁　刚	姜守达	岳明桥	孙　超
王雪峥	周　玢	余　彪	杨继坤
牛龙飞	鲁培耿	肖　飞	刘继光
黄济海	李修深	郑启宁	侯长满

逻辑靶场公共体系结构设计

金振中　宋　琳　许雪梅　著

科学出版社
北　京

内 容 简 介

本书针对跨靶场、跨军种、跨区域的联合试验鉴定需求，结合基于实战化考核的试验鉴定理论，系统阐述逻辑靶场在试验鉴定领域的作用以及逻辑靶场公共体系结构对联合试验鉴定的意义；分析靶场存在的问题和装备发展对试验鉴定的现实需求，提出逻辑靶场公共体系结构多维视图总体框架，重点设计系统视图、软件视图、技术视图、运行视图、应用视图，提出关键技术；列举海上靶场典型工程应用，验证逻辑靶场公共体系结构在方法上具有可操作性，在应用上具有可行性。本书对于逻辑靶场在试验鉴定领域的推广应用具有指导意义和引领作用。

本书可为联合试验鉴定领域的指挥员、管理者和工程技术人员提供参考。

图书在版编目(CIP)数据

逻辑靶场公共体系结构设计/金振中，宋琳，许雪梅著. —北京：科学出版社，2019.12

ISBN 978-7-03-063750-5

Ⅰ. ①逻…　Ⅱ. ①金…　②宋…　③许…　Ⅲ. ①靶场-结构设计-研究　Ⅳ. ①TJ06

中国版本图书馆 CIP 数据核字(2020)第 280565 号

责任编辑：李　欣　田轶静／责任校对：邹慧卿
责任印制：吴兆东／封面设计：陈　敬

科学出版社 出版
北京东黄城根北街 16 号
邮政编码：100717
http://www.sciencep.com

北京九州迅驰传媒文化有限公司印刷
科学出版社发行　各地新华书店经销
*
2019 年 12 月第　一　版　开本：720×1000　B5
2021 年 3 月第二次印刷　印张：20 3/4
字数：404 000

定价：158.00 元

(如有印装质量问题，我社负责调换)

前　言

逻辑靶场是构建贴近实战的联合试验鉴定环境最有效、最经济的途径，这种观点已被我军试验鉴定领域越来越多的专家认可。逻辑靶场工程应用的基础是体系结构，它是逻辑靶场建设所遵循的总体规划和技术标准，美军逻辑靶场的体系结构是“试验训练使能体系结构”(TENA)，编写组称之为“逻辑靶场公共体系结构”。国内对于逻辑靶场的研究与应用起步较晚，理论和技术支撑有限。我们总结提炼了十五年来逻辑靶场构建领域的研究成果和实践经验，形成了具有较强操作性的逻辑靶场公共体系结构设计实现方法和典型应用案例，力求为靶场试验鉴定管理人员和技术人员提供有价值的参考。

本书包括九章内容，其中第 1 章绪论，阐述逻辑靶场起源、相关概念以及对于试验鉴定领域的重要作用；第 2 章基于实战化考核的试验鉴定理论，阐述按照实战化考核要求进行作战试验、一体化试验、体系试验的试验鉴定理论、方法、流程等；第 3 章逻辑靶场公共体系结构总体设计，分析当前靶场存在的问题和需求，提出逻辑靶场公共体系结构设计思想和多维工程视图设计框架；第 4 章逻辑靶场公共体系结构系统视图，主要设计逻辑靶场公共体系结构的组成、功能以及与任务需求的关联关系；第 5 章逻辑靶场公共体系结构软件视图，主要设计各种软件功能和开发方法，以此实现靶场各类资源间的互操作、重用、组合等信息服务能力；第 6 章逻辑靶场公共体系结构技术视图，主要设计逻辑靶场公共体系结构构建需要遵循的技术标准，为系统视图和软件视图的实现提供标准规范约束和指导；第 7 章逻辑靶场公共体系结构运行视图，阐述按照需求建立起来的任务系统如何在公共体系结构框架下有效运行，对试验系统运行四个阶段的流程和方法作详细描述；第 8 章逻辑靶场公共体系结构应用视图，阐述如何利用逻辑靶场的资源、工具软件、关键技术和标准等建立靶场试验训练领域的多种应用，明确应用系统构建方法；第 9 章逻辑靶场公共体系结构工程应用，阐述相关关键技术，通过具体案例描述典型工程应用。

本书是在逻辑靶场相关课题成果基础上凝练而成的，在研究编写过程中，黄柯棣教授和李伯虎院士给予了悉心指导，还得到了许多领导、专家和同行的支持和帮助，在此一并表示感谢。

限于作者的水平和经历，书中难免存在不当之处，敬请指出和海涵。

著　者

二〇一九年八月

目 录

第1章　绪　　论

随着我军战斗力建设进程的不断加快，武器装备建设进入到一个新的发展时代。将性能试验、作战试验和在役考核三大类装备试验鉴定贯穿于装备发展全寿命过程，实现独立、严格、全寿命、全方位、紧贴实战的试验考核，是适应新时代国防和装备建设发展的必然要求。其中性能试验要突出复杂电磁环境、复杂地理环境、复杂气象环境和近似实战环境等条件下的检验考核，充分检验装备性能指标及其边界条件，兼顾考核装备作战与保障效能；作战试验要着力构建逼真的战场环境，确保被试装备能在近似实战条件下进行深度试验鉴定，全面摸清装备实战效能、体系融合度和贡献率等综合效能底数。这些目标任务对靶场试验现状提出了挑战。如何构建逼真的、贴近实战的试验环境是靶场研究人员亟待解决的紧迫问题。这种近似实战的试验环境需要投入大量经费，因此不可能完全重构，那么能否利用靶场现有各类试验资源，通过一定的技术手段进行综合集成，实现资源共享，实现外场实装和内场仿真资源的互联、互通、互操作，实现多靶场、多系统、多部门的分布式协作，从而构建贴近实战的联合试验环境，确保装备的充分考核？实践表明，设计逻辑靶场公共体系结构并将其应用于试验鉴定领域，是解决上述问题可行而现实的有效途径。

1.1　逻辑靶场起源

“逻辑靶场”的思想首先由美军提出，它的提出具有深厚的需求背景。美国国防部投入大量资金建设了各种类型、功能各异的试验训练靶场与设施，用于美国各军种和试验训练机构进行装备试验和部队训练。这些以军种和武器类别为中心建设的靶场和设施，具有地理位置相对分散、功能单一的特点。随着各靶场任务类型和所需资源的扩展，每个靶场都“烟囱式”地独立发展，不仅造成大量项目的重复建设，还严重阻碍了靶场之间的互操作和资源重用，影响了靶场经济的高效发展。

因此美军认为，将逻辑靶场概念引入试验与训练领域可以解决目前存在的诸多问题。具体需求如下。

第一，联合试验训练需求。面对世界新军事革命挑战，美军相继提出了“2010年联合构想”“2020年联合构想”等研究计划以及“网络中心战”等作战概念，基于这些作战概念框架下的试验和训练是以信息为中心、以联合作战为特征的。联合作战规模和形式早已超出了任何单个靶场的能力范围，要实现完整作战过程的试验和训练，任何单一靶场都无能为力，而完全重建全新的靶场不切实际。在这种需求和背景下提出了互联各类靶场和设施以建立逻辑靶场，为联合试验训练提供支撑，从而为美军的试验训练转型指明了方向。

第二，外场实装和内场仿真有机结合需求。美军国防部提出“基于仿真的采办”战略，其目标是减少武器装备采办过程相关的时间、资源及风险，以模型和仿真为纽带建立跨功能、跨阶段、跨部门的协同环境，进行一体化的研究、开发、试验与训练，促进各类试验设施和各采办阶段试验获得一致性信息，强调在采办中贯彻仿真、试验和评估过程，通过“模型 - 试验 - 模型”的方法产生更高质量的产品并获得经过试验验证的模型，促进模型和仿真更好地应用于包括试验与训练在内的众多军事应用领域。这种要求外场实装和内场仿真有机结合的需求，极大地推动了逻辑靶场概念在试验训练领域的应用。

第三，武器装备试验训练评估需求。随着武器装备越来越先进、复杂，对它们进行试验和训练的范围越来越广，能力要求也越来越高。为进行充分评估，所需采集数据的复杂性和规模大大增加，这迫使美军越来越多地要求进行跨靶场与设施边界、跨试验训练边界、跨真实的 - 虚拟的 - 构造的 (LVC) 边界的联合试验训练。这种跨各类边界进行联合试验训练并对试验训练进行充分鉴定评估的需求正是逻辑靶场理念能够真正解决的问题。

第四，靶场试验训练资源高效共用与互操作重用需求。美军用于靶场基础设施建设的投资普遍消减迫使靶场设施的建设与维护必须采用新的投资战略，靶场间必须尽可能地开发可共用的各类试验训练资源，靶场的运作也必须经济高效。由于试验和训练的内容及其过程与方式的变化，再加上资金和资源等方面的限制，所以美军的试验与训练面临诸多挑战，为保证能在联合环境下最大限度地考察武器系统的性能和效能或对作战部队进行训练，并坚持“按作战方式进行试验和训练”，美军认为，已有的试验训练资源必须得到更高效的利用，这些资源不仅包括各试验训练靶场的各种外场实装资源，还包括各种常用的建模与仿真设施、测量设施、系统集成实验室、硬件在回路实验室、系统安装试验设施中各种虚拟的或构造的资源，各类资源必须能互操作、重用、可组合，能进行一体化联合试验训练。这种资源共享共用、互操作、重用以及灵活组合的需求只有通过逻辑靶场思想才能实现。

“逻辑靶场”概念背后显现的是美军试验和训练领域的深刻转型，是美军基于各靶场和设施的能力实现联合试验训练的强烈需求，同时也是美军实现联合作战能力的技术途径。

1.2 逻辑靶场相关概念

相关概念主要包括逻辑靶场、逻辑靶场公共体系结构、互操作、对象模型等。

1.2.1 逻辑靶场

逻辑靶场不同于传统意义上相互独立的现实靶场，它是一个没有地理界限的靶场，利用信息网络将已具备一定信息化水平的靶场联为一体。逻辑靶场的主要特点表现在资源的分布性、功能的可扩展性、运行的互操作性、数据的可共享性以及规模的可缩放性，达到以相对较小的投入，突破单个靶场在试验空间、试验资源和试验能力等方面的限制，构建一个集成各种 LVC 资源的复杂、逼真而又灵活的联合任务试验环境的目的，以减少靶场间的重复建设，降低靶场设施与软件的采办与维护成本，促进试验鉴定与训练资源跨靶场的分布式使用。

逻辑靶场是指没有地理界限、跨靶场与设施的试验训练资源的集合体，可用于构建逼真的试验训练环境，完成试验训练任务的真实与虚拟的资源主要包括空域、海域、实际的部队、武器和平台，以及模拟器、仪器仪表、模型与仿真、软件与数据甚至试验训练计划等，通常分布在不同的试验训练靶场、设施或实验室中，一旦试验训练任务需要，就可以快速配置、组合成具体的逻辑靶场，进行一体化的联合试验训练。

逻辑靶场的基本概念可从两方面加以理解。一方面，相对于传统的单个野外靶场而言，逻辑靶场可根据具体的试验训练需要，由分布在不同位置的靶场组成，而不限于某个具体的物理靶场，逻辑靶场本身不是固定的，可以根据任务需要和靶场能力灵活组合、共享不同靶场的资源，建立具体的逻辑靶场；另一方面，在真实野外靶场的基础上，还可组合、共享各种仿真资源，包括计算机建模与仿真资源，从而将真实世界融入仿真世界，或者说通过仿真世界来扩展真实世界。

逻辑靶场需要在平时就实现各试验训练靶场和设施的互联，用时根据具体目标按需“无缝集成”。除了真实的武器和兵力间可以彼此交互，它们还可与仿真的武器和兵力交互而不管各种资源位于何方，从而使一个个烟囱式的靶场变成一体化联合试验训练的靶场联合体，即“联合试验训练靶场”。

“逻辑靶场”的概念小到每个靶场与设施 (内场与外场) 的一体化，大到多靶场联合 (区域性靶场联合体)，直至基于全球信息栅格的全球化靶场与设施联合试验训练。因此，基于逻辑靶场概念的一体化试验训练，可从一个靶场与设施开始，逐步扩大到整个国家的各种靶场与设施；平时实现各靶场的互联、互通、互操作，用时根据试验训练的目的“按需组合配置”，从而达到利用“事先准备好”的各种能力随时满足联合试验训练的目标。

随着试验训练理论与方法的发展，美军的靶场与设施的应用模式也不断发展，各靶场与设施为了提高自身的能力并扩展自身的任务范围，除了努力实现自身资源的一体化综合集成与联合使用外，还尽可能地加入区域性靶场联合体，区域性靶场联合体再联合起来，逐步形成全球化的联合试验训练能力，这样不仅实现了各靶场与设施及区域性靶场联合体内部的纵向联合，还着重加强各区域性靶场联合体之间的横向联合，从而真正实现联合作战环境下的联合作战试验训练。

在逻辑靶场概念下，许多靶场和设施根据自身的任务使命、地理特征及能力需求，与其他靶场和仿真设施进行互联、协作，进行联合试验训练。美军目前已形成了多个不同规模的区域性靶场和设施联合体，如切萨皮克区域靶场联合体、西南靶场联合体、西南防御联合体、沿海作战训练联合体等。

例如，著名的美军电子战环境模拟器系统是一个“硬件在回路”的电子战试验设施，其本身就是由多个实验室互联组成的分布式试验设施。为了扩展试验训练的范围和提高逼真度，它还通过网关与其他靶场设施联合进行试验，目前已实现互联的靶场和试验设施包括爱德华兹空军基地、科特兰空军基地、埃格林空军基地、内利斯空军基地的试验或训练靶场、海军空战环境试验与评估设施，以及一些作战仿真实验室。其中的海军空战环境试验与评估设施既是“大西洋靶场与设施”中的重要地面设施，还是萨皮克区域靶场联合体的重要成员。它可以通过互联应用于联合试验训练，在网络中心战试验和基于仿真的采办中具有重要的地位。

1.2.2 逻辑靶场公共体系结构

体系结构的英文单词为 architecture，也翻译为架构，这一概念来自建筑行业，表示设计建筑物及其结构的艺术与科学以及建筑物本身的式样、风格等。后来，人们借鉴建筑学中的思想，将体系结构一词应用到计算机硬件、系统工程以及信息系统等领域。在计算机领域，体系结构表示系统的组成要素及其相互关系，以及指导系统设计和发展的原则和指南。1987 年，扎克曼提出了 "Zachman 框架"，首次给出了信息系统的体系结构描述框架，建立了一种易于理解的，描述和表示系统任务、组成、功能和结构的逻辑模型，使得复杂系统工程中的各种人员能从各个不同视角描述系统。为解决海湾战争中暴露出的 C4ISR 系统互操作问题，美国国防部借鉴 Zachman 框架，率先在军事领域建立了体系结构设计规范，制定并颁布了一系列 C4ISR 系统体系结构框架。进入 21 世纪后，美军将体系结构方法应用领域从 C4ISR 系统扩展到国防和军队建设所有使命域，引发了世界各国军事规划者和系统建设者的极大兴趣和研究应用热情。无论是建筑行业，还是民用、军用软件与信息技术，以及其他诸如工业、航空等领域应用体系结构的原理目的都是一致的，即完整地、高度一致性地、综合全面地、平衡各种利弊地、有技术和市场前瞻性地设计系统和实施系统。综合来讲，体系结构是用来明确信息系统组成单元的结构及其关系，以及制定系统设计和演进的原则和指南，涵盖了系统组成单元的结构，组成单元之间的交互关系、约束、行为，以及系统的设计、演化原则等方面的内容。

1.2.2.1 几种体系结构的比较

体系结构的统一规划是解决靶场互联、互通的关键。美军在实现分布式试验鉴定能力的初期，就将体系结构的构建作为首要工作。美军使用的分布式体系结构主要有四种：分布式交互仿真 (DIS)、高层体系结构 (HLA)、通用训练仪器结构 (CTIA) 和试验与训练使能结构 (TENA)。分布式体系结构的发展得益于建模与仿真的发展，前三种结构直接来自建模与仿真技术，只有 TENA 是专门用于试验鉴定与训练领域的，而其本身也是以 HLA 为基础发展而来的。

1) 分布式交互仿真

DIS 中的“分布”是指参与系统仿真的实体可以在不同地理位置的多台计算机上运行，且各个实体单元的计算工作相对独立；“交互”是指仿真系统与实体之间具有交互作用，在一定意义上也体现了“人在回路”(HITL) 中的操作性。DIS 是由美国国防部高级研究计划局 (DARPA) 的“仿真网络”(SIMNET) 计划发展而来的，并成为国际电气和电子工程师协会 (IEEE) 标准协议。DIS 协议对 HITL 的平台级仿真进行了优化，具有容错性较好、在实时性和快速性上要求不高的特点。例如，HITL 平台级应用能够较好地处理操作人员反应延迟而造成的事件顺序错位。因此，DIS 应用不要求严格的时间管理。同样，HITL 平台级应用对于偶发性数据包丢失的容错性也较好，降低了对数据传输可靠性的要求。此外，DIS 也不需要像其他结构那样提供复杂的信息过滤能力。

2) 高层体系结构

HLA 源自 1995 年 10 月美国国防部建模与仿真办公室发布的“建模与仿真主计划”。这一计划提出了由 HLA、任务空间概念模型和数据标准化三部分组成的建模与仿真通用技术架构。其中，HLA 是通用技术架构的核心内容，以 DIS 和聚合级仿真协议 (ALSP) 为基础发展而来的。它的核心思想是互操作和可重用性，其显著特点是通过“运行支持环境”软件系统，提供通用的、相互独立的支撑服务程序，将仿真应用同底层的支撑环境分开，即将具体的仿真功能实现、仿真运行管理和底层通信传输三者分离，相互屏蔽各自的实现细节，从而使各部分能够相对独立地开发，同时能够充分利用各领域的先进技术。在 DIS 中，仿真网络从逻辑上看是一种网状连接，在 HLA 下，仿真网络呈现出一种星形的逻辑拓扑结构。这种结构使仿真网络中的通信更加有序，仿真网络的规模扩展更加易于实现。

3) 通用训练仪器结构

CTIA 是美国陆军实装训练转型计划开发的主要针对地面机动训练的公共训练体系结构。其任务是：描述陆军机动作战训练中心公共作战需求的产品线体系结构规范及其框架的产生；分析、设计、开发、集成、试验、仿真、验证 CTIA 的可共用、可重用组件子集；分析、设计、开发、集成、试验、仿真、验证目标训练仪器的系统和子系统原型。CTIA 是一种地面机动领域特定的体系结构，其特性：聚焦于数据与信息处理的相关性；收集并处理真实训练数据以满足演练需求；聚焦于数据库、工作站、参演者/实体状态等数据处理；通过公共的即插即用组件支持训练系统的快速配置；逻辑上集中式提供服务及数据。CTIA 是一个基于组件的体系结构，重点关注以下几方面：① 可重用的组件及其仓库；② 利用 C4ISR 组件；③ 与联合技术体系结构——陆军、国防信息基础设施公共运行环境、高层体系结构兼容；④ 与陆军训练信息体系结构数据进行交换；⑤ 与实装、半实物、数学仿真进行连接；⑥ 迭代、螺旋式开发；⑦ 作为国家训练中心目标仪器仪表系统及所有其他实装训练转型计划的重要产品。

4) 试验与训练使能结构

TENA 最初由 1998 年美国国防部启动的 FI2010 工程提出，2005 年 FI2010 工程结束，TENA 转入美国国防部试验资源管理中心的中央试验鉴定投资计划而继续发展，在联合任务环境试验能力 (JMETC) 计划的推动下，TENA 在美军试验鉴定界得到广泛应用。TENA 主要由四个基本部分构成：TENA 应用、TENA 公共基础设施、TENA 实用程序和非 TENA 应用。

TENA 应用包括与 TENA 兼容的靶场仪器仪表或处理系统的靶场资源应用，如各种内场计算机仿真系统、外场测控系统等，它们是构建逻辑靶场的关键要素，还包括提供界面显示、监控和分析等辅助功能的应用程序，被称为 TENA 工具集。

TENA 公共基础设施包括 TENA 中间件、资源仓库和数据档案。TENA 中间件提供底层通信连接功能，支持信息的实时交换；资源仓库用于存储已有的靶场资源应用信息和逻辑靶场信息，以备查询和读取；数据档案用于存储逻辑靶场配置数据、靶场运行期间产生和收集到的数据，其物理存在既可以是分布式的也可以是集中式的。此外，TENA 公共基础设施中还有一项重要组成部分，即 TENA 对象模型，它是对靶场事件过程中涉及的各种对象进行的建模，并能够作为一种通用语言在各靶场之间进行通信。已经被认可或者标准化后的 TENA 对象模型，都存储在资源仓库中。在逻辑靶场中运行的对象模型称为 “逻辑靶场对象模型”，它可以是从资源仓库中直接读取的已有的 TENA 对象模型，也可以是全新开发的对象模型。TENA 提供了超过 150 个对象模型的定义及程序模块，其中包括标准的 TENA 雷达对象模型、GPS 对象模型、平台对象模型、时空地理信息对象模型、应用管理对象模型以及其他关注 TENA 技术及其应用的机构或公司所定义的、具有特定应用背景的各种各样的 TENA 对象模型。

TENA 实用程序包括对象模型实用程序、资源仓库实用程序、逻辑靶场规划实用程序、数据收集器和数据档案管理器等。这些实用程序主要为逻辑靶场使用 TENA 及相应的管理而特别设计，用于解决逻辑靶场使用中的某一类具体问题。

非 TENA 应用包括 TENA 网关以及与非 TENA 系统之间的通信。TENA 网关主要实现非 TENA 系统与 TENA 系统之间的通信，能够在靶场仪器仪表、处理系统、被试系统、待训人员、仿真系统与 TENA 系统之间建立一套通信协议机制。

5) 体系结构间的比较

综合上述几种体系结构特点，DIS 和 HLA 体系结构在分布式试验鉴定发展的初期起到了较好的支持作用。虽然这两种结构并不是针对试验鉴定领域而发展的，但为 TENA 的开发设计奠定了重要基础。

从支持靶场一体化联合试验训练的标准体系结构来看，上述体系结构具有可兼容现有不同靶场不同能力的特性。例如，DIS 的制定充分考虑了支持不同年代、不同商家的系统产品综合集成的能力；HLA 将仿真功能和数据分发功能完全分离开来，对底层的仿真实现根本不做限制，对系统交换的信息格式也由用户具体定义，从而可灵活地支持各种不同类型、不同规模的应用；而 TENA 则将系统兼容的标准化程度逐步发展，从而可支持快速组合各靶场现有能力，实现标准化程度更高的靶场一体化联合试验训练。

(1) DIS 和 HLA 的比较。

DIS 较 HLA 具有以下一些技术局限性：只是网络协议标准，没有其他的服务；固定的协议数据单元 (PDU)，不灵活；所有数据大小必须在以太网帧大小之内 (大约 1500 字节)；数据只有不可靠发送方式，没有可靠发送方式；数据广播到所有节点，迫使所有节点带宽增加，不管是否需要该消息，要求每一个系统处理每一个消息，没有优化发送机制，没有多播；只有一个坐标系统可用，任何情况都必须依据地心条件定义，坐标转换费时，不可靠性增加。

(2) HLA 和 TENA 的比较。

HLA 和 TENA 在应用目的、适用范围和技术目标等方面都有所不同。

从应用目的来看，HLA 的目的主要在于促进各种仿真之间及其与 C4ISR 系统之间的互操作，促进仿真的重用。互操作方面，HLA 要求仿真具有既能交换数据 (通过“接口规范”支持)，又能对所交换的数据进行一致描述 (通过“对象模型模板”支持）的能力。重用方面，HLA 要求可执行的仿真组件共享模型、算法及参数值；对于各种应用领域所要求的超出 HLA 所能提供的互操作和重用部分，则只能通过遵守共同的约定（如定义接口控制文档）才能实现。而 TENA 就针对试验训练领域的公共部分做了更多的标准化工作。而 TENA 的目的主要在于促进试验与训练资源之间的互操作、重用和可组合，从而促进 2020 年联合设想及网络中心战的实现；使得基于仿真的采办和仿真、试验和评估成为可能；促进基于“逻辑靶场”概念的一体化联合试验训练；并为未来通用的靶场仪器仪表系统开发奠定基础。

从适用范围来看，HLA 是美国国防部建模与仿真公共技术框架的核心部分，它不是针对特定应用领域而设计的，中立于具体的应用领域，因而适用于所有应用领域（如分析、试验、训练等）中的建模与仿真的开发与集成。它可将 LVC 资源集成起来互操作。而 TENA 针对试验与训练领域设计，因而适用于各种常见的试验与评估资源，如野外靶场、系统安装试验设施、硬件在回路设施、系统集成实验室和计算机建模与仿真等，以及各种训练资源（如训练靶场、可配置的模拟器等）的开发与集成。

实际上，HLA 规范的是建模与仿真 (M&S) 系统的开发与集成，而 TENA 规范的是试验与训练系统的开发与集成。但是，由于 M&S 在试验与训练领域得到大量应用，并且对于 HLA 来说各种构造的、虚拟的和真实的资源逻辑上都是一样的，因此除了支持各类仿真系统的开发与集成外，HLA 还支持各种试验与训练系统的开发与集成。所以，HLA 必须非常灵活，特别是对具体应用的实现所施加的限制必须非常少。这样，对于具体领域的特定需求，只能由具体的领域具体解决。正因如此，TENA 针对试验与训练领域的特定需求对 HLA 进行了扩展，提供了试验和训练所需的更多特定的能力。所以，HLA 比 TENA 更灵活，适用范围更广，而 TENA 更专用，对试验和训练提供了更多的支持。但它们都具有将各种用于试验与训练的仿真、设施及靶场资源按照需要进行动态组合、重用、集成的思想，通过重用和互操作，灵活、高效地形成复杂、逼真的试验与训练环境以支持一体化联合试验或训练的能力。

1.2.2.2 逻辑靶场公共体系结构内涵

靶场与设施无边界一体化联合试验训练的高效实现并不容易，首先必须具有促进各靶场和设施中的各种资源互操作、重用和可组合的公共体系结构。对于某个领域来说，如果没有一个整体的体系结构，就没有一种系统化地建设大规模系统或系统集成的机制，可能导致许多烟囱式的系统。

逻辑靶场公共体系结构是逻辑靶场建设所遵循的总体规划和技术标准，就是以统一的组织结构来规范靶场内部各系统、各要素之间的相互关系，实现靶场与靶场之间、系统与系统之间、实装与仿真之间的互操作、重用、可组合能力，实现众多地理分散的靶场资源的综合集成，实现靶场的区域合成、功能合成、领域合成，从而经济、高效地构建一个集成各种 LVC 资源的复杂、逼真而又灵活的联合试验环境，完成贴近实战的一体化的联合试验训练任务。

逻辑靶场公共体系结构最重要的两个特性：一是互操作，它是靶场各类资源协同、共享的基础；二是建立标准对象模型，它是靶场各类资源相互通信的“公共语言”，通过它才能实现靶场资源语义程度上的互操作。只有具有这两个特性才使资源综合集成成为可能。

1.2.3　互操作

互操作是逻辑靶场公共体系结构最重要的特性之一，可从组织、抽象、实现三个层面着手解决互操作的相关问题。与互操作性相伴而生、相互影响的概念还有可重用性和可组合性。

1.2.3.1　互操作内涵

互操作，简单地说就是两个系统之间交换数据的过程。当人们试图将两个系统连接起来的时候，就会不可避免地遇到互操作问题。可是由于应用领域广泛，系统类型繁杂，目前还没有形成关于互操作和互操作性的统一的准确定义。不同领域基于自身对互操作的要求和理解对互操作性给出了许多不同的定义，甚至在同一领域内由于出发角度和侧重点的不同，定义也有很大差别。

关于互操作性最早的定义出自《美国国防部军事术语词典》。互操作性是“系统、单元或部队为其他系统、单元或部队提供服务的能力，以及从其他系统、单元或部队接受服务和使用所交换的服务，以使它们能够有效地协同工作的能力”。该定义在 1977 年第一次给出，至今仍是应用较广的定义之一。该定义包含一些重要的观念：① 互操作发生在多种类型的实体之间 (如系统、单元、部队等)；② 互操作是实体之间的一种关系；③ 互操作其实是一种交换；④ 互操作需要一个提供者 (provider) 和一个接受者 (acceptor)；⑤ 互操作的目的是有效地协同合作。IEEE 对互操作性的定义有四种，其中最广为人知的是：两个或更多的系统或要素交换信息和使用已交换的信息的能力。在建模仿真领域，互操作性定义为：模型 (或仿真) 向其他模型 (或仿真) 提供服务、从其他模型 (或仿真) 接受服务以及使用这些服务实现相互有效协同工作的能力。

互操作的性质包括：一是目的性，互操作的直接目的是系统之间完成数据和信息的交换，最终目的是各系统均能获得运行所需信息，相互协同完成共同的任务；二是多元性，互操作发生在两个或多个系统之间；三是多样性，互操作的类型很多，技术上、组织上、运作上都存在互操作，这些互操作具有较大的差异性。它具有两重内涵：第一，互操作性是一种系统性质，是系统自身所具有的一种能力，与系统的设计思想、实现方式等特征紧密相关；第二，互操作性是两个系统之间进行互操作的能力和效果，由两个系统各自的互操作性质的匹配度决定。通常的互操作性定义倾向于第二种内涵，对系统自身特征的影响有所忽视。互操作性的基本特性：一是不可传递性，系统 A 能与系统 B 互操作，系统 B 能与系统 C 互操作，但并不能确定系统 A 与系统 C 之间的互操作性；二是层次性，从无操作到完全互操作之间存在多个层次的互操作水平；三是模糊性，互操作性是非精确的，系统之间的互操作性存在较大的动态范围。

在靶场领域，互操作意味着两个以上各自独立的系统通过信息交互机制能够一起协同工作，使其功能互补以实现共同目标。这是体现联合试验鉴定体系能力最基础、最核心的技术特性。根据构成体系的各个系统之间能够实现互操作的层次对体系的互操作性进行评价，层次高则互操作性好，层次低则互操作性差。互操作层次如图 1.1 所示，从底向上，每个层次描述了两个或多个系统之间的关系，它们之间的互操作程度不断增加。

第一层互操作是语法互操作，但其功能非常有限；第二层语义互操作表明了系统之间互换的信息可以相互理解，可实现一个系统与另一个系统协同工作，这是联合试验鉴定体系能力所要求的；第三层无缝互操作是在语义互操作基础上的进一步发展和完善；第四层自适应互操作则是互操作的最高级，是联合试验鉴定体系建设的最高境界。

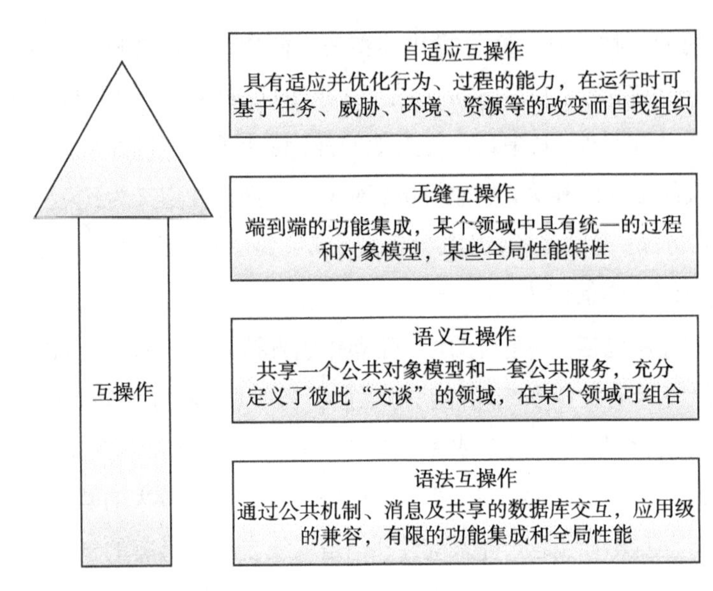

图 1.1　互操作层次图

1.2.3.2　互操作相关概念

与互操作性相伴而生、相互影响的概念还有可重用性和可组合性。

可重用性源于仿真模型在应用情景变化时能够继续使用的能力，是对仿真模型在新应用中是否可用的一种度量。模型重用有独立性和系统性两个方面的特征：独立性主要体现在模型的建立和使用存在一定的独立性，如建模过程和使用过程相独立，建模人员与集成人员相分离等；系统性则指模型的重用是有目的、有针对性的系统化过程，要求在模型建立之初面向重用，对重用的可能性及程度有充分认识，设计达到相关要求，开发完成之后还需要对模型的兼容性、正确性进行测试。仿真模型可重用性的判定取决于应用情景的兼容性和行为逻辑的等价性。在逻辑靶场领域，可重用意味着某个给定的产品除了能用于开发它的靶场与设施外，还能用于多个靶场或设施，可重用要求某个产品能依据某个给定的上下文而裁剪使用。可组合是指快速集成、初始化、测试、运行一个由具有互操作性的各元素组成的逻辑靶场的能力。联合试验鉴定体系是由若干原本独立的试验资源通过网络互联、信息交互机制建立起互操作关系而形成的。如果这些试验资源同时又具有良好的可重用性，那么联合试验鉴定体系的可用资源就会变得丰富起来。可重用性是联合试验鉴定体系提高资源共享能力的重要技术特性。

可组合性源于快速开发大型复杂仿真系统的需求，可以根据实际需求灵活地组合各种仿真组分形成新的仿真应用，要求仿真组分具备可组合性。可组合性可以分为工程可组合性和模型可组合性两个层次：工程可组合性要求待组合组分之间的实现细节是兼容的；模型可组合性主要关注模型的组合是否有意义。可组合性的特点主要体现在以下几个方面：可重用的仿真模型、快速灵活的组合与再组合过程、异构模型集成的能力、组合结果的有效性。在试验鉴定领域，不同的组合形成不同的新系统，产生不同的新功能。拥有的各种互操作、可重用的系统越多，体系的可组合能力就越强。可组合性是体现联合试验体系功能聚合、形成能力“涌现”行为最关键、最重要的技术特性。试验鉴定体系的可组合性主要有两个方面：一是可供组合的试验资源数量，数量体现可组合的范围；二是可供组合的层次，层次体现可组合的粒度。组合的粒度是根据试验体系的任务需求来确定的，任务选择粒度，粒度确定层次。

互操作性、可重用性、可组合性都是为了提高系统适用性、实现系统快速有效开发而提出的。三者尽管起点不同，但却殊途同归，其关系如图 1.2 所示。

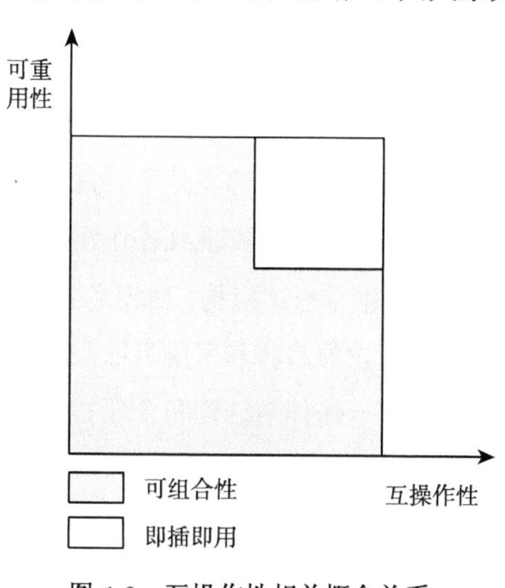

图 1.2 互操作性相关概念关系

可重用性主要关注系统自身，是一种一元性质，强调系统能够适应多种应用情景；互操作性主要关注系统之间的交互，是一种二元性质，强调系统之间能够有效地交换相关信息实现协同工作；可组合性主要关注模型的组合机制，也是一种二元性质，强调模型概念的一致性和组合的正确性。当三者都达到最高等级时，系统开发也就达到了梦寐以求的终极目标——即插即用。

1.2.3.3　互操作实现途径

信息化联合作战要求打破原来各军兵种“烟囱”式的“平台中心战”作战指挥体系，转变成开放式、扁平化的“网络中心业务运作和网络中心战”。美军 2020 年联合构想指出：系统的互操作性是有效开展联合作战的基础。而在试验领域，随着信息技术的迅猛发展，武器装备自动化、信息化、网络化程度不断提高，涌现了大量的高新技术装备，武器装备呈现出明显的体系化发展趋势，单一指标、单一平台和单一环境下的试验鉴定已难以对体系化装备作战效能进行有效评估，整合各试验靶场构建逻辑靶场，对联合作战环境下的装备体系作战能力进行全面考核成为试验鉴定面临的重要挑战之一。而互操作性正是构建逻辑靶场的基石。一个开放式的、一体化的互操作架构是解决信息孤岛、提升逻辑靶场无缝连接的基础。因此，构建靶场公共体系结构时必须以互操作性为基本出发点，遵循一定的体系结构开发原则，确保最终实现的系统具备与目前及将来所要实现的一体化试验能力相适应的互操作性。

在逻辑靶场上，互操作问题可归结为三个方面：一是组织层面缺少统一协调造成的短视性；二是抽象层面缺少标准造成的概念不一致性；三是实现层面受条件及环境所限造成的底层技术异构性。因此在实现互操作性时也要从这三个方面入手。

(1) 组织层面。建立统一的领导协调机构，对靶场各专业领域系统开发的全生命周期过程进行指导。结合技术发展趋势和系统目标，充分考虑与行业内其他系统的兼容性和向后扩展性，采用统一的体系结构和合理的技术架构，在设计之初为系统的互操作性奠定基础。

(2) 抽象层面。建立遵循逻辑靶场标准的对象模型库，提供权威信息，确保对靶场领域内资源对象理解的一致性。对象模型是对靶场领域中实体、环境、关系、过程的描述，应提供尽可能全面详细的信息。

(3) 实现层面。在抽象层面基础上，实现层面可以有两种解决思路：一是采用对象模型自动映射生成相关模型，这样不仅减少了实现过程的工作量，而且有利于降低底层技术异构带来的影响；二是将模型服务化，建立模型库，实现共享服务空间，根据试验目的调用模型，快速生成试验系统，服务化可以较好地实现互操作。

1.2.4 对象模型

对象模型是靶场各类资源相互通信的“公共语言”，通过它才能实现靶场资源语义程度上的互操作。对象模型的开发是逻辑靶场运行最重要的任务，也是一个螺旋渐进、反复迭代的过程，需要经过多年努力才能使之逐步标准化。

1.2.4.1 对象模型内涵

对象 (object) 用于描述真实世界的实体，在任一给定时间，对象的状态定义为其所有属性值的集合。对象模型 (object model) 是用来表达客观世界的一组对象的集合，它描述了各对象的属性、对象间的联系和交互。建立并标准化对象模型是逻辑靶场体系结构最重要的部分，并会对靶场资源的互操作、重用和可组合产生积极的影响。

HLA 和 TENA 均将设计对象模型作为达到互操作与可重用的一个关键步骤。在 HLA 中，对象模型是描述客观事物的一组对象的集合，它用来描述两类系统，一类是描述在联邦中存在信息交换的那些成员，即创建联邦的联邦对象模型 (federation objet model，FOM)，FOM 中记录了联邦中成员可共享的信息；另一类是描述联邦中的单个成员，即创建联邦成员的仿真对象模型 (simulation object model，SOM)，SOM 中记录的信息说明了成员在参与联邦时能提供的能力。HLA 对互操作的支持主要表现在对象模型指明了一个仿真应用能提供什么样的服务及需要什么样的服务。服务的提供和需要通过公布/订购属性和发出/接收交互来实现，对象模型记录相关的信息，以保证能力与需求相匹配。HLA 对象模型对重用的支持有两个特点：一是其设计特别注意到可重用部件对于人的可理解性。HLA 对象模型一方面将联邦能做什么与怎么做作了分离，集中描述了联邦的外部特征：它具有的能力正是使用者选择重用部件的依据；另一方面采用了简明的、易理解的、标准的表格方式记录做什么的信息，使用者能迅速把握联邦或成员的能力。二是它使联邦或成员成为一种比类更大的可重用部件——一种架构。HLA 中每个联邦或成员都是一种具有特定用途的仿真应用，而 HLA 对象模型描述了该仿真应用的基本能力和需求。在 HLA 对象模型的描述下，仿真应用成为一种可重用的架构。在

HLA 中规定了一种统一的表格——对象模型表 (OMT) 来规范对象模型的描述。对象模型表是一种标准化的描述框架，规定了记录这些对象模型内容的标准格式和语法。

在 TENA 中，对象模型的主要目的是为所有靶场资源应用提供通信的“公共语言”，使得靶场资源应用之间能实现靶场资源语义程度上的互操作。TENA 对象模型将包括靶场应用资源之间通信的所有信息、对象模型的特征用元模型来描述，基于足够多的元模型，就可以描述所有靶场资源的属性。在未来的发展中，作为 TENA 标准的一部分，元模型会不断更新。建立 TENA 对象模型是一个复杂的过程，为了达到对象之间可互操作的目的，需要从靶场内外资源信息开始，由下及上地构建 TENA 对象模型。

在对象模型建立前期已经有很多关于建立 TENA 对象模型的认识，并认为只有循序渐进、自下而上地把基于靶场中所有信息异同点的研究建立起来，才能满足多种靶场情景的使用。TENA 公共对象模型表示方法有两种，一种是采用统一建模语言 (UML) 表示，另一种是采用基于文本的 TENA 定义语言 (TDL)，将 TENA 对象模型存储在 TENA 资源仓库中。

1.2.4.2　对象模型开发

对象模型为所有的靶场资源应用之间的通信提供标准语言，采用面向对象的方法，封装逻辑靶场运行过程中需要传输和交换的所有信息，描述与自然环境、平台、装备、传感器、靶场仪器仪表、指控系统、仿真等相关的对象定义、继承和关联关系。

对象模型开发是逻辑靶场运行的最重要的任务，它在语义上限制逻辑靶场的运行，所以在建立逻辑靶场之前，必须首先开发对象模型。对象模型只有标准化才能实现以有限数量对象元素表征大量对象的理想目标。对象模型的开发需要对靶场的试验、训练和演练领域之间的信息交互进行深入细致的研究，研究信息交互的共同点、不同点，发送和接收哪些信息等。对象模型开发的策略就是拥有共性，消除冲突。对象模型的开发应该采用“自底向上”的方法逐步建立。“自底向上”方法的一个重要特征就是开发初始阶段应集中在建立“积木”对象上，即那些小的、曾经表示过的、可重用的对象，如时间–空间–位置信息，一旦这些“积木”都实现了标准化，就可以通过聚合建立各种类型的对象模型。当然，建立并标准化一个对象模型是一个非常慎重并不断完善的过程。按照标准化程度可将对象模型进行分类：第一类是用户定义对象模型，就是由用户为满足某种特定需求而自定义的、不具有通用性的对象模型；第二类是准标准对象模型，就是按照逻辑靶场应用定义的、具有一定通用性的、可能被广泛接受的对象模型；第三类是标准对象模型，就是按照逻辑靶场应用定义的、具有一定通用性的、被广泛接受的、被管理机构确定为标准的对象模型。

1.3 逻辑靶场对于试验鉴定领域的重要作用

逻辑靶场是面向所有靶场和设施，由各类分布式靶场资源通过互操作、重用和可组合，进行无缝集成而建立的靶场资源联合体。不同于传统意义上相互独立的物理靶场，逻辑靶场是一个没有地理界限的靶场，由分布在不同地理位置的物理靶场组成，可根据任务需要和靶场能力灵活组合、共享不同物理靶场 LVC 资源。逻辑靶场的主要特点是资源的分布性、功能的可扩展性、运行的互操作性、数据的可共享性以及规模的可缩放性，突破单个靶场在试验空间、试验资源和试验能力等方面的限制，以相对较小的投入，构建一个集成各种 LVC 资源的复杂、逼真而又灵活的联合任务环境。

1.3.1 逻辑靶场在美军试验鉴定领域的发展

从 20 世纪 90 年代开展的虚拟试验场探索，到 90 年代末实施的基础倡议 2010 (FI2010) 工程，再到 2005 年启动并持续至今的 JMETC 计划，美军分布式联合任务环境试验能力得到了快速提升。

20 世纪 90 年代初，美军在仿真技术快速发展的基础上开展了虚拟靶场的研究，利用仿真技术提供的可重复使用、可靠、经济的先进试验模式，借助较少的硬件和人力资源进行高效的试验，先后实施了“虚拟电子试验环境”、“导弹武器飞行试验环境”、“武器系统数据库”、“动态飞行模拟”和“战术演练环境”等项目，开展虚拟试验场和试验手段建设的探索和研究。

90 年代后期，为克服试验和训练靶场“烟囱式”设计的问题，实现靶场间的互操作、资源重用和组合，美国国防部实施了 FI2010 工程。FI2010 工程提出“逻辑靶场”的概念，不同于传统意义上的相互独立的现实靶场，这是一个没有地理界限的靶场，利用信息网络将具备一定信息化水平的靶场联为一体，以减少靶场间的重复建设，降低靶场设施与软件的采办与维护成本，促进试验鉴定与训练资源跨靶场的分布式使用。FI2010 工程的重要成果是建立了一个公共的分布式网络体系结构，即 TENA，并以此为基础，定义未来靶场软件开发、集成与互操作的整体结构，使众多地理分散的靶场资源能够通过网络迅速联合起来，从而形成一个分布式的综合试验环境，以逼真的方式完成各种试验与训练任务。FI2010 工程于 2005 年结束，共实施了 TENA、“通用显示与处理系统”、“虚拟试验训练靶场”和“联合区域靶场设施”等 4 个研究计划，发展了更加适合于试验鉴定领域的 TENA 技术，对分布式试验基础环境的概念和建设进行了较为全面的研究。

21 世纪伊始，随着军事转型的全面推进，美军提出了加强联合作战能力建设的要求，单个武器系统或平台不再是独立的装备，而是成为网络化、体系化装备的复杂武器平台的一部分，武器系统开始需要在联合环境中进行开发与试验，传统的试验方法无法对这类新型装备进行充分的试验鉴定。基于这一转变，美国国防部在《战略规划指南》中提出“像作战一样试验”的要求，即在联合作战背景下开展逼真的试验鉴定。在《战略规划指南》的指导下，为解决“天生联合”体系化装备的试验鉴定问题，美国国防部于 2004 年 11 月出台了指导性文件——《联合环境下的试验路线图》。路线图确定了在联合任务环境下试验鉴定的标准、方法、程序和政策。在该路线图指导下，美军于 2005 年开始实施 JMETC 计划，2006 年启动联合试验鉴定方法 (JTEM) 计划，开发了标准的联合试验方法与规程——CTM，为联合任务环境试验的管理者、实施者和分析者提供程序和方法上的参考依据。

经过十余年的探索发展，美联合任务环境试验得到了快速发展，先后发布了试验路线图，制定了顶层政策和指导，开发了试验方法与程序，在全军范围内基本建成了分布式联合任务环境试验基础设施。截至 2014 年底，美军实现了遍布全美陆、海、空军靶场的 77 个试验站点的连接。目前，JMETC 每年支持的试验、训练、演习任务多达十几项，重点是针对系统间的互操作性、数据链以及新系统的作战使用。未来，美军将建立连接全部试验靶场的永久性分布式试验鉴定基础设施，在全军推广分布式试验鉴定能力，所制定的方法规程将写入试验鉴定政策制度中，为在真实的试验环境中对装备效能进行全面试验鉴定提供支持。互操作性试验与鉴定

能力 (InterTEC) 计划是基于联合任务环境试验的典型应用。InterTEC 计划于 2007 年正式启动，是 JMETC 支持的分布式试验鉴定项目。联合 C4ISR 的 InterTEC 试验将演示网络化试验鉴定使能工具用于开展规模可调、可扩展、作战相关的互操作性试验鉴定。InterTEC 计划实现了美国联合互操作能力试验司令部 (JITC) 的战术数据链实验室 (JTDL)、美国陆军中央试验支援设施 (CTSF)、美国白沙导弹靶场、美国海军航空系统司令部海上靶场与大西洋水下试验中心、美国空军第 46 试验中队、美国海军陆战队战术系统支援机构 (MCTSSA) 以及波音公司试验场的连接，装备包括：E3(机载预警与控制系统，AWACS)、E8(联合监视与目标攻击雷达系统，JSTARS)、E-2C、F/A-18、F-15、空中作战中心 (AOC)、RC-135“铆接” 电子侦察机、全球指挥与控制系统、“宙斯盾” 系统、CVN-21 航母、EA-6B 等。开展了包括真实的 8 架 F-16、2 架 F-22、1 架 E-2C，虚拟的 F-35、F/A-18、F-15、CVN-21 航母，以及构造的威胁系统在内的空战任务的分布式试验活动。2008 财年，JMETC 与 InterTEC、“联合半实物仿真” 等计划的结合扩展了联合环境下的试验能力。到 2010 年，InterTEC 已经具备了初始作战能力。InterTEC 近期的重点是增强网络中心试验训练 (CNCTT) 能力，并实现 InterTEC 工具与训练靶场、分布式任务作战中心 (DMOC) 的集成，使试验人员可以从训练事件中获得高质量数据，从而降低系统作战试验的费用。

1.3.2 逻辑靶场对我军试验鉴定的意义

为全面评估信息化武器装备作战效能，有效提升武器装备作战能力，靶场必须按照实战要求，构建能够检验装备体系作战性能的试验环境和试验系统。当前各靶场试验设施大多是围绕武器类别为中心建设的，“烟囱式” 独立建设的不同功能用途的试验训练靶场难以适应以信息为中心、以联合作战为特征的试验需求，难以完成武器装备全系统、全流程作战能力考核。这种试验需求早已超出了任何单个靶场的能力范围，任何单一靶场都无力实现完整作战过程的试验和训练，完全重建全新的靶场不切实际。通过互联现有各试验靶场和军地各类内场仿真设施，实现资源和能力共享，构建以互操作、可重用、可组合为特征，地域分布、逻辑聚合的开放式逻辑靶场体系，是适应新型装备发展和战斗力建设需要，实现在灵活逼真、具有作战代表性的联合试验环境中检验装备实际作战能力的试验鉴定现实而有效的途径。

构建贴近实战的联合试验环境所涉及的靶场资源是指 LVC 资源，L(真实) 是指真实的人员操作真实的系统 (装备)；V(虚拟) 是指真实的人员操作模拟的系统，也称人在回路的仿真模拟，或半实物仿真；C(构造) 是指完全由计算机生成的全数字仿真，由模拟的人员操作模拟的系统，真实的人员只负责向模拟系统中提供相应输入，但并不决定输出的结果。地理分布的 LVC 资源协同工作的环境称为 LVC 分布式环境，可以为作战试验、一体化试验、联合试验、体系试验等武器装备的实战化考核提供近似实战的环境。当然这种联合试验环境下的试验鉴定并不是要完全取代传统试验鉴定方法，而是对完全外场实装试验的补充。借助逻辑靶场概念，可以构建灵活逼真、具有作战代表性的联合试验环境，很好地解决试验环境构建过程中成本、真实性与复杂性之间的矛盾，节省武器装备采办和试验鉴定的经费和时间，降低风险，尤其是能够对网络化、信息化、体系化的系统在联合环境中的作战效能和适用性进行全面和真实的检验。

工程实践表明，逻辑靶场能够解决传统试验模式面临的诸多瓶颈问题，如试验航区受限，试验用弹量受限，布靶能力受限，测量能力受限，多目标作战环境、高海情试验环境、抗干扰试验环境等真实作战环境难以构设，试验资源得不到充分利用，试验评估模式和手段落后于导弹武器发展进程等。逻辑靶场构建对试验鉴定领域的贡献可归纳为三方面：一是提高对抗强度，通过分布式 LVC 资源的综合集成和协同运行构设复杂逼真的对抗环境，开展诸如零航捷拦截、近程二次拦截、抗饱和攻击拦截、信号博弈攻防对抗等仅靠外场实装试验难以实施的项目；二是节约建设成本，采用逻辑靶场构建技术，能够继承、重用、组合靶场现有设施，“零编程”“零修改” 装备资源接入，按需快速组建联合试验系统；三是节约试验消耗，利用电子靶标代替真实靶标、数字导弹取代真实火力来极大地降低试验消耗，同时可实现实装在回路的试验训练高度融合，实践表明这些措施对于降低试验训练消耗效果非常显著。

第2章　基于实战化考核的试验鉴定理论

在新形势下，按照实战化考核要求，全面改进装备性能试验，大力推进装备作战试验和在役考核，在体系环境中检验装备的实际作战能力，已成为装备试验鉴定领域的共识。实战化考核就是将装备置于复杂战场背景、真实对抗条件、作战体系环境等近似实战的环境和条件下对装备进行试验鉴定，把装备底数真正摸清楚，确保交付装备管用、实用、好用、耐用。新形势下实战化考核已成为装备试验鉴定的总体要求。作战试验、一体化试验、联合试验、体系试验都要按照实战化考核要求进行。

2.1　作战试验鉴定理论

武器装备作战试验是指在武器装备全寿命周期中，为确定武器装备的作战适用性和作战效能，由独立的作战试验机构依据武器装备训练与作战任务剖面要求，构建近似于实战的、逼真的试验环境，运用多种试验方法手段，对武器装备进行试验与评估的综合过程。考核重点是装备作战效能、保障效能、部队适用性、作战任务满足度，以及质量稳定性等。作战试验是武器装备研制过程中的重要组成部分，是武器装备采办部门管理和决策的重要手段，是检验提高武器装备综合战技性能和效能的关键因素，是确定武器装备编配与作战运用原则的科学依据，是确定武器装备训练要求和保障要素的重要途径。作战试验具有试验环境真实性、参试装备体系性、参试兵力对抗性、作战流程紧密性和操作人员典型性的显著特点。

2.1.1　作战试验规划与设计

2.1.1.1　作战试验对象

作战试验包括系统级作战试验、平台级作战试验和体系级作战试验。

系统级作战试验是以某独立装备系统为考核对象而进行的作战试验。以海军装备为例，系统级作战试验分为作战系统、兵器装备、电子信息装备，以及特种装备 (舰船特种装备和舰载机特种装备) 等，如图 2.1 所示。

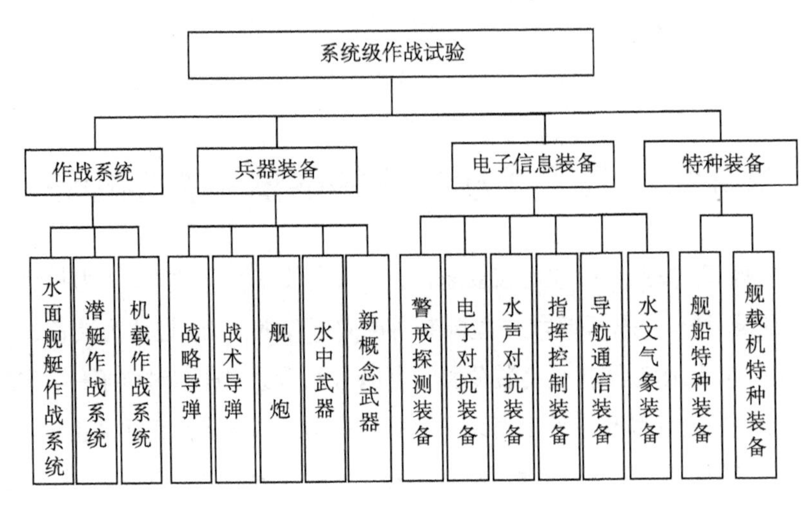

图 2.1　系统级作战试验对象

2.1.1.2　工作流程

1) 规划作战试验初步需求

在装备立项论证阶段，规划作战试验的初步需求。初步明确作战试验的类别、规模、重点考核内容及关键试验技术；规划制定装备的作战想定；初步预测试验资源需求。

2) 编制试验鉴定总案

与装备总要求论证同步开展。编制试验鉴定总案中作战试验部分，明确作战试验鉴定的基本需求、要求、依据和任务来源，确定作战试验的评估方案；开展初步的试验设计，形成初步的试验实施方案；明确作战试验的资源需求，为作战试验的条件建设提供输入；明确作战试验对装备研制中的决策支持内容和任务。

3) 初期作战评估

与装备总要求论证同步开展。依据装备的性能指标，对装备潜在的作战效能、作战适用性和体系贡献率进行预测评估；评估指标方案、指标论证的充分性，提出改进建议；对开展后续作战试验提出指导建议；编制初期作战评估报告，支持总要求审批决策。

4) 中期作战评估

在装备进入工程研制阶段后持续进行，直到完成装备性能试验；利用性能试验结果、建模与仿真及其他数据来源，从作战视角对装备潜在的作战效能、作战适用性和体系贡献率进行预测评估；评估装备的技术成熟度及开展作战试验的条件成熟度；编制中期作战评估报告，支持状态鉴定审批决策。

5) 组织开展作战试验

装备完成状态鉴定后，转入小批量生产，进入作战试验鉴定阶段。主要工作包括编制确定装备的作战想定、作战大纲和作战试验实施方案，组织作战试验实施，收集处理作战试验数据，开展阶段性试验评估与确认，开展作战试验总结，形成作战试验工作报告。

6) 作战试验综合评估

作战试验结束后进行。全面评估装备的作战效能、作战适用性和体系贡献率；识别、评估装备的设计和使用缺陷，提出新装备作战使用建议；编制作战试验综合评估报告和装备作战指南，支持装备的列装定型决策。

2.1.1.3 试验文书

1) 作战任务要求说明书

从作战需求角度，详细提出武器装备需要承担的使命任务、作战对象和作战环境，阐述使用、维护、保障要求，分析提出关键作战问题，给出与其他兵力编配的初步意见等。由论证部门提出，并作为开展作战试验的依据和输入。

2) 作战想定

根据装备作战使命任务要求，按照作战想定基本要素，明确作战背景、作战任务、作战对手、作战环境、作战编成、对抗态势、作战流程等，编制多个作战想定。

3) 作战试验总体方案

作为装备鉴定定型试验总案的组成部分，包括作战试验考核的基本内容要求、考核指标、评价准则、初步实施方案、试验资源等总体要求，作为后续制定、审查和批准作战试验计划大纲的基本依据。

4) 作战试验大纲

实施作战试验的基本依据，主要包含试验项目、内容、方法、程序要求、评价准则、计划安排、试验资源等。

5) 作战试验实施方案

依据作战试验大纲，按照作战想定，明确考核评估任务、试验项目安排、试验条件设置、指挥协同、信息获取、安全控制、勤务保障、试验预案、任务分工等方案。

6) 作战试验报告

主要内容包括作战试验概况、试验项目及试验结果，试验中出现的主要问题及处理情况，试验结论，存在问题，装备改进建议，以及对装备编配、作战运用、操作使用和维护等的建议。

7) 作战试验综合评估报告

提供完整、全面的作战试验总体情况、数据处理、分析与评定结果，给出装备作战效能和适用性的评估结论，指出装备的设计缺陷和实际使用限制条件，给出有关装备的改进、发展建议。

8) 作战使用指南

根据试验鉴定结果，提出新装备的作战运用要求和环境使用规则、战术要点、人员编配、优选战术方案和战术指挥程序等建议。

2.1.1.4　试验设计

1) 关键作战问题

装备的关键作战问题是指对装备完成作战任务至关重要的问题，也是要通过装备作战试验必须回答的问题。关键作战问题聚焦于一个系统的能力，一般根据装备的作战使用过程、功能或分项能力进行分解，针对每一项作战能力或效能关键点提出一个关键的作战问题，一般用问句表示，分为关键作战效能问题和关键作战适用性问题。关键作战问题给出了作战试验的要点，指明了试验设计的方向。关键作战问题应根据装备系统、作战平台和作战装备体系的具体情况分析确定，一般应包括以下几个方面：

(1) 环境适应性 (含机械、地理、气象等环境)；

(2) 复杂电磁环境下的作战能力；

(3) 边界条件下的作战能力；

(4) 操作使用性和保障与维修能力；

(5) 抗损性 (或生存能力) 及降级使用作战能力；

(6) 不同战术应用条件下的作战能力；

(7) 协调性、匹配性、火力兼容与电磁兼容等。

2) 作战想定

作战想定是按照被试装备未来的部署情况，对敌我双方的作战企图、态势及装备运用情况进行设想和假定的军用文书，是规定作战试验中对抗双方作战行动及装备使用方式的基本依据。作战想定的设计要遵循以下原则：一是作战想定设计要有针对性，即要瞄准未来装备可能参与作战的重点方向、重点对象，使得作战想定有一定的现实意义；二是作战想定设计要具有实战性，即想定要充分体现现代海上作战的作战样式、作战环境，作战行动流程要真实；三是作战想定设计要具有层次性，即作战想定设计要涵盖不同规模、不同威胁等级，要尽可能体现装备可能遇到的各种战斗情况；四是作战想定设计要具有可操作性，即作战想定设计要做到足够详细，使未来的试验实施具有可操作性。作战想定设计应依据武器装备的作战使命任务和作战使用要求，突出复杂环境和兵力对抗。

3) 指标体系

从装备的基本能力和功能出发，根据提出的关键作战问题和作战想定，以完成作战任务能力为总牵引，遵照作战效能、作战适用性和体系贡献率的一般划分，结合具体装备的作战功能定位，进行层次分解，建立作战试验指标体系。考核指标体系建立一般包括指标的名称、含义、量纲、指标要求以及试验评估方法、数据来源等。根据指标层级一般可分为以下几类指标：

(1) 单要素作战效能指标。

单要素作战效能是指装备完成单一作战功能时能力的发挥程度。试验顶层指标包括探测效能、指挥效能、攻防效能和保障效能，为了评估各个要素效能，需要将要素效能按装备功能进行分解直到各个性能指标可直接测量，从而建立各个要素效能的指标体系。由于不同武器装备赋予的作战功能不一样，因此，在设计试验指标时，需要对上述指标进行裁剪使用。

(2) 综合作战效能指标。

综合作战效能指标是指装备完成各个作战功能的总体度量。综合作战效能包含了从探测、指挥到攻防、保障等整个作战环节，是一类综合性的作战试验指标，一般可以用完成作战任务的程度表示。综合作战效能指标的选取与作战任务要求和任务目标直接相关，可以选择如毁伤目标的数量、百分比，作战效果/代价，保护我方的重要阵地、设施的程度等。

(3) 体系贡献率指标。

体系贡献率是指被试装备加入作战体系后，所形成的体系作战能力以及使体系作战能力在原有基础上变化的程度 (对己方体系作战能力的提升程度和对敌方体系作战能力的削弱程度)。体系贡献率是一个相对指标，同时也具有多样性属性，被试装备在不同装备体系中贡献的方面不同，贡献率也不同，具体的指标形式可选取体系综合效能提升 (或下降) 的百分比、探测、指挥、攻防、保障效能提升 (或下降) 的百分比等。

(4) 作战适用性指标。

作战适用性是指按照实际的作战流程和任务剖面，装备投入实战使用并保持可用的程度。具体作战适用性指标可分为可靠性、保障性、可用性、兼容性、安全性和人机适应性等。

4) 试验项目

依据装备作战试验指标体系，按照作战想定设计的不同作战任务，综合考虑试验环境条件、威胁目标、被试装备体系构成、试验对抗态势、使用的战术原则等要素，逐一设计试验项目。试验项目可根据装备作战使命任务中的各类子任务分别设置，也可在保持装备作战流程完整性的前提下，根据作战全流程中的各个阶段分别设置。试验项目应以装备遂行作战使命任务为背景，合理设置装备作战对手，构设复杂战场环境 (包括复杂自然环境、复杂电磁环境)，依据作战流程组织实施，并根据试验考核指标，采集相关数据。试验项目设置应保证能够获取有效评估所有考核指标所需的试验数据，并合理设计试验样本量，确保准确、客观、全面地检验装备完成作战使命任务的能力。一般可分为作战流程试验、操作性试验、简单战术对抗试验、实际使用武器试验、体系协调性试验、复杂体系对抗性试验及仿真模拟试验等。作战试验项目设计需要重点考虑复杂环境和对抗性要素。

2.1.2　作战试验环境构建

2.1.2.1　构建需求

1) 试验区域

作战试验区域应以现有试验区域为基础，向纵深拓展，随着试验机动保障能力的不断提升，形成不同装备类型、不同考核项目、不同保障模式的武器装备作战试验区域保障体系。

2) 试验指挥通信

在作战试验阶段应实现试验指挥和作战指挥的无缝连接；为满足大区域、多武器作战试验的指挥需要，靶场各试验指挥系统应实现互通互联，实现靶场范围内跨区域指挥能力；此外，为适用大区域、大跨度作战试验，靶场应建设机动指挥平台，提高机动指挥能力。

3) 试验测控

装备作战试验测量覆盖范围广、试验安全要求高。复杂电磁环境、多目标、大射程、超声速、低噪声、强隐身等测控任务需要测控装备有优良的工作性能。北斗卫星定位系统、靶场测控网、机动测控节点构成了装备作战试验的测控保障力量体系，未来可发展天基 (星载) 测控系统。

4) 试验靶标

为检验装备的对抗能力和毁伤效果，作战试验靶标需要解决目标特性的真实性问题，包括几何结构、运动特性、反射特性 (电磁和声)、辐射特性 (红外和声) 及发射特性 (辐射源)，靶标类型应涵盖空中、陆上、水面、水下以及编队靶标，形成较为完善的靶标保障体系。

5) 试验环境构设

复杂电磁环境、复杂水声环境、复杂气象水文、复杂海洋地理是海军装备作战试验的重点试验环境。在构设手段上，要建立岸基、空中、海上、水下环境构设保障体系以及试验环境监测与评估体系。

6) 试验信息保障

装备作战试验信息保障具有装备全寿命周期性和多维性。一方面，试验信息包括装备论证信息、研制信息、定型试验信息、装备使用信息等；另一方面，包括装备的性能信息、目标特性信息、各类作战环境信息、战术运用信息、试验设计信息、评估方法信息及各类仿真模型等。作战试验信息保障需要建立各类信息库和综合信息管理系统，建立信息的归档、使用、发布及共享机制，最大程度地发挥信息对装备作战试验的支撑作用。

2.1.2.2 构建模式

1) 靶场独立保障模式

靶场独立保障模式是指由靶场独立承担装备作战试验保障任务的模式。试验在靶场既有的场地进行，依托靶场自身的保障资源，试验的组织指挥与协调以靶场为主，一般适用于单系统、规模小的装备作战试验。

2) 军种纵向协同保障模式

军种纵向协同保障模式是指由军种相关单位，如院校、研究院、靶场、部队相互协作，分工提供保障资源的保障模式。适用于在远离靶场划定的场地进行或由多系统联合及装备体系作战试验而引发的保障资源种类多、数量大的情况，试验指挥一般采用靶场部队联合试验指挥方式。根据装备作战试验的特点，军种纵向协同保障模式是未来装备作战试验的主要保障模式。

3) 跨军种横向联合保障模式

跨军种横向联合保障模式是指由多军种参与保障的装备作战试验保障模式。当以多军种构成装备体系为对象进行装备作战试验时，需要各军种配套的保障资源，试验的指挥一般是采用指定军种牵头的军种联合指挥方式或上一级组织负责统一指挥。跨军种横向联合保障模式对各军种的机动化保障能力及试验的组织指挥提出了较高的要求。随着一体化联合作战成为未来主要的作战方式，及早开展跨军种横向联合保障模式的研究十分必要。

4) 军民融合保障模式

军民融合保障模式是指将有装备研制资质的地方科研、试验资源纳入装备作战试验的保障范畴，采用计划调配、租用等方式参与作战试验的一种保障模式。军民融合作为一项国家战略，为装备领域提供了顶层指导，装备科研单位在某些技术领域、手段设施等方面有着突出的优势，如一些仿真系统、测试台、环境试验设施等，弥补了靶场试验资源的不足，是开展装备作战试验不可忽视的保障力量。

2.1.3 作战试验组织实施与评估

2.1.3.1 组织模式

1) 独立实施模式

独立实施模式是以独立的计划、独立的大纲、独立的组织实施和独立鉴定或评估的方式开展的作战试验鉴定。从规划、设计、组织、数据收集、试验分析、评价到最后的试验报告，完全按照作战试验的要求进行。这种试验模式有利于试验的策划与组织实施，但容易造成试验项目的重复和资源的浪费。

2) 结合实施模式

结合实施模式需要由研制单位、靶场和部队共同制定一体化的实施方案，在性能试验或部队训练、演习及遂行其他军事任务中适时加入作战试验考核内容，充分利用试验资源，从作战使用和实战需求的角度，收集数据，对武器装备的作战效能进行预测、评估，对适用性进行考察或评定。这种试验模式可避免试验项目的重复和试验资源的浪费，能够综合人员训练、装备、战术等诸多要素，大幅度节省经费、压缩试验周期、提高试验效率，但也会使试验的计划、设计、组织实施和试验评估变得较为复杂。其中的关键是要确保作战试验鉴定的独立性。

2.1.3.2 手段方法

从手段方法上看，武器装备作战试验的方法可进一步分为：外场实装、内场仿真和内外场联合等试验方法。

外场实装作战试验是指在真实的自然环境下，由真实的兵力参加，构设复杂的战场环境和对抗条件，按照作战流程和战术原则进行的试验。

基于仿真的内场作战试验方法是以仿真与建模技术为核心，综合运用现代信息技术、计算机技术、网络技术和效能评估技术，通过构建装备模型、兵力模型、对抗态势模型、环境模型、作战过程模型和作战试验仿真平台，在实验室条件下，完成单装备和体系作战能力的仿真试验与评估。

基于内外场联合的作战试验方法是将外场实装、靶场测控装备及各类仿真资源设施集成在一个统一的试验平台上，实现地理上分布、逻辑上统一的联合试验作战环境，在这个环境下开展武器装备作战试验，可充分利用各类试验资源，兼顾试验的真实性和安全性，是大规模装备体系作战试验的发展方向。

2.1.3.3 试验指挥

作战试验指挥具有指挥显控自动化、主体多样化、导调协同复杂化、辅助决策实时化等特点，因此要求在指挥信息掌握判断、态势融合、可视化显控、决策筹划、计划组织、部署调遣、协调控制等方面具备更强的能力要素。

试验应设“作战试验指挥部”，下设“被试装备兵力指挥部”(红方指挥部)、“对抗兵力指挥部”(蓝方指挥部) 和“试验测控指挥部”。

作战试验指挥部：负责审查作战试验实施计划、调度试验兵力、下达作战想定和作战试验任务命令，掌握试验各兵力动态，指挥红蓝兵力及测控兵力协同，管理导调试验进程。

红方指挥部：接收作战试验指挥部下达的命令，及时上报作战计划，指挥红方兵力实施作战试验行动，任务完成后上报试验情况。

蓝方指挥部：接收作战试验指挥部下达的命令，及时上报作战计划，指挥蓝方兵力实施作战试验行动，任务完成后上报试验情况。

试验测控指挥部：根据作战试验指挥部下达的任务命令，及时掌握红蓝双方兵力行动，指挥测控兵力完成试验数据获取任务。

2.2 一体化试验鉴定理论

一体化试验作为一种统筹试验规划、整合试验资源、综合试验信息、提高试验质效的试验鉴定模式，已在武器装备试验中得到了广泛应用。

2.2.1 一体化试验规划与设计

2.2.1.1 规划目标

开展装备一体化试验规划，是为了统筹装备全寿命周期内试验阶段划分、考核内容安排、试验资源保障、试验任务分工、试验数据共享、试验综合评估等各项试验鉴定活动，形成某一型装备全寿命周期内试验考核的总体要求，为后续制定、审查和批准各类试验大纲、试验计划提供基本依据，为开展试验鉴定相关活动提供指导。

1) 统筹试验项目内容

把武器装备性能试验、作战试验和在役考核等全寿命周期的试验鉴定工作作为整体来通盘考虑，统筹规划试验项目安排，试验周期、试验信息共享和试验资源。加强性能试验阶段试验活动的总体设计，在现有试验鉴定工作程序的基础上，进一步强化对装备性能试验阶段各类科研过程试验的管控，做好各类科研过程试验与性能鉴定试验之间的衔接和项目统筹，并对本阶段可用于作战效能评估的试验信息进行预先规划；重视作战试验，确保被试装备能在近似实战条件下进行深度试验鉴定，全面摸清装备实战效能、体系融合度和贡献率等综合效能底数；对装备在役考核阶段试验项目进行预先设计，依托列装部队结合正常战备训练任务组织实施，重点跟踪掌握部队装备使用、保障、维修情况，验证装备作战与保障效能，发现问题缺陷，考核部队适编性和经济性等。

2) 统筹试验计划安排

在各个试验阶段由于试验目的不同，试验管理部门、试验责任单位、试验实施单位都不尽相同，为了提高试验质效和试验的一体化程度，需要通过自顶向下的统一管理，统筹试验安排，打破各个试验阶段之间的界限，打破各部门之间的界限，消除壁垒、打破割裂，协调进展、有序实施。特别是由于装备信息化程度越来越高，作战效能的评估通常需要多种武器装备开展综合试验，由于这些武器装备由不同的单位研制，不同的部门管理试验，因此需要多方协同工作，统筹试验计划安排，以实现试验考核层层递进、环环相扣、有序开展。

3) 统筹试验组织管理

划分清晰明确的工作界面，统一筹划执行力量体系中各单位的职责和角色以及参与的程度，制定一体化细则，明确各单位承担哪些任务、担负哪些责任、提供哪些数据、保障哪些资源，并通过互操作规范、监督机制、追责机制、协同机制控制和协调各单位的试验执行力，提高试验质效。明确试验管理机构及分工、试验责任单位及分工和试验保障单位及分工，确保管理、组织、牵头、实施、配合、保障等部门职责分工清晰。

4) 统筹试验鉴定资源

对可用于装备试验的军地试验资源进行规划，并制定一体化试验数据计划，以支撑后续各阶段试验资源保障、数据管理以及装备性能和作战效能的鉴定评估。明确性能试验、作战试验和在役考核三类试验的综合试验资源需求 (如试验场域、设施设备、靶标、配试装备、兵力、弹药器材及软件系统等) 和管理要求，达到统一调配全军和军地双方的试验鉴定资源，充分考核装备并有效避免资源重复建设；通过早期规划一体化试验数据计划，使得后续的试验实施过程能够产生足够的数据用于评估，并对支撑试验鉴定评估所需的试验数据和模型在整个试验过程中的传递、使用、管理提出明确要求。

2.2.1.2　规划内容

装备一体化试验规划的主要内容包括试验鉴定总体策略、试验进度安排、试验数据计划、试验资源保障等。

1) 试验鉴定总体策略

试验鉴定总体策略主要针对被试装备技术、研制订购方式等特点，提出装备鉴定定型试验所采取的主要策略和总体工作要求。主要包括试验的决策点、一体化策略和互操作试验下面主要介绍决策点和一体化策略。

(1) 决策点。

为了缩短研制周期、节省费用、降低技术风险，通常在实施武器装备采办全寿命管理的前提下，将武器装备项目的采办过程划分为若干阶段，实行分阶段的审查和决策程序。在采办阶段之间设立重要的审查决策节点，用于监控项目的进展情况、检验技术成熟度、论证成本的可承受型等，这些节点对于项目能否顺利转阶段具有重要意义，也称为里程碑式的节点，决策点评审检验上一阶段工作完成情况和下一阶段准备情况，决定项目是否启动、继续、调整或中止的管理活动。一体化强调将试验鉴定与采办管理过程中的需求确定、系统设计和研制过程紧密结合，通过对战术技术性能、作战效能和作战适用性的考核，检验装备是否达到预期的作战能力，并为状态鉴定、列装定型等决策点审查提供依据。

重大项目的采办程序包括装备预研、立项论证、方案、工程研制、定型、生产和使用保障等阶段。一体化试验鉴定策略的拟定与立项论证同期进行，并安排设置立项论证评审、研制总要求评审和状态鉴定评审、列装定型评审等决策点。立项论证评审点设置于方案细化和关键技术开发的方案阶段之前，评审立项论证过程中的方案研究工作；研制总要求评审点设置于全面研制阶段之前，评审系统总体设计方案以及研制前的技术准备工作；状态鉴定评审点设置于小批量生产阶段之前，评审性能试验工作的完成情况，确定是否做好生产活动的准备；列装定型评审点设置于批量生产之前，评审作战试验工作的完成情况，确定装备列装后是否满足部队作战的需要。在决策点的描述中应说明各决策点的评审程序、评审内容和评审标准。

(2) 一体化策略。

装备在全寿命周期内，均组织开展性能试验、作战试验和在役考核三类试验，相应完成状态鉴定、列装定型，给出后续改进改型的意见建议，先后构成三个试验鉴定阶段。武器装备具有不同的研制程序和特点，在上述分阶段实施策略的基础上，为了提高试验质效，可采用不同的一体化策略：

- 性能验证试验与性能鉴定试验相结合；
- 性能试验与作战试验相结合；
- 作战试验、在役考核与部队演习演练相结合；
- 平台试验和装备系统试验相结合。

2) 试验进度安排

一体化试验工作进度需要说明装备全生命周期中重大试验和定型工作以及相关事件和活动的时间顺序，并标出事件的日期。例如，武器装备全生命周期的各个阶段和决策点，合同订购及相关事件，产品状态及交付，试验鉴定文件和武器装备全生命周期内的各试验阶段。

一体化试验进度有利于从全局角度安排试验时间，使整个试验进程不受阶段限制。例如，对于长期使用才能反映出来的有关效能因素，如导弹的储存寿命、储存可靠性等，受定型阶段时间所限，收集的试验数据难以满足评估需要，应在正样交付后开展试验。一体化试验进度有利于统筹安排试验和试验相关工作的配合，如作战评估工作需要采用大量的仿真模型进行试验，那么工业部门交付的产品除了装备的正样，还应有相关的仿真模型。

3) 试验数据计划

一体化试验数据计划的目的就是通过早期规划试验数据在整个试验过程中的传递、使用、管理等要求，使得试验实施过程中能够产生足够的数据用于评估，并收集数据将其存入规定的地方，使得试验各方能够按权限使用所关注的数据。数据范围主要包括支撑试验鉴定评估所需的试验数据和模型。

在武器装备试验的全生命周期中，将产生大量的定性与定量的试验数据，包括试验过程中产生的各项试验数据、试验环境数据、仿真数据等。这些数据产生于不同的试验阶段，由不同的试验项目产生，数据使用的目的不同，更存在试验数据记录者和试验数据使用者分离的情况，特别是在役考核阶段，在使用和保障阶段将产生大量的可靠性等方面数据，由于试验数据产生的长期性，试验数据收集存在一定的困难。

因此在规划阶段需要明确数据格式和数据定义，统一试验单位和采集粒度，确定各分布系统要收集的数据、现场数据处理以及存储，将数据传送到分析中心的要求等。

一体化试验数据规划落实在试验工作中，需要建立试验数据库以及数据管理方案。试验数据库能够帮助用户快速存储或获得各类试验信息，数据管理方案主要是指与数据管理相关的各种规程，主要包括：数据收集、存储、分析、挖掘、压缩、归档，以及访问许可管理等。数据管理方案为用户提供了一种快速、有效的数据检索方法，有助于对试验结果进行分析与评估。

4) 试验资源保障

试验资源概要中的一体化规划工作主要体现在对试验资源的统筹和规划方面，达到统一调配全军和军地双方的试验鉴定资源，优先使用已有的试验资源，避免装备的重复建设的目的。试验资源的统筹规划工作需要以覆盖军地双方的试验鉴定资源数据库和灵活方便的共享共用机制为基础，军地双方的试验保障条件应在试验鉴定资源数据库中登记造册，同时要求在制定装备试验鉴定标准体系时起草相关保障条件接口标准，使各军兵种间的试验保障条件相兼容。

在规划过程中，首先进行试验资源分析，对于作为装备试验鉴定主体的靶场所不具备的试验资源，通过对照试验鉴定资源数据库，查找可用的试验资源，如果存在功能相近，但不能完全满足试验需要的设备，要提出改进意见或者新建，并采用矩阵或表格的方式做一个概要，包含所有关键的试验鉴定资源说明信息。

(1) 陪试品：对试验中需要用到的所有物品的确切数量及使用时间进行描述，包括关键保障设备和技术信息，明确试验鉴定过程中需要独立试验的子系统；

(2) 试验地点/仪表/空域/谱段：对试验需要的特殊设施/范围进行描述，将现在的需求与现有的特殊设施范围进行比较，指出其中存在的不足，并且支持完成试验项目所必需的一些仪器设备；

(3) 试验保障设备：对完成项目所必需的保障设备进行描述；

(4) 威胁系统/模拟器：对于那些威胁系统/模拟器中用到的类型、模型数量和可用设备进行描述，将威胁系统/模拟器的需求和可用资产进行比较，找出其中主要的不足；

(5) 试验靶和消耗品：对试验靶和消耗品的类型、数量和可用的设备进行描述；

(6) 作战程序试验保障：对所有的试验鉴定阶段，描述作战试验保障需求的时间和类型；

(7) 模拟、模型和试验台；

(8) 试验鉴定管理保障：对所有的管理和设施保障进行描述，对提供保障的组织进行描述，并对资源和类型进行说明；

(9) 人力资源和培训：描述人力资源和培训需求，并对其中的限制进行说明；

(10) 投资需求：对保障试验的投资需求进行描述。

2.2.1.3 设计步骤

1) 试验任务分析

试验任务是根据被试装备试验与鉴定的目的和要求确定的，明确试验与鉴定的目的是制定试验任务的基础。试验设计人员就是要根据试验任务和要求，来确定具体的试验任务和试验鉴定的指标体系，进而进行试验设计，制定试验大纲和试验实施方案。

如前所述，装备试验鉴定的目的是检验装备的军事价值，其任务主要包括：

(1) 检验装备是否满足研制任务书规定的战术技术指标；

(2) 检验装备在实际作战使用条件下是否满足作战需求；

(3) 全面、透彻地了解装备作战使用的特点，揭示其在各种使用条件下的能力和不足；

(4) 确定影响系统能力或两个系统之间差异的主要因素；

(5) 得到对系统更好的、关键性的理解；

(6) 理解系统对训练的要求和作战中对专业知识的需求；

(7) 收集足够的信息支持系统的模拟与仿真；

(8) 考核装备在长期使用过程中才能反映出来的性能指标；

(9) 为装备的作战使用和性能改进提供意见。

对上述任务，有的需要专门安排试验进行，如检验装备是否满足作战需求、确定影响系统能力或两个系统之间差异的主要因素等；有的可以结合其他试验利用有关试验数据完成，如收集足够的信息支持系统的模拟与仿真。对于不同的装备系统，由于研制基础不同、采用的新技术不同、对其作战特性了解的程度不同，作战试验鉴定的要求不同，试验任务的侧重点也会不同。如对一个全新研制的装备系统，如果采用的新技术较多、没有已列装的相似装备、对其作战和训练要求不清楚，则其作战试验鉴定任务就应该充分、全面地开展效能试验和适用性试验，先开展检验试验，在装备作战效能和适用性评定满足要求后再开展探索试验；而对改进改型的装备，其作战试验鉴定的重点就应该是其改进部分，这时检验试验的分量可以适当减少，主要检验其能力提升是否满足作战需求，探索试验应适当增加，仔细研究改进部分对全系统能力的提高、对系统其他部分的影响，以及改进后对训练和保障的新要求等。

2) 装备作战使命与任务研究

军事装备试验，尤其是作战试验，总是以军事需求为指导，按照预定的战役背景和战术要求，在接近武器实际使用的条件下进行的。因此，试验设计人员必须了解我国的军事战略思想、潜在作战对手，对作战方针、作战样式、作战编成等进行研究，并以此指导装备作战使命与任务分析。装备作战使命与作战任务分析主要是确定作战对象、作战强度、作战区域以及任务要求，为后续典型作战对象、作战规模、作战目标、作战环境、战术、对抗方法的分析确定提供依据。

在装备研制总要求中均会规定新装备的作战使命任务，装备研制的最基本依据，也是进行装备作战试验设计的根本依据。

由于有的装备具有多重使命任务，如一般作战飞机要求同时具备空空作战、拦截/遮断、战场近距支援等多重任务能力；远程舰空导弹要求同时具有反弹道导弹、反固定翼飞机、反直升机、反反舰导弹的能力。对于多任务平台及其装备，必须对各主要任务的作战对象、作战规模、战术、对抗方法进行全面分析，对不同的任务独立进行试验设计、分别设置若干不同的想定、逐一进行试验与鉴定，但对可靠性、维修性、测试性等与作战任务、作战态势关系不大的指标，可与各种任务下的试验信息一并考虑、综合评估。例如，对作战飞机自卫干扰系统进行作战试验鉴定时，必须在空空作战、拦截/遮断、战场近距支援各种任务下独立进行试验设计、分别进行试验、分别进行作战效能和生存能力评估，但对可靠性、维修性等指标，可根据各种任务的试验信息和样本综合评估。

3) 装备作战使用方法研究

装备作战使用方法研究依据有关作战条例、装备作战使用规则和被试装备系统的原理、组成，研究它的战术技术性能和作战使用性能，预定要对抗的敌方目标及目标的类型、数量、性能和战术特征，敌我对抗的方法、态势，作战方式，以及气象、水文、地理和电磁环境条件，分析装备使用的作战流程、使用时机、阵位、使用方法、交战规则与约束条件，其目的是通过研究被试装备的作战流程、使用方法、交战规则与约束，使作战试验设计符合作战实际，使试验结果准确反映装备在未来作战中的作战效能。只有把被试装备及其作战使用方法研究透彻，才能设计出科学、合理的试验方法和评价方法。例如，对远程舰空导弹武器系统，需根据有关舰艇防空作战条例和导弹武器系统的使用规则，研究其目标来源 (是靠本舰雷达、邻舰雷达，还是数据链)，平台阵位 (平台是位于编队内，还是作为前哨舰，位于编队内时其位置是否满足禁区、危险区设置要求)，射击方式 (对一个目标射击一发，还是连射两发，或者射击一发后再观效射击)，制导方式 (是本舰制导，还是协同制导，是主动制导，还是半主动制导)，对空射击时进行防空机动或对来袭目标进行电子对抗是否影响导弹发射，抗击反舰导弹时与本舰或邻舰电子对抗和近程防御武器如何区分防御区域，等等。在未来作战中，并非只有单一装备系统在使用，只有按照有关作战条例和规则进行战术组织，各类装备才能正常有序运行，所以必须仔细研究有关的作战条例和规则，科学确定被试装备在未来作战中的真实背景。例如，作战飞机自卫干扰系统包括机载有源干扰，拖曳式有源干扰，(箔条、红外) 干扰弹，在面临威胁时的对抗措施受诸多因素的影响，在有干扰弹和干扰弹用完的情况下如何组织三种干扰手段形成合理的对抗措施，例如，假设自卫干扰装备包括机载有源干扰和拖曳式有源干扰 (箔条、红外)，对给定的威胁，其对策顺序应大致如下：

(1) 抛撒干扰弹，使用拖曳式有源干扰和机载有源干扰；

(2) 使用拖曳式有源干扰和机载有源干扰；

(3) 抛撒干扰弹和使用机载有源干扰；

(4) 使用机载有源干扰。

第一条是首选，但如果干扰弹全部用完，或者所有拖曳式有源干扰全部抛弃，可使用其他选项。

4) 装备试验指标体系建立

性能试验的指标主要为研制总要求规定的战术技术指标，其评定方法也主要是围绕这些战术技术指标进行假设性检验的，即试验结果是否满足研制总要求规定的指标值。而作战试验的指标体系建立，必须根据提出的关键作战问题、效能指标和适用性指标的最低可接受值，并按照系统能力、功能构成或使用过程对关键作战问题、效能指标和适用性指标逐级展开。最终由战术技术指标、作战效能指标和作战适用性指标共同构成试验指标体系。

5) 试验项目体系表

根据指标体系、不同装备的特点和试验规划的结果确定试验项目，同时论证试验项目的全面性，要求能够充分考核装备的战术技术性能、作战效能以及作战适用性。

6) 指标之间的关联关系分析

指标之间并不是完全孤立的，特别是性能试验阶段的指标和作战试验阶段的指标之间常常具有相关性，例如，对于舰空导弹武器系统来说，性能试验阶段的命中概率指标与作战试验阶段的防空作战能力是相关的，而对于舰船平台试验来说，其指标之间的关联关系更为复杂，多个分系统的战术技术性能指标与全系统的某项效能指标相关，例如，典型驱逐舰的防空作战能力与其舰载雷达、远中近程反舰导弹、电子战系统等装备的战术技术性能相关。建立各指标之间的关联关系是实现一体化试验设计的基础，指标的关联点也是一体化设计的关键。

7) 科学分配各阶段的试验样本量

对于高耗费的试验，如导弹飞行试验等，要确定试验因素和水平，科学分配各阶段的试验样本量。

8) 性能试验方案设计

在设计性能试验时，要求完成战术技术性能指标考核的同时，最大限度地为作战试验提供数据，针对具有关联关系的指标，尽量开展全系统、全流程的试验设计以使其数据能够为作战试验所用，同时确立试验数据采信原则等。

9) 作战试验方案设计

考虑试验的继承性，在试验风险可控的前提下充分利用性能试验的先验信息，结合实际情况，根据试验项目体系表对不同层次相互兼容试验等方面进行删减，排除冗余的试验项目，形成作战试验方案。

10) 一体化实施方案设计

针对具有关联关系的指标考虑多个试验项目综合实施，对于试验资源难以保障或者高耗费的试验项目采用多种试验手段，对于涉及多种装备相互兼容与协调匹配的试验项目需要统筹安排各型装备的试验内容，并采用试验推演仿真等手段，对试验的某些关键问题进行预演，论证方案的可行性，形成一体化实施方案。

11) 可能的试验问题清单

分析性能试验和作战试验可能存在的问题，作为开展在役考核的依据。

12) 在役考核设计

在役考核是性能试验的补充，作战试验的延续，由于有在役的装备配合，模拟战场环境能力更加接近真实战场，可结合部队训练、演习、日常维护进行。在役考核设计主要有两部分内容：一是考核储存可靠度等长期试验才能评估的指标，考核不同气候条件或水文条件下的环境适应性；二是考核作战试验阶段未能充分考核的内容，通常结合部队演习开展专项试验。

13) 一体化试验方案

经过上述设计过程，综合性能试验方案、作战试验方案、一体化实施方案和在役考核设计方案形成了一体化试验方案。

2.2.2 一体化试验评估

一体化试验评估的主要工作，是综合利用装备各阶段获取的实测和仿真等试验数据，通过相容性检验、可信性分析及融合处理等手段，达到评估装备基本性能和作战效能的目的。

2.2.2.1 评估特点

一体化试验产生了大量多源试验信息：地面试验信息、飞行试验信息、仿真试验信息、研制部门试验信息、靶场试验信息和部队训练试验信息等。一体化试验评估本质就是多源试验信息的综合应用：获取多源试验信息，并通过对试验信息的加工、处理、分析和评定，最终达到认识装备战术技术、使用性能和评估作战效能的目标。

采用多源试验数据进行一体化试验评估主要有两个方面：一是针对同一对象采用不同阶段或不同试验手段产生的样本来评估装备的性能或效能，也可称为

“变动统计问题”；二是对于采用分系统的试验数据评估系统的可靠性、维修性等性能。

2.2.2.2　评估方法

1) 需解决的关键问题

对于多阶段、多信源、变环境等异总体试验数据，必须寻找描述多总体差异、变动的建模方法以及恰当的多总体数据融合方法，才能够较好地完成试验评估工作。需要解决的几个关键问题如下。

(1) 异总体样本数据之间的比较与鉴别。在进行变动关系分析之前，需要对同组样本是否来自同一总体、不同组样本是否存在显著差别进行比较和鉴别。此外，还需要分析样本分布是否与假设分布相一致、是否存在异常值等。

(2) 不明晰变动关系的合理描述。在试验评估中，很多异总体问题通常不存在非常明晰的变动关系，无法直接应用现有的成熟模型来描述。

(3) 多维样本数据条件下的综合指标提取。某些情况下，异总体数据统计特性的差异并不直接反映在分布参数的变化上，而需要从中提取某个综合指标，以反映总体的变动情况。这在样本数据为二维或多维的情况下更为常见。

(4) 多种验前信息的充分利用。变动统计的小样本特性要求必须充分利用各类验前信息。验前信息在类别和形式上并不完全一致，需要借助恰当的数学语言加以描述，将其转化为可以直接应用的数据结构。

(5) 不同总体的融合结构设计。融合多个不同总体的样本数据，对单总体小样本数据进行补充，是变动统计的主要目的之一。在对异总体变动关系进行合理描述的基础上，需要寻找恰当的融合结构，获得可信的融合推断结果。

2) 常用方法

一体化试验评估的难点在于：如果要利用多个母体进行统计推断，必须抓住母体变动的本质，找到各个母体之间的内在联系。实现变动统计的方法大致归纳为以下三大类：

(1) 基于约束关系的多总体融合估计。具体方法大致包括序化关系法、增长因子法、环境因子法、可交换量模型、整体推断法等。在实际的多母体统计问题中，除了上述各种约束关系之外，可能还存在一些因果关系或逻辑推理关系，可以通过产生式方法、模糊推理方法、人工神经网络、Bayes 网络等来描述这些约束关系。

(2) 基于线性模型的变量总体建模与预测。线性模型是现代统计学中应用最为广泛的模型之一，它通过自变量 (也称协变量、伴随变量或解释变量) 来描述不同总体之间的差异或变化趋势。从这个角度上讲，线性模型似乎是实现变动统计的天然方法。在实际应用过程中，可以通过 Box-Cox 变换或其他变换将非线性问题转化为一般线性模型来分析。

(3) 基于 Bayes 方法的多源验前信息融合。通过构造加权的先验分布，为不同来源的先验信息施以不同权重，通过 Bayes 推理获得融合的验后分布，这是一种有效的融合方法。

上述方法的核心是各个验前分布参数及其融合权重的计算。由于变动统计问题一般不具备多传感器信息融合的数据冗余性和多样性，因此，在融合方法上，不能仅仅依靠样本本身的质量来决定融合权重 (例如，根据各总体样本方差的大小施以不同权重)，而需要考虑各个总体在样本数据之外的其他联系，如样本来源的可信度、专家经验的判断等。此外，在权重计算和先验分布的融合规则上，可以考虑多种约束条件，从而有效地加入样本之外的其他信息，通过挖掘多个相关母体的内在联系达到有机融合估计的目的。

2.2.3 一体化试验管理

为保证装备一体化试验顺利开展，应逐步建立管理体制和工作程序，严格试验过程质量控制，并建立相关协调机制。

2.2.3.1 管理体制

1) 建立常态化组织管理体制

(1) 建立装备一体化试验联合工作组。由承担装备论证、科研、试验及使用保障任务的责任单位联合组成，负责全寿命周期一体化试验规划计划的审查把关，协调试验过程中产品状态管控、试验数据传递、试验资源协调等相关工作。

(2) 明确各相关单位职责分工。在装备一体化试验联合工作组指导下，由装备试验总体单位牵头编制一体化试验规划和相关计划，并对试验管理机构及分工、试验责任单位及分工，以及试验保障单位及分工进行明确，确保管理、组织、牵头、实施、配合、保障等部门职责分工清晰。相关单位各负其责，通过联合工作组相互协调工作。

(3) 建立相关制度程序。为保证可靠运行，应将有关机关部门和使用、保障、论证、试验、研制承担单位的职责、分工、工作程序以试验管理文件明确，并下发执行。在试验过程中，一体化试验联合工作组应加强相关制度程序的督导落实。

2) 建立一体化试验工作程序

(1) 试验鉴定系统全程参与装备全寿命工作。为科学高效地开展试验鉴定工作，试验鉴定系统应全程参与装备立项论证、研制总要求论证和工程研制，对新研装备的军事需求满足度、作战/保障效能及作战适用性、性能指标的可测性及可试性等问题，独立组织审查评估并反馈科研订购系统。同时，视情况参与预研项目及重大专项工程的科研过程，及时掌握试验需求，做好相关试验保障工作。

(2) 建立试验鉴定系统与装备论证系统、科研订购系统的反馈程序。对性能试验、作战试验、在役考核中发现的问题，试验鉴定系统应认真梳理研究并视情提出改进意见和建议，以规范化形式及时反馈科研订购系统以组织整改，反馈到装备论证系统对装备的改进升级论证提供输入。

(3) 成立重大项目试验鉴定领导机构。为保证试验鉴定工作的落实，对重大试验项目和试验鉴定系统应成立试验鉴定领导机构，机构由机关、专业试验单位、作战部队、研制部门，以及科研院所等组成，负责装备试验鉴定需求、一体化试验规划、试验大纲和重大试验行动的审查，并对装备一体化试验联合工作组的活动进行指导。

(4) 建立定期研讨模式。各参试方观点的统一是一体化试验实施的基础，试验过程中，应尽早将一体化试验中的重难点问题、存在争议的问题、易混淆问题、责权不明确问题等抛出，组织相关单位人员分析研究，最终解决问题并达成一致意见，必要时可以要求或以规定的形式传达到各单位，作为试验依据凭证，并成为后续试验的指导性文件。

2.2.3.2　资源管理

对可用于装备试验的军地试验资源进行规划，并制定一体化试验数据计划，以支撑后续各阶段试验资源保障、数据管理以及装备性能和作战效能的鉴定评估。

1) 试验资源统筹

明确性能试验、作战试验和在役考核三类试验的综合试验资源需求 (如试验场域、设施设备、靶标、配试装备、兵力、弹药器材及软件系统等) 和管理要求，达到统一调配全军和军地双方的试验鉴定资源，充分考核装备并有效避免资源重复建设。建立共享共用机制，为年度试验计划确定前就需先期完成的试验设计工作、年度试验计划内试验及年度试验计划外新增的试验项目进行试验组织时资源的选取、确认、调拨、调用、租借提供有章可循、便于实现的途径。

2) 试验数据共享

通过早期规划一体化试验数据计划，使得后续的试验实施过程能够产生足够的数据用于评估，并对支撑试验鉴定评估所需的试验数据和模型在整个试验过程中的传递、使用、管理提出明确要求。

2.3 体系试验鉴定理论

随着基于网络信息系统体系作战逐步发展为现代信息化战争基本形态，装备发展正朝着结构合理、功能完备、性能匹配的装备体系快速迈进。装备试验鉴定也由传统的考核验证单平台单系统是否满足研制总要求，向考核多系统能否构成体系、能否纳入体系拓展。开展装备体系试验，对于验证装备体系总体设计思想与满足部队实际使用需求的程度，发现装备体系设计的短板弱项与过度冗余，优化装备体系结构，保证新系统顺利融入体系，提升装备体系的整体能力和作战效能，具有重要意义。

2.3.1 体系试验规划与设计

2.3.1.1 基本要求

装备体系试验必须着眼于考核装备体系的整体性能、体系集成度和融合度、作战效能，从传统的装备型号单体性能试验向装备体系试验转型，应遵循以下要求：

(1) 被试对象必须由全要素的体系构成；

(2) 组分关系必须是全流程的信息联通；

(3) 试验环境必须是近实战的体系对抗；

(4) 试验结论必须是一体化的综合评估。

2.3.1.2 试验对象

装备体系试验的对象是整个装备体系或者置于体系运用环境之中的组分装备，需要按照体系构成的编配标准 (包括品种、数量) 安排被试品和配试品。体系试验没有固定的试验对象，可根据不同作战使命、不同的威胁等级、不同协作方式及具有的装备能力进行编配，具有规模、作战单元种类不确定的本质，按照考核目的和典型体系编成，海军装备体系试验一般包括航母编队体系试验、驱护舰编队体系试验、两栖作战编队体系试验、航空兵作战编队体系试验、综合作战体系试验及联合作战体系试验等。

2.3.1.3 工作流程

由于装备体系构成要素众多，网络连接关系和体系对抗关系复杂，各种要素之间相互作用，时域空域高度分散，体系对抗环境复杂、快速演变，因此，装备体系试验在程序与方法上不能照搬传统的装备单体或单系统的试验程序与方法，需要采用符合装备体系试验特点和需求的程序。如设计考核装备体系整体和组分装备在体系环境中运用的试验程序，主要包括装备体系试验任务分析、装备体系试验规划与计划、装备体系试验环境构设、装备体系试验实施和装备体系试验结果分析与评估 5 个阶段 15 个活动。当然，这种连续描述只是实际程序的一种简化，实际上大多数装备体系试验活动是反复迭代的，许多活动都是平行进行的，而输出可能作为输入被反馈到其他活动中。

2.3.1.4 任务设计

装备体系任务设计是从战技要求、背景材料中解读出装备体系、武器系统的作战使命，分析的目的在于明确试验是什么这个问题，确定试验的定性和定量指标。设计的结果应明确和归纳为以下内容：

(1) 装备体系使命任务目标、工作或打击对象。

(2) 隶属关系。

(3) 绘制任务目标的层级结构图。运用概念和工程判断确定其中的断链和缺项，通过请示与研讨及从武器系统设计分析中明确完善内容，使之成为完整的结构。

(4) 进一步明确各项目标的定义。列出合格性准则的相关内容和结构，并列出在武器设计分析时应该明确与补充的准则部分。

(5) 绘制任务剖面图。从寿命周期时间维、典型战斗过程维、应急与正常维护的管理维，绘制包含气候、力学、电磁、信息环境的任务剖面，并提出在装备体系设计分析中需要补充、细化、删除和强化的分析内容要求。

(6) 分析与确定任务的重点内容。在装备体系设计中主要把握的内容并对其进行重要性排序。

(7) 廓清新任务内容、要求中的新定义及系统问题。提出在装备体系设计分析中应重点了解的相关内容，研究和提出相应的试验、评估课题。

(8) 列出非指标性内容。廓清它们的内涵、地位与作用，确定是进行专项试验还是专项加综合试验的途径及相应评估准则，并提出在装备体系设计分析中应予以补充、细化或量化分析的要求。

(9) 综合分析比较各项要求的重要度。依据试验要求和试验的可能性、试验资源的可利用性等因素，将各项指标按重要度进行排序，在要求与可能之间平衡，初步拟制试验大纲。

任务设计中应把握核心装备 (或重点关注装备) 在装备体系中的隶属关系，在战斗结构中的地位、作用及其与相关战斗单元的关系；把握任务环境各剖面及其组合、叠加关系，以此作为试验决策的基础。任务分析应将装备体系作为一个整体来进行，从系统论的观点看，只知其最底层的技术条件，而不把握它们的综合目的和相互联系，就不可能对装备体系的整体进行正确认识。

2.3.1.5 想定设计

装备体系试验的真实性直接受试验想定的影响，特别是在兵力对抗试验时，应具有最大限度的 “作战环境” 逼真度，这直接影响到试验报告的可信度。军事常识、作战条令和军事知识是设计试验想定的基础，设计依据主要有装备的作战使命，研制总要求、研制任务书、试验任务书等，以及预想交战各方的编制装备、作战原则和战术特点，装备操作保障人员的实际情况，试验场区环境等。体系的构成、作战对手、体系对抗行动等是装备体系试验想定设计的重点内容。

在想定设计中涉及很多实体、规则、状态等对象和概念，可以采用正则表达式、有限状态自动机等工具进行建模和分析。在建模的过程中，可以用图、表、树等数据结构表示。上述过程可以采用手工进行，也可以采用 BlockSim、SIMPROCESS 等软件辅助实现。

2.3.1.6 指标体系

从装备体系的基本能力和功能出发，根据提出的关键作战问题和作战想定，以完成作战任务能力为牵引，遵照体系作战效能、单装适应性和体系贡献率的一般划分，结合具体装备的作战功能定位进行层次分解，建立体系试验指标体系。

1) 体系作战效能指标

体系作战效能指标是指装备体系完成各个作战功能的总体度量。综合作战效能包含了从探测、指挥到攻防、保障等整个作战环节，是一类综合性的试验指标，一般可以用完成作战任务的程度表示。综合作战效能指标的选取与作战任务要求和任务目标直接相关，可以选择如毁伤目标的数量、百分比，作战效果/代价，保护我方的重要阵地、设施的程度等。

2) 单装适应性指标

单装适应性是指按照实际的作战流程和任务剖面，装备投入体系实战使用并保持可用的程度。具体适应性指标可分为可靠性、保障性、可用性、兼容性、安全性和人机适应性等。

3) 体系贡献率指标

体系贡献率是指被试装备加入到作战体系后所形成的体系作战能力以及使体系作战能力在原有基础上的变化程度 (对己方体系作战能力的提升程度和对敌方体系作战能力的削弱程度)。体系贡献率是一个相对指标，同时也具有多样性，被试装备在不同装备体系中贡献率不同，贡献的方面也不同，具体的指标形式可选取体系综合效能提升 (或下降) 的百分比以及探测、指挥、攻防、保障效能提升 (或下降) 的百分比等。

2.3.1.7 试验项目

装备体系是由多类多台 (套) 武器装备系统构成的集合，系统之间性能配套、功能相互补充，存在复杂的信息交互关系。装备体系试验需要回答被试装备集合能否构成体系、装备体系整体性能、作战效能以及体系贡献率等问题。主要试验内容包括以下几个方面。

1) 装备体系整体性能试验

整体性能试验是在武器装备体系成建制基础上初步确定的，并且进行小批量生产后，为验证成建制武器装备或装备体系的整体性能是否满足实际作战要求而开展的试验。试验内容主要包括模拟实战条件下通信联通性能试验、信息化条件下指挥控制性能试验、一体化条件下协同打击性能试验和综合集成条件下使用性能试验。其中，模拟实战条件下通信联通性能试验，主要考核各种信息化武器装备之间的语音、图像等的传输性能，互联、互通、互操作性能和电磁兼容性能等，也考核成建制装备的组网性能；信息化条件下体系指挥控制性能试验，主要考核装备体系在信息系统支撑下所具备的指挥控制性能，包括决策计划、组织指挥、控制协调等；一体化条件下协同打击性能试验，主要考核在一体化信息系统支撑下，各作战单元相互协调、主动协同的综合火力打击性能，包括火力准备、火力压制、精确打击、火力适应等；综合集成条件下使用性能试验主要考核装备体系在综合集成条件下的可靠性、维修性、保障性等整体使用性能。

2) 装备体系集成度/融合度/网络化效能试验

装备体系集成度/融合度/网络化效能试验的目的是回答组分装备集合能否构成体系，确定装备体系的集成度、融合度或网络化效能。试验内容主要包括组分装备型号的入网能力试验、体系协同性试验和体系信息能力试验。其中，组分装备型号的入网能力试验的考核指标主要有电磁兼容性、信息接口、互操作能力、信息安全；体系协同性试验考核的指标主要有体系信息协同性和体系电磁兼容性；体系信息能力试验回答体系作战的信息协同性问题，考核装备体系的信息共享能力与信息处理能力。共享能力试验的主要内容包括信息吞吐量、误码率、容量、时延、可靠性；信息处理能力试验的主要内容包括信息融合能力、图形和文电处理能力、信息处理精度、信息处理容量等，是将体系看作一个整体开展试验的。

3) 装备体系作战效能试验

装备体系作战效能试验内容主要包括打击能力试验、侦察预警能力试验、指挥控制能力试验、防护能力试验、保障能力试验。试验内容与单体装备作战效能试验类似，但试验对象为整个装备体系，试验环境条件是体系与体系对抗的作战环境。

打击能力试验考核装备体系的探测识别、跟踪瞄准、命中目标、毁伤目标的能力，是回答装备体系是否具有火力打击优势的关键问题；侦察预警能力试验考核装备体系对目标的尽早发现、精准定位、稳定跟踪和正确识别的能力，回答装备体系能否先敌发现、先敌识别的信息优势；指挥控制能力试验主要考核装备体系的态势分析、方案生成、协调控制等能力以及指挥效率，回答装备体系的指挥控制是否精准、快速和高效；防护能力是装备体系所具有的抵御对手杀伤、破坏和恶劣自然条件侵害的能力，防护能力试验主要考核装备体系的防侦察监视能力、防打击能力和核生化防护能力，回答装备体系能否被发现、被毁伤和能否保持体系作战能力等关键作战问题；保障能力试验主要考核装备体系运用时的维修保障能力、备件保障能力、技术保障能力和阵地保障能力，回答装备体系能否进行作战运用的关键问题。

4) 新系统在体系中的适应性试验

新系统在体系中的适应性是新系统在装备体系实际运用中有效使用的满足程度，或在作战使用过程中保持可用的程度。新系统在体系中的适应性试验内容主要包括电磁环境适应性、任务适应性、保障适应性和编成适应性试验。其中，新系统对体系的电磁环境适应性 (电磁兼容性) 试验，主要考核装备体系电磁环境对新系统的电磁压制情况、新系统对装备体系电磁环境的冲击和干扰情况；新系统对体系的任务适应性试验，主要考核新系统在体系环境下的可用性、可靠性等任务完成能力，装备及其人员生存性等；新系统对体系的保障适应性试验，主要考核新系统适应体系的作战保障、勤务保障、指挥控制保障等资源约束和限制的能力，回答体系保障资源能否满足新系统作战使用的需要；新系统对体系的编成适应性试验，主要考核新系统在体系环境下，部队使用过程中兵力、装备编成的变化程度，以及人机适应性等。

5) 新系统对体系的贡献率试验

新系统对体系的贡献率试验需要考核的内容包括直接贡献度和间接贡献度，直接贡献度主要指新型武器系统直接产生的军事效益，如对杀伤型武器，直接贡献度是在给定任务中目标毁伤数量占所要求目标毁伤数量的比例；间接贡献度是指新型武器系统间接产生的军事效益，还以杀伤型武器为例，间接贡献度就是目标毁伤后使生存能力发生变化的度量，间接贡献度一般通过能力的级联效应反映。

新系统对体系的贡献率试验需要把握新系统对体系整体性能贡献率和对体系

作战效能贡献率两方面。装备体系整体性能是体系固有的静态属性，由体系内相关支撑装备系统的关键战技性能获得，与任务无关，是基于战技指标能力的静态度量。装备体系作战效能是在规定的作战任务和想定场景下，运用体系所有装备，执行作战任务所能达到预期目标的程度，新系统对体系的贡献率是将组分装备对体系整体性能贡献率和对体系作战效能贡献率的综合。在体系论证和开发阶段，重点关注系统对体系的整体性能贡献率；在体系使用阶段，重点关注系统对体系的作战效能贡献率。

2.3.2 体系试验环境构建

2.3.2.1 环境要素

装备体系试验环境包括由双方兵力兵器对抗形成的对抗环境、电子信息装备工作形成的电磁环境和武器装备使用所处的自然环境。

对抗环境既包括假想敌的，也包括己方武器装备的。为了构建逼真的对抗环境，必须满足装备体系内部各武器装备之间的物理互联、信息互通和功能互操作等技术要求。物理互联是基础，通过短波、超短波、微波、数据链、卫星等无线和有线通信手段，建立装备体系内各武器装备之间信息传输交换的物理链路。信息互通是手段，装备体系内各武器装备作为公共战场信息空间内的节点，共同实现战场信息的获取、传输、处理和应用，相互提供信息支持。功能互操作是目的，装备体系内各武器装备在功能上相互补充，在任务上相互支持，协同实现共同的作战目标，达成预期的作战效果。

战场电磁环境影响信息化武器装备效能发挥的同时，又刺激人们对电磁环境的深度开发。信息的无限发展与电磁空间有限容量间的矛盾将电磁环境引向复杂。在相对有限的战场空间中，电磁环境的复杂程度逐渐增加：在空间域上，电磁信号遍布地面、海上、空中和太空，辐射源的作用距离从几十米到几万千米；在时间域上，电磁信号时隐时现，时密时疏，在特定时域内呈现高度密集状态；在频率域上，电磁信号在一定频谱内跳跃不定，各种电磁辐射源产生的电磁信号所占频谱越来越宽，几乎覆盖了全部电磁信号频段；在能量域上，电磁信号的功率或强或弱，跌宕起伏。电磁环境的复杂性已经成为现代信息化战场的一个重要特征。

典型的战场自然环境主要有地理环境、气象环境、水文环境等。它是一个复杂的、具有明显层次和关联性的庞大体系，它对武器装备的影响是多方面的、复合性的。如地形起伏情况、地表土壤和植被情况、地面断绝地物和遮障情况等，会对武器装备的机动、射击、通信产生影响；气象条件会影响装备使用，如雨雪天气会使部分飞行装备无法使用，在低温严寒环境中，部分装备需要加温预热才能使用。

2.3.2.2　资源集成

在装备试验鉴定领域，可用的仿真资源包括真实仿真、虚拟仿真以及构造仿真，它们是针对人与装备交互方式所进行的分类，本质上蕴含着对装备及其操作者形态上的区分，将它们集成应用是解决装备体系试验鉴定问题的一种有效方案。

真实仿真指的是由真实的人操作真实的装备；虚拟仿真指的是由真实的人操作虚拟的武器装备，其核心是“人在回路”，通过人在回路操作虚拟的装备，既可在训练应用中训练人员的操纵技能、决策技能或通信技能，又可在试验应用中引入真实的人的交互，从而可更加逼真地评估装备性能和效能；构造仿真指的是在虚拟的环境中，虚拟的人操作虚拟的武器装备。

基于 LVC 资源集成的装备体系试验环境实现各种异构试验资源的按需集成，其技术特点可归纳为以下几个方面：① 是由真实仿真、虚拟仿真和构造仿真互联、互通、互操作组成的分布式仿真；② 是跨真实仿真、虚拟仿真和构造仿真领域的分布式仿真，而不是单纯的真实或虚拟或构造领域的分布式仿真；③ 是用于装备体系试验评估的分布式仿真，试验数据的采集、处理，试验态势的综合显示、评估，以及试验的指挥与控制等功能，应由各种试验资源协同完成；④ 各种真实、虚拟和构造仿真资源的互联、互通、互操作是构建基于 LVC 资源集成的装备体系试验环境的关键。

基于 LVC 资源集成开展试验能够克服传统试验的局限，具有的重要价值如下：① 克服试验资源的数量和种类不足；② 解决试验事件、长度和可重复性不够，分析评价不及时问题；③ 有效支持武器装备系统开发；④ 增加试验环境的稳健性，具有“端到端”试验及试验后评估能力。

2.3.3 体系试验组织实施与评估

2.3.3.1 实施模式

1) 独立实施模式

独立实施模式是完成传统的定型 (鉴定) 试验后，以独立的计划、独立的大纲、独立的组织实施和独立鉴定或评估的方式开展的体系试验。从规划、设计、组织、数据收集、试验分析、评价到最后的试验报告，完全按照体系试验的要求进行，组织实施上不与研制、定型等试验有任何交织。可按照基于装备体系使命任务和基于装备体系关键问题的导向开展。

2) 联合实施模式

联合实施模式是在联合试验指挥机构的统一指挥下，按照统一的计划，共享试验资源，共同实施的整体试验，具有跨部分靶场和设施边界，跨科研、试验、训练演练和作战使用边界，多个靶场和设施联合等特点。联合实施的本质是以信息技术为主导，优化组合试验要素，充分共享试验资源，共同感知试验态势，高度融合试验单元，实现试验职能最大化和试验行动协同化。

3) 平行试验模式

平行试验是为适应装备体系效能试验的需要而提出的，是对武器装备体系试验的一个探索，是物理试验和计算试验结合的产物。主要目的是实现真实靶场与平行靶场间的关系映射，认为真实靶场是平行靶场的子空间，物理试验结果是体系效能试验结果的子集，而在人工靶场进行的计算试验可将物理试验结果拓展为装备体系效能的全维信息，从而实现单一武器或武器系统技术性能评估向体系效能评估的拓展。开展平行试验需把握好宏观行为和微观属性并重、数据挖掘与扰动分析互补和自底向上与自顶向下结合等特质。

2.3.3.2 评估内容

装备体系试验评估的主要任务可归纳为：通过前期开展的装备体系试验设计，利用试验实施获得的试验信息，综合其他来源数据，基于特定的方法和模型，对装备体系的整体性能、体系集成度或融合度 (或称网络化效能)、体系作战效能、新系统在体系中的适应性、新系统对体系的贡献率等进行综合评估。它是装备体系试验最终目标的集中体现，能为武器装备体系各分系统的研制、改进、生产、调整、列装定型，为装备体系的组织编配、结构优化，为部队使用提供结论与建议。

2.3.3.3 关键环节

在装备体系试验评估中，关键性的环节包括以下方面。

1) 建立评估指标体系

通常需要运用树状图分析法，按照自顶向下、逐步细化的方法，从分析作战想定中的各项任务入手，分析任务与武器装备之间的关系，将关键作战问题分解为效能指标和适用性指标，然后再分解为性能指标，选定影响任务完成的可观察或可测量的性能指标，构建作战效能的评估指标体系，并通过试验前分析给出预测结果和期望结果。

2) 建立评估模型

通过性能指标的评估、指标权重的确定，建立装备体系试验评估模型，综合运用层次分析法、专家评价法、模糊综合法、修正熵权法、效能评估法 (ADC) 及其扩展方法、灰色系统理论法等，最终得到试验评估结果。

3) 体系贡献率评估

通过作战资源损耗交换比、作战资源交换比、相对损耗比等指标评估装备体系在某一作战任务中达成目标的作战资源损耗情况，利用作战资源损耗情况评估作战任务的成功程度。单个装备或装备系统对对抗双方作战资源损耗情况的正反两个方面的影响即为该装备的体系贡献率。

4) 实时在线评估

试验评估通过分析试验得出的数据对作战效能、作战适应性和体系贡献率等各项指标进行评估，是整个试验系统价值的集中体现。实践中，评估通常滞后于试验甚至在试验结束后才进行，这会导致数据质量问题或被试装备达不到指标要求时需要进行大量的重复工作。实时在线评估旨在减少这种滞后，一旦得到数据，及时进行评估以确定数据的质量及其有效性，减小系统风险。

5) 装备体系试验可信度分析

由于基于 LVC 资源集成的装备体系试验环境与真实作战环境存在一定差异，在武器装备作战效能的评估指标体系及评估准则的选取、评估数据源的采集与可信度检验、评估方法等方面也存在一定的风险因素，在降低这些风险的同时需要对装备体系试验的可信度进行分析，给出试验可信度分析报告。

2.4 逻辑靶场公共体系结构对联合任务环境下实战化考核的影响

逻辑靶场构建是靶场试验实战化考核的现实需求，而逻辑靶场公共体系结构是逻辑靶场建设所遵循的总体规划和技术标准，是以统一的组织结构来规范靶场内部各系统、各要素之间的相互关系，实现靶场与靶场之间、系统与系统之间、实装与仿真之间的互操作、重用、可组合能力，实现众多地理分散的靶场资源的综合集成，实现靶场的区域合成、功能合成、领域合成，从而经济、高效地构建一个集成各种 LVC 资源的复杂、逼真而又灵活的联合试验环境，完成贴近实战的一体化的联合试验训练任务。因此，逻辑靶场公共体系结构对联合任务环境下的实战化考核具有重要作用。

(1) 逻辑靶场公共体系结构是联合任务环境下检验装备体系作战效能的重要条件。美军大力开展逻辑靶场和试验训练使能体系结构 (TENA) 设计研究，推动基于逻辑靶场的联合作战环境建设，具有明确而现实的作战需求和装备发展需求牵引。联合作战已成为现代战争的主要样式，同时，武器装备体系化发展趋势日趋明显，对体系化装备在联合作战环境下的作战效能进行真实、全面的检验，是现代武器装备发展与采办所面临的重要问题。为此，美国国防部提出为了加强美军的联合作战能力，不仅要“像作战一样训练”，而且要“像作战一样试验”，要求美军为联合作战环境下武器装备的试验鉴定提供新的试验能力，并最终在全军推广和实施。我军靶场试验鉴定能力经过几十年的发展，与建设初期相比已有了质的飞跃，信息化、网络化水平日趋提升，武器装备作战效能的检验与评估的真实性、可靠性不断提高，完成多样化试验任务的能力不断增强。但是，必须看到，目前我军的武器装备试验靶场仍然存在诸多问题，最为突出的是现有的综合试验鉴定能力难以胜任体系化武器装备试验的需求，尤其是在分布式联合任务环境试验能力建设上，与美军的差距尤为明显。要满足一体化联合作战对于装备试验鉴定的需求，就必须大力发展分布式试验能力，构建多靶场互联、互通的联合任务试验环境，发展体系化装备的试验鉴定规程与程序，为在联合任务试验环境下开展体系化装备的试验鉴定提供支撑，而构建联合任务试验环境的基础就是研究和设计逻辑靶场公共体系结构。

(2) 统一管理、顶层规划是逻辑靶场公共体系结构框架下联合试验成功的重要保证。消除壁垒、打破割裂，实现试验鉴定资源互联、互通、互用，发展体系装备试验鉴定能力，必须自顶向下，统一管理。美军 TENA 框架下的分布式联合任务环境试验能力的发展始终由美国国防部统一领导。美军 1998 年启动的 FI2010 工程由美国国防部发起，陆军牵头，海军、空军参与，在全军范围内对 TENA 框架下的联合试验环境的概念与靶场建设进行了广泛研究；在《联合环境下的试验路线图》指导下，2005 年和 2006 年分别由美国国防部和美国作战试验鉴定局启动联合任务环境试验能力 (JMETC) 计划和联合试验鉴定方法 (JTEM) 计划，面向全军实施，推动 TENA 框架下的联合任务环境试验在美军的全面建设。分布式联合任务环境试验虽然是对传统试验的补充，但不是对传统试验的简单修补，也不单靠建设网络实现各靶场互联就能实现，它给试验的概念、方法、程序、手段、模式都带来了新的内涵。因此我军的逻辑靶场公共体系结构框架下的联合试验必须有顶层设计并由顶层进行指导，应制定目标明确的发展路线图，对逻辑靶场公共体系结构框架下的联合试验的投资、研究与推动进行统一的规划，以避免各自为政、分散发展、互不兼容、重复投资等问题的发生。

(3) 分步实施、有序推进是逻辑靶场公共体系结构框架下联合任务环境试验持续发展的主要途径。分布式联合任务试验能力建设是一项庞大的系统工程，其发展不可能一蹴而就，必须分阶段进行、逐步推进。总体来看，美军联合任务试验鉴定能力的发展采取了分步走战略。第一步为先期研究，为联合任务环境试验发展基础技术，并对典型武器装备开展联合任务环境试验的试运行，这一阶段取得的成果为美军后续工作的开展打下了坚实基础。第二步对联合任务环境试验的环境进行研究，在 FI2010 工程中探索构建“逻辑靶场”，扩展了 HLA 技术，发展了更加适合联合任务环境试验的 TENA 技术，对联合任务环境试验基础环境的概念和建设进行了深入研究。第三步对联合任务环境试验能力进行全面建设。经过前两个阶段的探索，美军开始全面发展联合任务环境试验能力，到 2015 财年实现交互能力，能够针对“联合能力集成与开发系统”所规定的联合性能特性，以及渐进式和螺旋发展能力，实现基于能力系统的全面试验鉴定。美军通过将所有现有靶场与设施联网，对武器系统进行真实有效的检验。通过这种分步发展模式，可有效避免建设中的盲目性以及潜在的技术风险，可实现联合任务环境试验能力的稳步发展和扎实推进。

(4) 理论研究先行、标准规范支撑是公共体系结构框架下联合任务环境试验能力发展的重要基础。基础技术与方法程序是联合任务环境试验能力稳步发展的良好基础。历经 30 余年发展，美军持续发展了 TENA 等多种先进技术，还形成了国际通用标准，为联合任务环境试验的发展提供了极大支持。目前，美军试验鉴定界广泛使用的 TENA 体系结构，其中间件版本已发展到第 6 版，显著增强了数据分发能力，优化了网络使用性能，实现了对试验事件的管理。由于联合任务环境试验涉及的参试单位多 (研制方、试验方、使用方等)、参试系统多 (由多个单系统构成的装备体系)、参试系统表现形式复杂 (由虚拟的、真实的、构造的系统组合而成)，规范的程序、统一的标准、通用的试验方法是实施联合试验的关键。美军建立了联合任务环境试验管理和协调机制，发布了统一的规范和指南，制定了 6 步 24 个程序的通用试验方法，并写入美军的试验鉴定政策中，形成了联合任务环境试验鉴定的统一指导。

第 3 章　逻辑靶场公共体系结构总体设计

为适应联合作战能力对装备试验与人员训练的需求，靶场建设由原来“基于型号的系统建设”向“基于能力的体系建设”转变，试验能力生成模式由原来的“各靶场单系统独立试验”向“跨靶场跨区域联合试验”转变。逻辑靶场公共体系结构在总体设计上应以靶场建设高层需求为牵引，以靶场各类资源为基础，以靶场试验网络为纽带，建立开放式体系结构基础平台，实现靶场资源的互联、互通、互操作和综合集成，实现分布式 LVC 资源的共享共用、随遇接入和按需组合，全面支持装备体系试验和训练任务。其功能应覆盖试验、训练、科研等各专业领域。

3.1　当前靶场存在的问题和需求

随着联合作战能力对靶场联合试验能力需求的日趋迫切，传统靶场试验体系受到了极大挑战，主要存在以下几方面问题。

一是靶场专用装备难共用。经过长期建设，各类靶场在各自专业领域的试验专用装备建设都有较大发展，但也不难发现各靶场独立建设所带来的问题。由于以前靶场建设强调的是以型号需求为牵引，追求的是系统最优化，要求是满足各靶场独立开展的系统级试验任务条件保障，在具体项目建设上没有提出体系化、互操作的技术要求以及统一的标准规范，因此各靶场的装备难以实现资源共享、信息共用。

二是试验训练资源难共享。试验以武器装备为检验评估对象，训练以操作使用武器装备的作战人员为检验评估对象，试验和训练对保障条件的要求都是以战场为标准，在对数据获取、传输、处理、应用上，两者对靶场资源的需求相同。然而通常靶场试验与训练建设途径相互分开，建设项目立项按部门分工明确，相对独立，重复建设；建设方案缺乏统一规划、统一设计，难以统筹兼顾，资源共享。

三是异构系统信息难交互。靶场的专用装备大部分都是异构系统，都是按照各自使用的专有功能设计和研制的，由于是相互封闭的建设和管理，没有一个统一的信息交互机制，因此系统之间难以实现信息交互，尤其是外场实装与内场仿真之间的信息交互难以实现，内外场并没有实现真正意义上的结合。

四是复杂环境试验难实施。各类靶场的试验系统相对独立，自成一体，性能有限，受制于试验环境条件约束，一旦试验环境要求超出各自独立试验系统能力范围就不能开展试验。

上述四个方面的靶场结构性问题是在军队基于信息系统体系作战能力建设和靶场信息化建设的大背景下反映出来的，这些问题严重影响了新型信息化装备体系建设和靶场信息化建设的进程。为此，必须要摆脱传统靶场单一系统、单一功能、单一领域的独立靶场建设模式，建立先进的多靶场、多功能、多领域合成的逻辑靶场建设模式。逻辑靶场建设的核心就是要遵循一个共同的体系结构——逻辑靶场公共体系结构，用以规范靶场各类资源间的相互关系和信息交互，实现靶场与靶场之间、系统与系统之间、实装与仿真之间的互操作、重用、可组合能力，实现众多地理分散的靶场资源的综合集成，实现靶场的区域合成、功能合成、领域合成，从而经济、高效地构建一个集成各种 LVC 资源的复杂、逼真而又灵活的联合试验环境，完成贴近实战的联合试验训练任务。

体系结构是构建体系的顶层约束和规范，是在建设、运行、管理等方面规范体系内部实现信息交互与相互作用的执行标准和运行机制。不同的体系结构形成不同的体系服务运行管理平台。对于武器装备试验鉴定应用领域来说，如果没有一个共同遵循的公共体系结构，任何新系统的建设开发都将变成一个跟体系总体目标和发展战略关系不大的单个“点方案”，从而导致许多烟囱式的系统；没有一个共同遵循的公共体系结构就没有一种体系化建设大规模系统的体制机制。反之，如果基于一个公共体系结构，原有系统和任何新开发的系统都可成为完整体系的一部分，所发挥的作用是公共资源功能而不是单一资源功能。体系构建如同做一只木桶，各自独立的系统是桶板，公共体系结构就是桶箍。只有在桶箍的约束作用下，才能将分散的桶板连接在一起形成木桶。公共体系结构是体系构建的核心和关键，应以构建先进实用的试验鉴定体系为统揽，在顶层设计上符合军队总体要求，在总体功能上开放性好、通用性强、满足各领域试验鉴定体系功能要求。公共体系结构最关键的一点就在于“统一”，若是没有一个统一的按照一体化思想设计的、军地各领域都共同遵循的体系结构，要建设一个集联合试验运行、数据共享服务、资源统筹管理于一体的试验鉴定体系是完全不可能的。

加快构建具有我军特色的装备试验鉴定体系要进行三个方面的统筹：一是试验各阶段的统筹，即“性能试验、作战试验、在役考核层层递进、环环相扣、有序开展”；二是条件建设的统筹，即“着眼横向支撑各类试验鉴定、纵向贯通军兵种应用和联合应用，统筹军地试验资源”，“统筹构建‘地域分布、逻辑一体’的基地群”；三是运行机制的统筹，即“构建由军队装备试验单位，部队、军队院校及训练基地，地方符合资质要求的试验机构等构成的‘三结合’执行力量”，建立“军民通用试验设施共享共用机制”。这三个方面的统筹要求武器装备试验鉴定领域应具有如下三种能力。

一是地域分布、逻辑一体的联合试验运行能力。基于网络互联，在军地各试验单位各自独立运行的试验系统之间建立一条互联、互通、互操作的“纽带”，将分散在不同地域、从事不同专业、实现不同用途的单一试验系统通过公共体系结构基础支撑平台聚合成为密切关联、有机互动的联合体，实现多方联合、信息交互、资源共享、优势互补，满足根据不同的联合试验任务需求构建相应的“微信群”，即联合试验群的需要。

二是领域覆盖、阶段一体的数据共享服务能力。基于网络互联，在现有各个“信息孤岛”之间搭建数据共享服务“桥梁”，在公共体系结构基础支撑平台上构建试验鉴定各阶段、各领域共享数据库，建立数据信息安全交流机制，实行试验数据的开放式管理，以期形成装备试验鉴定领域的“百度”功能，在安全保密的前提下，满足装备试验鉴定各个阶段各类用户对各种试验数据信息快速检索、保真应用。

三是统建共用、军民一体的资源统筹管控能力。基于网络互联，在现有各自独立的“资源城堡”之间建立一条实现资源统筹共用的“隧道”，构建军民各领域应用、试验训练联合应用的“公共资源仓库”，建立试验资源网上功能查询、状态确认、申请调用的统筹管控机制，以期形成试验鉴定领域的“淘宝”功能，可以根据不同的试验任务需求获取所需要的试验资源，实现即查、即得、即用。

可以说工程化的、开放通用的公共体系结构在功能上相当于为装备试验鉴定领域的运行建立了基础支撑平台，通过该平台，靶场各类内外场资源的集成就像建立“微信群”一样按照试验需求进行灵活组合应用，群里的资源可以进行互联、互通、互操作和信息实时交互，各类资源的协同运行构建了贴近实战的联合试验环境，而且建立在该平台上的联合试验规划设计和运行控制灵活智能。因此逻辑靶场公共体系结构基础支撑平台使得全军所要求的“统筹体系”“整合力量”“联合机制”“共享资源”能够落地，使得联合试验公共体系结构在理论上具有可信性，技术上具有创新性，方法上具有可操作性，应用上具有可行性，为扎实推进我军装备试验鉴定体系建设提供借鉴和参考。

3.2 逻辑靶场公共体系结构总体设计框架

3.2.1 设计思想

逻辑靶场公共体系结构总体设计应考虑以下几方面因素：

一是支持靶场基于信息系统的体系试验训练能力建设，促进区域合成、虚实合成、试训合成，靶场资源可实现高效重用、快捷组合、灵活扩展，共用数据等信息可实现全寿命有效管理。

二是支持未来信息化体系作战环境下的试验和训练，体系结构具有良好的通用性和开放性，能够与各类作战平台和异构系统实现信息交互。

三是支持以高效益的方式快速开发、配置和应用，避免重复建设，资源组件化、标准化、通用化，一次投资，多方应用。

四是适应各种类型靶场资源的运行需求，这些资源包括靶场指控、测控、靶标、通信、警戒、航保等各类外场实装及内场仿真资源。

五是逐步实施、循序渐进、安全可靠，要在不妨碍原系统运行和不影响原系统性能条件下开展建设，由点到线、由线到面，在渐进式开发过程中，不断吸收新技术、新方法，始终保持其先进性、稳定性和可靠性。

靶场公共体系结构设计是否科学合理主要与其通用性、便捷性、稳定性和安全性相关。

通用性——要实现试验联合、数据共享、资源统管，首先要看它的体系结构是否开放、共用，支撑运行的软件平台是否统一、通用。体系结构的通用性表现在要适应不同阶段、不同领域的应用，要适应不同的试验和训练任务应用，要适应不同的实装与仿真应用。通用化是逻辑靶场公共体系结构的根本属性。

便捷性——构建联合试验环境就是在已有各类试验资源基础上进行综合集成，

为适应不同的联合试验训练任务需求，试验资源要能够快速集成、灵活组合、随遇接入、即插即用。能否具备这种方便、快捷的集成能力，取决于逻辑靶场公共体系结构基础支撑平台的资源接入和交互能力。

稳定性——保障一个大规模的联合试验或训练任务需要较多的试验资源，基于网络的多系统并行、多节点同步，要求联合试验系统运行稳定可靠。其稳定性主要体现在网络环境的稳定性、基础支撑平台的稳定性和硬件设施的稳定性上。

安全性——联合试验训练系统运行的安全性主要体现在任务数据在整个任务流程中的安全性。由于执行联合试验训练任务的资源分布广泛，数据交互关系复杂，数据获取、传输、存储、处理、应用的各个环节都要保证数据安全。试验往往会因为某一个节点、某个网络存在数据安全性问题而导致整个试验系统不能正常运行。因此确保逻辑靶场公共体系结构的安全性是关键环节。

3.2.2　多视图设计框架

对于功能多、规模大、结构复杂的系统，采用多视图体系结构描述方法，能使复杂问题简单化。多视图体系结构描述的基本思想是“分而治之”，是将一个复杂问题分解为反映不同领域人员视角的若干相对独立的视图。每个视图针对的开发人员不同，且关注点不同，视角也不同，一个视角与一个视图相对应，每个视图集中表现一个或多个关注点，多个视图通过分离关注点降低体系结构分析和设计的复杂性。这些视图一方面反映了各类人员的要求和愿望，另一方面也形成了对体系结构的整体描述。

按照多视图体系结构描述方法，从系统、软件、技术、运行、应用五个视角设计逻辑靶场公共体系结构的总体架构，如图 3.1 所示。各视图之间互相关联、互相作用、互相影响。

(1) 系统视图：从组成、能力、特征的角度描述靶场公共体系结构，并建立与联合试验鉴定体系任务需求间的关联；

(2) 软件视图：从软件设计开发角度描述如何实现系统视图的组成、能力、特征的具体化和工程化；

(3) 技术视图：描述构建靶场公共体系结构需遵循的规则、标准、约定等；

(4) 运行视图：描述任务在靶场公共体系结构框架下如何运行，明确运行的程序、方法以及流程等；

(5) 应用视图：描述如何在靶场公共体系结构的约束下建立靶场各领域的任务应用。

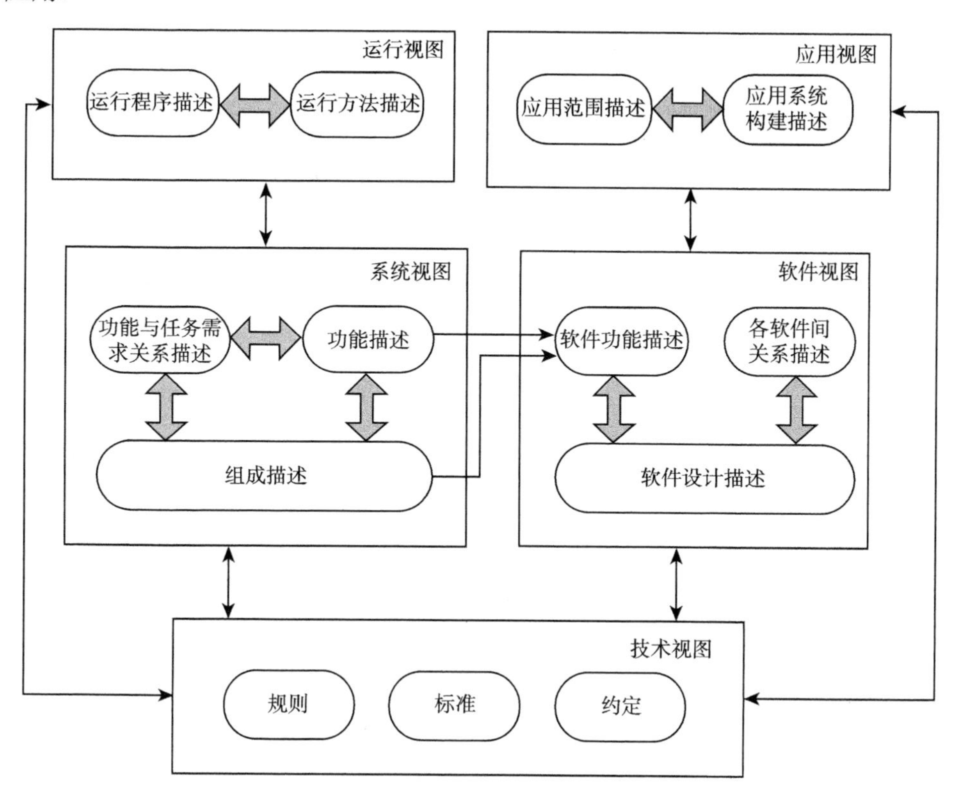

图 3.1 靶场公共体系结构多视图设计框架

第 4 章　逻辑靶场公共体系结构系统视图

建立逻辑靶场公共体系结构是一个复杂的系统工程，采用多视图体系结构描述方法对体系结构进行形象化表现是化繁为简的重要手段。其中系统视图是整个体系结构设计的牵引，它是搞清楚公共体系结构需要建什么，需要发挥什么作用，怎样满足联合试验鉴定需求，构建逻辑靶场公共体系结构的首要步骤。

4.1　系统视图总体描述

逻辑靶场公共体系结构主要由应用工具、公共设施和基础工具构成，如图 4.1 所示。

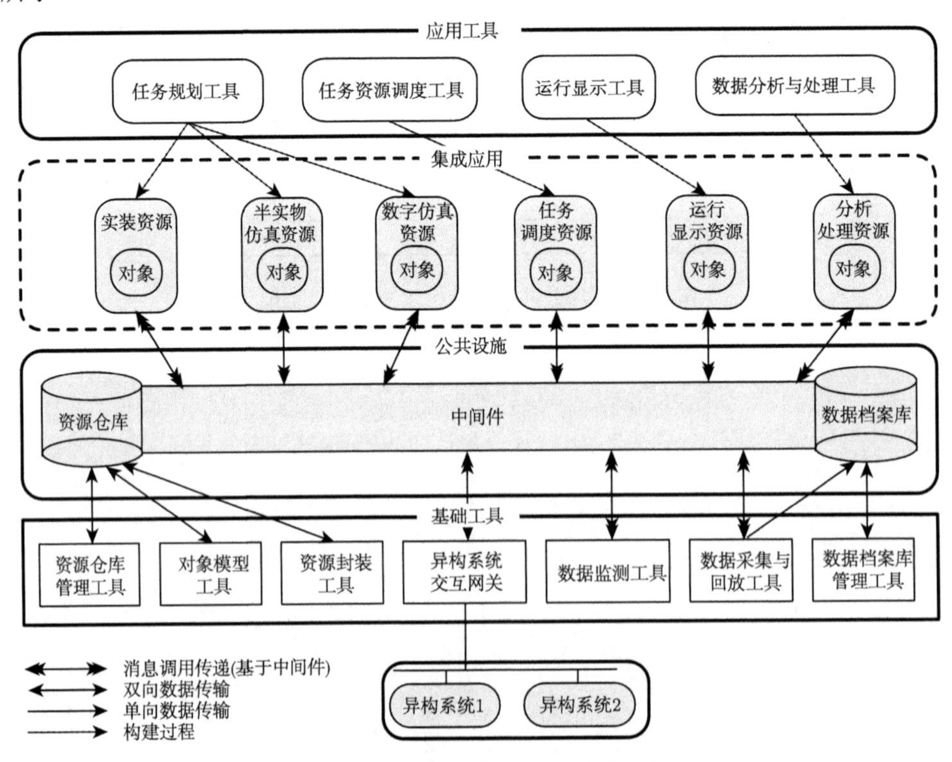

图 4.1　逻辑靶场公共体系结构系统视图

应用工具包括任务规划工具、任务资源调度工具、运行显示工具和数据分析与处理工具，为任务规划、资源调度、数据分析处理以及任务过程的运行显示提供相应工具，实现联合任务系统的快速优化设计和运行控制管理。

公共设施包括中间件、资源仓库和数据档案库，提供信息传输服务以及模型资源和数据资源共享等服务，实现资源间的互联、互通、互操作，实现各类资源的综合集成和远程操控。

基础工具包括对象模型工具、资源封装工具、资源仓库管理工具、数据档案库管理工具、数据采集与回放工具、数据监测工具和异构系统交互网关，为模型建模、资源接口封装、可重用知识库管理、数据采集监测、数据回放、异构系统接入等提供相应工具，实现资源的即插即用和开放共享，支持资源的重用和可组合应用。

虚框内的实装资源、半实物仿真资源和数字仿真资源以及任务调度资源、运行显示资源、分析处理资源等各类资源以应用的方式在公共体系结构的约束下进行集成，可按任务需求集成各种类型的任务系统。

4.2 公共设施

公共设施由中间件、资源仓库和数据档案库组成。

中间件是公共设施最为核心的部分，它将发布/订购技术和基于模型驱动的分布式面向对象设计模式整合在一起，形成一个强大的分布式中间件系统。中间件的目标是为试验训练的参与者提供一种相互通信的手段，并为逻辑靶场资源的协同操作提供统一的管理机制。中间件以标准 API 函数方式对外提供调用接口，支持各类资源的快速高效集成，实现可互操作的、实时的、面向对象的分布式任务系统的建立。中间件提供的基本服务主要包括系统管理服务、声明管理服务、对象管理服务、所有权管理服务、时间管理服务、数据分发管理服务和安全管理服务。

资源仓库主要存储靶场资源的基本信息，包括名称、类型、功能、生产信息、维修履历、使用信息、负责人等；存储靶场资源的相关文件，包括使用说明书、维修与保养说明书等；存储靶场资源的组件模型、对象模型及相关文件；存储分布式资源仓库的组成结构信息，包括所有资源仓库所在计算机的 IP、登录名、密码等；存储资源仓库的用户信息，包括用户名、登录密码、用户权限类型，以及访问资源范围等。

数据档案库主要存储任务方案信息及相关文件，包括任务名称、类型、目的、负责单位、所用设备、任务方案文件、初始化数据文件；存储针对某一任务方案的多次任务信息及相关数据，如试验时间、试验人员、试验情况描述、试验过程采集的试验数据等；存储针对某次任务的处理后的结果数据等；存储任务数据标准格式化模板信息及文件，包括模块名称、数据类型、模板相关文件等；存储分布式数据档案库的组成结构信息，包括所有数据档案库所在计算机的 IP、登录名、密码等；存储数据档案库的用户信息，包括用户名、登录密码、用户权限类型、访问数字资源范围等。

4.3 基础工具

基础工具主要由对象模型工具、资源封装工具、资源仓库管理工具、数据档案库管理工具、数据采集与回放工具、数据监测工具和异构系统交互网关构成。

对象模型工具具有各种对象模型的设计与开发功能，支持对象模型以开放性自描述方式表示。

资源封装工具具有以可视化方式实现靶场各类资源快速接入的能力，实现按照任务需求的随遇接入和即插即用；对于具备操控接口的设备，在硬件接口为以太网、RS422/485/232、反射内存网等常用接口，且设备操控协议已知的情况下，支持基于数据交互协议的免编程封装方式；支持标准模型类资源、数据处理算法类资源免编程高效接入；提供自动生成资源组件模型框架功能，可根据特殊需求进行二次代码开发。

资源仓库管理工具具备资源仓库中的组件模型、对象模型以及其他信息的添加、删除、更新等功能；具备对资源仓库各类信息的远程检索和相关文件下载功能；具备对资源仓库各类信息的安全权限管理功能；具备对资源仓库各类信息的分类统计及报表功能；具备资源仓库备份恢复功能；具备用户管理功能；具备以 Web Service 方式提供信息检索、状态查询、信息统计、数据调用等功能。

数据档案库管理工具具备任务方案、数据和结果等信息的存储以及系统运行期间数据的收集功能；具备数据资源的备份、恢复、删除和更新等功能；具备数据资源的查询、检索及统计功能；具备数据的安全权限管理、用户权限管理功能；具备数据标准化管理功能，支持数据格式标准模板的定义、数据格式转换等功能；具备提供数据转化服务功能，可实现数据导入导出；支持基于元模型的结构化、半结构化、非结构化数据的融合管理功能；具有以 Web Service 方式提供信息检索、状态查询、信息统计、数据调用等功能。

数据采集与回放工具具备可视化的任务数据采集方案定制功能，支持各级对象/属性的采集信息配置，并可动态配置各节点采集的信息；支持定时、触发及变值等数据采集模式；具备多节点多模式并行数据采集功能，支持多节点采集过程控制；具备分布式任务数据存储能力，支持数据库与数据文件两种数据存储方式，存储的任务数据符合数据档案库格式，并可上传至数据档案库；支持数据回放功能，可支持任务调度工具完整复现任务过程。

数据监测工具具备批量定义任务系统中所关注的信息，对该信息进行实时显示，并对信息的有效性进行判别的功能；能够以事件流的方式记录监测的信息发生异常和恢复正常的时刻和状态；任务系统监测过程中，可动态改变监测的信息及信息有效性判别条件，不影响任务系统的正常运行。

异构系统交互网关包括 HLA 网关、数据分发服务 (Distributed Data Services, DDS) 网关、通用协议式网关等，用于实现异构系统的快速接入。

4.4 应用工具

应用工具主要由任务规划工具、任务资源调度工具、运行显示工具和数据分析与处理工具构成。

任务规划工具具备根据任务需求，以资源集成的方式，快速规划任务的功能；支持查询已有资源，依据用户权限更新和下载资源，规划参与任务的资源，对资源进行初始配置和节点分配；支持手动和自动建立资源间对象模型的交互关系；支持以图形化方式规划整个任务流程，流程至少支持顺序、跳转、分支和条件判断等基本结构；支持分布式多用户联合任务规划，支持对任务规划结果的有效性检查，并给出错误提示；支持任务规划结果的多模式显示及人工修改；提供数码窗、示波器、文本框、指示灯、模拟仪表、表格、趋势图等常用显示组件元素；具有通过组件元素集成方式快速构建综合显示界面，并根据显示要求配置订购数据功能。

任务资源调度工具支持任务方案文件自动分发至各任务节点，支持各任务节点自动从资源仓库下载资源组件模型并自动加载，实现任务部署；支持分布式调度模式，支持任意节点均可作为整个任务系统的主控节点，并支持系统授时和节点间的时间同步；具有任务资源级操控功能，能够实现对资源的本地和远程操控；具有任务系统级运行控制功能；支持任务手动控制模式，提供初始化、网络测量、启动、停止、暂停、继续等基本运行控制指令；支持流程控制模式，按照任务规划的流程，自动完成资源的运行控制及资源间的数据交互；具有任务节点的运行状态监测功能，具有当前任务资源运行状态显示、当前各任务资源运行数据显示功能，具有当前任务流程执行情况显示及用户操作及异常信息提示功能；具有并行执行多个任务并对使用的任务资源冲突进行检测的功能，具备基于数据重现任务过程的功能；具有时间推进控制功能，按照设定步长，同步推进任务系统中各资源运行；支持任务规划的仿真预演，仿真预演内容为所有实物或半实物资源所对应的虚拟资源构建的任务方案。

运行显示工具具有二维和三维显示功能，用于显示任务系统的拓扑结构、节点状态等任务态势。

数据分析与处理工具提供开放式的数据结构及标准访问 API 函数，供外部数据分析工具使用，提供 Matlab 数据处理模型接口，支持.m 文件和 Simulink 模型的应用；具有按照不同的算法对数据进行分析处理的功能，支持动态加载第三方算法，实现算法的不断扩充和积累；具有数据可视化功能，实现原始数据、分析数据以曲线、饼图、柱状图等多种形式图形化展现，支持对图形进行标注、拾取、保存、放大缩小等操作；具备数据对比功能，实现将不同类型数据进行对比分析，通过对比分析可以找出数据的特征、差别、规律等信息；具备数据动态展示功能，实现将不同通道数据按照时间、采用率以动态回放展示，支持暂停、加速、跳动等操作。

第 5 章 逻辑靶场公共体系结构软件视图

系统视图是对逻辑靶场公共体系结构组成、功能以及与任务需求关联关系的描述，系统视图设计的具体化和工程化就要靠软件视图来实现。公共体系结构实际上是一个比较抽象的概念，主要通过各种软件来实现靶场各类资源间的互操作、重用、组合等信息服务功能。因此软件视图设计是公共体系结构设计的重要步骤。

5.1 软件视图总体描述

软件视图是按照系统视图的要求，描述实现公共体系结构功能的软件设计开发方法以及各软件之间的交互关系。图 5.1 不仅显示了需要设计开发的公共设施、基础工具、应用工具等各类软件及工具，还描述了各类软件以及靶场资源之间的交互关系。

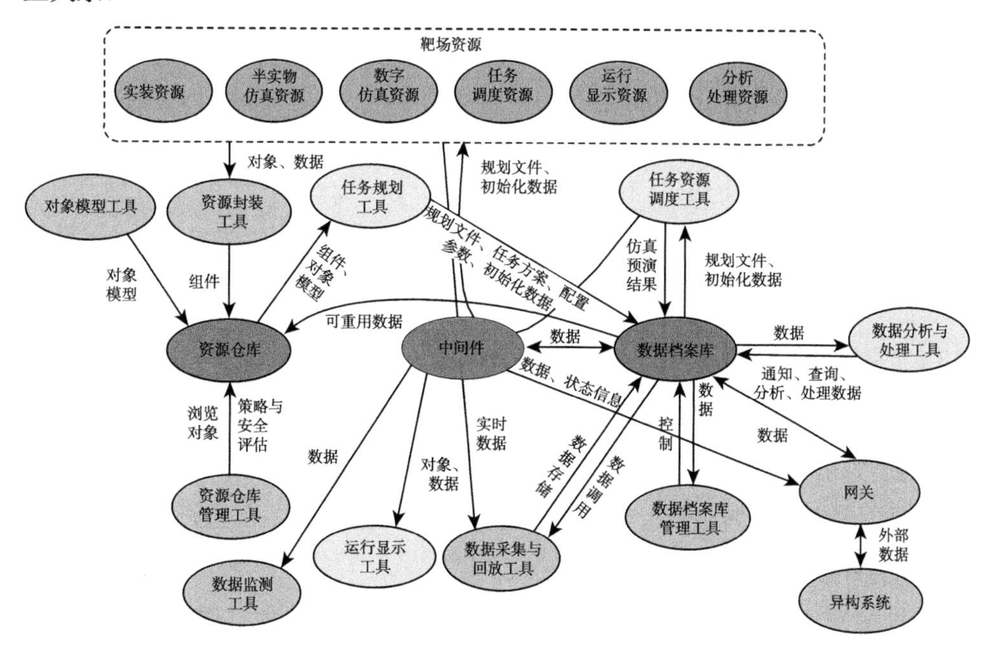

图 5.1 逻辑靶场公共体系结构软件及其关系示意图

5.2　软件设计开发基本要求

逻辑靶场公共体系结构软件设计开发一般应遵循可靠性、健壮性、可理解性与可修改性、可测试性、效率性、先进性、可扩展性、安全性等基本要求。

5.2.1　可靠性

(1) 各软件均应按照软件工程的要求，采用面向对象的软件设计方法，按照标准的面向对象分析、面向对象设计、面向对象编码和面向对象测试的完整过程进行软件设计开发工作；

(2) 采用避错、查错、改错和容错设计；

(3) 采用简化设计；

(4) 中间件支持出错重传的可靠性保障机制，保证系统不会因数据在传输过程中产生错误而导致试验错误或失败；

(5) 中间件采用点对点 (P2P) 互服务模式，单个节点故障时不影响其他节点之间的信息交互，无节点之间的耦合关系，在单点故障的情况下保障全系统正常运行；

(6) 中间件具备实时运行数据监测和记录功能，并可提供网络链路性能测量与故障诊断算法，实现故障链路的快速定位；

(7) 各软件均具备软复位功能，通过合理的内存回收机制在最短时间内释放由故障造成的资源消耗，同时，在任务资源调度工具的统一管理下短时间 (小于 1 小时) 内可以实现系统快速恢复；

(8) 应大量采用经过多次应用验证的成熟软件部件。

5.2.2　健壮性

(1) 各软件均具有用户操作判断能力，能够预防用户的操作错误，当用户操作错误时会给出相应提示；

(2) 各软件对于规范要求以外的输入能够判断出这个输入不符合规范要求，并有合理的处理方式；

(3) 对可能导致软件崩溃的各种情况都能充分考虑到，并且作出相应的处理，以保证在软件遇到异常情况时还能正常工作，而不至于死机；

(4) 软件采用面向对象开发方法，软件中每个类的行为均进行严格测试，确保类的正确性。

5.2.3 可理解性与可修改性

(1) 软件按照软件工程的过程开发，文档完善，包括任务书、软件需求规格说明书、软件设计方案报告、软件测试大纲和测试报告、软件使用手册等；

(2) 软件采用面向对象的方法开发，以类为核心，具有良好的软件结构，通过类的继承方式易于扩展功能；

(3) 程序充分注释，各类的属性和行为的含义均具有说明，关键行为的过程也包含详细说明；

(4) 源程序文档化，程序代码标识符命名规范，程序视觉组织清晰。

5.2.4 可测试性

(1) 软件相关文档完善，功能和技术指标清晰，接口明确，可理解性强；

(2) 在软件中记录接收、分发的信息、人工干预以及其他各类信息，便于各阶段测试后查看，便于测试分析；

(3) 软件设计有监控能力，在运行中能实时监测工作状况，显示和存储故障信息并告警，便于测试状态查看和测试异常捕获；

(4) 中间件提供接口 API 函数，测试时能够进行直接信息调用。

5.2.5 效率性

(1) 中间件支持高效信息交互；

(2) 中间件采用并行数据分发机制和数据过滤匹配策略，提高订购/发布数据间的信息传输效率；

(3) 对于协议类型设备和异构系统的接入，采用内嵌式动态数据包编解码，提高协议的动态编解码效率；

(4) 数据采集与回放工具以及数据监测工具中使用基于关注信息的方式，提高了试验运行过程中数据采集的效率。

5.2.6　先进性

(1) 软件采用方便易用的组装方式，试验人员可免编程高效灵活地构建各种任务系统；

(2) 软件具有将现有的和在建的各类靶场资源快速接入整个联合试验体系的能力；

(3) 靶场资源的信息交互基于对象模型，使得跨区域的资源共用和数据共享更容易实现。

5.2.7　可扩展性

(1) 软件采用组件化设计思想，各种扩展的靶场资源均可利用资源封装工具快速封装成组件，组件能够被动态加载和运行，实现靶场资源可扩展；

(2) 任务系统的信息交互基于对象模型，提供试验领域各种应用交换信息的“公共语言”，利用对象模型工具提供的基本元模型元素任意扩展对象模型；

(3) 采用基于模板的动态解析技术，对于协议类设备和网关，通过模板编辑协议内容，实现协议自动编解码，扩展协议类设备和网关等靶场资源；

(4) 数据档案库支持结构化、半结构化和非结构化数据存储，具有数据存储格式自定义能力，可根据需求扩展数据存储格式，扩展数据管理能力。

5.2.8　安全性

(1) 具有靶场资源和数据的授权管理机制，采用分级授权管理机制，通过授予不同用户不同的权限来有效管理各种靶场资源及数据；

(2) 对中间件信息传输进行加密处理，在对象模型数据传输上，中间件在订购端与发布端通过密钥机制实现应用层数据加密处理，以保证信息传输过程中的安全性；

(3) 中间件提供底层信息传输的自修复能力，在定时周期内对网络状况进行自诊断及自修复，保证应用层信息传输的完整性和有效性；

(4) 资源仓库和数据档案库具备备份和恢复能力，能有效保护数据库中存储的数据。

5.3 公共设施软件设计

公共设施软件主要提供信息传输服务以及模型资源和数据资源共享等服务，实现资源间的互联、互通、互操作，实现各类资源的综合集成和远程操控。主要对中间件、资源仓库和数据档案库软件进行设计。

5.3.1 中间件

中间件在设计上以公共对象请求代理体系结构 (Common Object Request Broker Architecture，CORBA) 和数据分发服务 (Distributed Data Services，DDS) 为技术依托。CORBA 作为分布式系统数据传输规范，是以对象和服务为中心的客户端/服务器模式，通过对象请求代理远程调用对象从而获取自己所关注的数据，具备较高的通用性和适应性。DDS 是发布/订阅机制下实现高实时性通信的分布式软件设计规范。基于 CORBA 和 DDS 相结合的技术，中间件能够在保障通信可靠性的同时有效提高网络服务质量，满足靶场不同任务需求。

5.3.1.1 中间件总体架构

中间件设计目标是能给所有的靶场装备或系统提供一个一致的 API，适应所有给定的试验训练任务需求。为支持逻辑靶场的资源能够基于逻辑靶场中的对象模型进行互操作，中间件应具有建立、管理、公布、删除对象、属性、事件、消息和数据流的特性。中间件的总体架构如图 5.2 所示，分为中间件主体和中间件接口两部分。中间件主体部分以系统后台服务 (EXE) 形式存在，并可开启运行状态监视功能，在每个节点上仅运行一个中间件主体的实例；中间件接口以静态链接库形式存在，在同一个节点上可被多个资源组件或应用程序加载使用。中间件主体与中间件接口通过系统消息和管道实现通信。这里的中间件为采用 Qt 开发的执行程序和静态链接库，底层通信基于 ACE(自适应通信环境)，编程语言为 C++。Qt 具有优良的跨平台特性，支持 Windows，Linux 等操作系统，具有良好的封装机制，模块化程度高，可重用性好，易开发，支持 XML 文件操作。ACE 是可以自由使用、开放源码的面向对象的框架，可跨越多种平台完成通用的通信软件任务，包括：事件多路分离和事件处理器分派、信号处理、服务初始化、进程间通信、共享内存管理、消息路由、分布式服务配置、并发执行等。

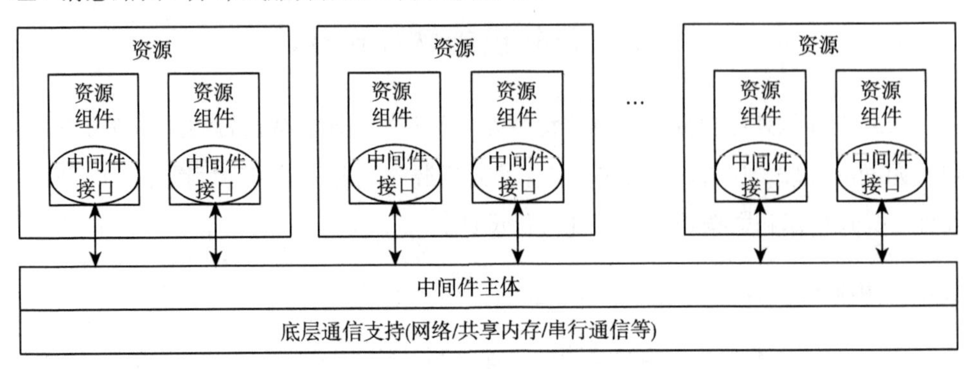

图 5.2 中间件总体架构

5.3.1.2 服务模型

中间件主体部分主要实现系统管理服务、声明管理服务、对象管理服务、时间管理服务、数据分发管理服务、所有权管理服务和安全管理服务。中间件接口，即静态链接库部分主要通过进程间的通信机制，实现中间件主体与资源组件和应用程序之间的信息交互。中间件服务模型如图 5.3 所示，其中 ACE 是面向对象的框

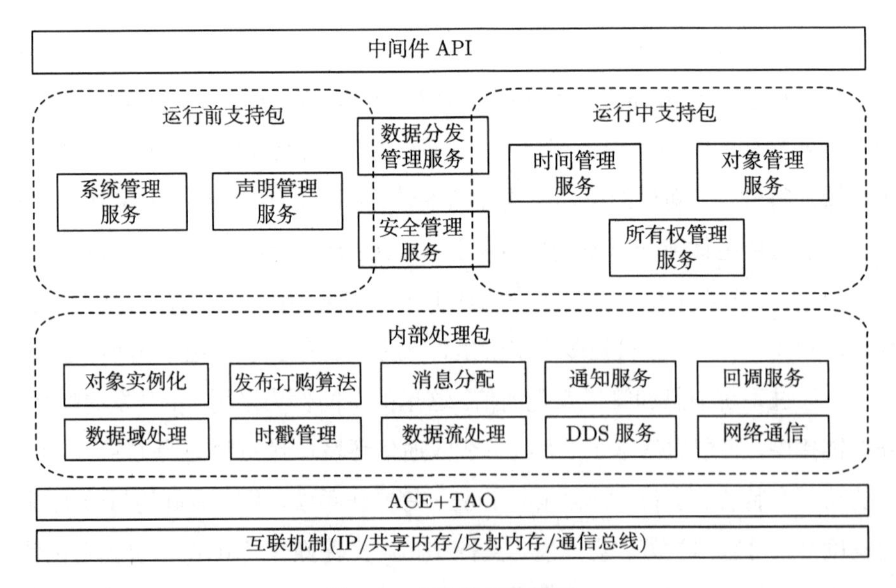

图 5.3 中间件服务模型

架结构，该结构实现并行通信软件核心设计模式，ACE 可提供丰富的 C++ 包装接口，以及可跨平台执行通信软件的基本任务框架对象。ACE 提供的基本任务包括事件分离与事件处理的分发、信号量处理、服务初始化、进程间通信、共享内存管理、消息路由、分布式服务的动态配置、并发执行与同步。TAO(The ACE ORB) 是使用 ACE 中提供的框架结构对象与模式实现的针对高效与实时系统的 CORBA 应用。TAO 中包含了网络接口、操作系统、通信协议以及 CORBA 中间件对象与相关特性。

5.3.1.3 数据结构

内部处理包中的数据结构为公共结构，供运行前支持包和运行中支持包的各类服务使用，主要包括在线成员列表、发布表、订购表、LROM(逻辑靶场对象模型) 表、SDO(状态分布对象) 实例类型映射表和 SDO 实例表。

1) 在线成员列表

在线成员列表用于记录当前任务系统中所有在线成员的信息，通过它可以索引并访问到任务系统中任意一个在线成员。该表由在线成员管理服务创建并维护，其他服务可以对其进行访问。在线节点成员列表采用 ACE 中的映射表数据结构，与线性表相比，该结构具有存储空间大、可扩展性强及检索速度快的特点，因而可以支持上千个节点同时在线的管理工作。成员在线信息结构如图 5.4 所示。其中通知消息接收地址是通知消息接收器的监听地址，成员通过该地址接收通知消息；交互对象接收地址是交互对象接收器的监听地址，传输订购发布或非订购发布类型的 SDO 对象、属性、事件或消息时使用该地址；数据流接收地址是传输数据流 (如文件流) 时使用该地址；交互对象传输模式是普通数据传输模式设置，可选 TCP (传输控制协议) 或者 UDP (用户数据报协议)；最后一次在线时间是用于心跳机制，心跳定时器根据该时间与当前时间的差值来确定是否超时未收到心跳消息。

2) 发布表

发布表用于记录本成员的发布信息，中间件包含两个发布表：SDO 对象发布表和成员消息发布表。SDO 对象发布表记录该成员发布的所有 SDO 对象信息，成员消息发布表记录该成员发布的所有消息信息。发布表由声明管理服务维护，对象管理服务使用。SDO 对象发布表和成员消息发布表都采用 ACE 中的映射表数据结构，与线性表相比，该结构具有存储空间大、可扩展性强及检索速度快的特点，因而可以管理上千个发布对象和消息。交互对象的发布信息结构如图 5.5 所示。

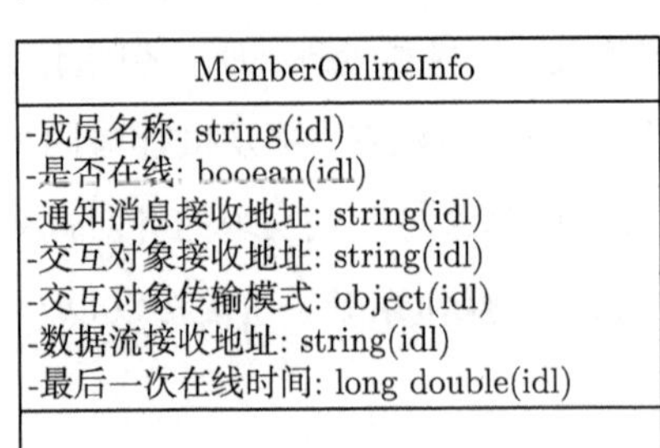

MemberOnlineInfo
-成员名称: string(idl)
-是否在线: booean(idl)
-通知消息接收地址: string(idl)
-交互对象接收地址: string(idl)
-交互对象传输模式: object(idl)
-数据流接收地址: string(idl)
-最后一次在线时间: long double(idl)

图 5.4　成员在线信息结构

SdoPublishObject
-SDO对象名称: string(idl)
-发布属性信息列表: sequence(idl)
-发布事件信息列表: sequence(idl)
-对象订购者列表: sequence(idl)
-所有订购者列表: sequence(idl)
-时戳标识: unsigned long long(idl)
PublishInfo
-发布者名称
-发布者数据类型: any(idl)
-发布者数据长度: unsigned long(idl)
-时戳标识: unsigned long long(idl)
-订购者列表: sequence(idl)

(a) 发布对象信息结构　　　　(b) 属性/事件/消息发布信息结构

图 5.5　交互对象的发布信息结构

3) 订购表

订购表用于记录本成员的订购信息，中间件包含 SDO 对象订购表、属性订购表、事件订购表和成员消息订购表。SDO 对象订购表记录该成员订购的所有 SDO 对象信息，属性订购表记录该成员订购的所有属性信息，事件订购表记录该成员订购的所有事件信息，成员消息订购表记录该成员订购的所有成员消息信息。订购表由声明管理服务维护，对象管理服务使用。对象订购信息结构如图 5.6 所示，属性/事件/消息的订购信息结构如图 5.7 所示。

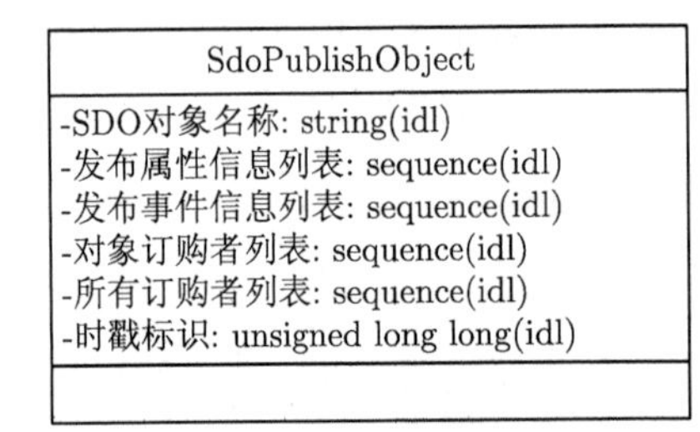

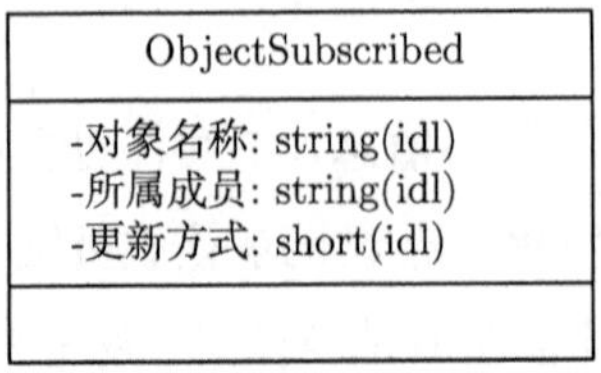

ObjectSubscribed
-对象名称: string(idl)
-所属成员: string(idl)
-更新方式: short(idl)

图 5.6　对象订购信息结构

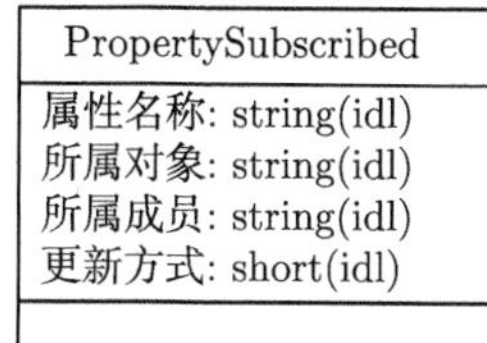

(a) 属性订购信息结构

EventSubscribed
事件名称: string(idl)
所属对象: string(idl)
所属成员: string(idl)

(b) 事件订购信息结构

MessageSubscribed
消息名称: string(idl)
所属成员: string(idl)

(c) 消息订购信息结构

图 5.7 属性/事件/消息的订购信息结构

4) LROM 表

LROM 表存储了本地成员用到的所有对象模型信息 (包括本地 SDO 对象和订购的远程 SDO 对象所属对象模型)，主要用于 SDO 的实例化。LROM 表是由解析任务系统的 LROM 文件生成的，是 LROM 文件在本地成员部分的内存模型。该表由声明管理服务生成，由对象管理服务使用。对象模型信息结构如图 5.8 所示。

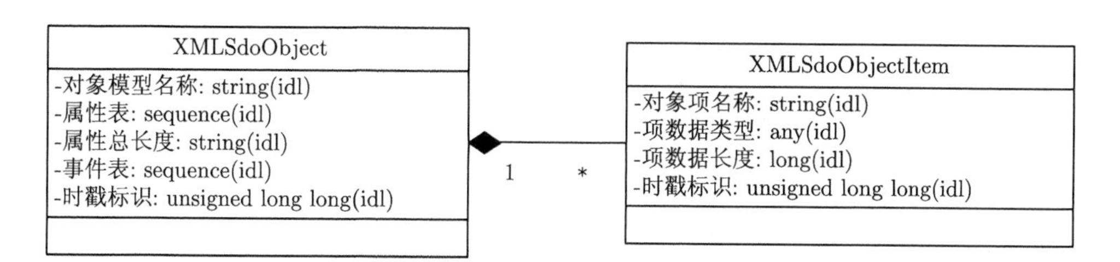

图 5.8 对象模型信息结构

5) SDO 实例类型映射表

SDO 实例类型映射表记录了本成员所有 SDO 实例与其类型 (对象模型) 的对应关系。中间件包含本地和远程两种 SDO 实例类型映射表，本地 SDO 实例类型映射表记录本地所有发布 SDO 对象与其类型的映射关系，远程 SDO 实例类型映射表记录本成员订购的所有远程 SDO 对象或属性在本地的代理 SDO 对象与其类型的映射关系。SDO 实例类型映射表由声明管理服务维护，对象管理服务使用。结合 SDO 实例类型映射表和 LROM 表，可以索引到任一 SDO 实例所属的对象模型信息，进而根据对象模型信息进行实例化。对象模型索引如图 5.9 所示。

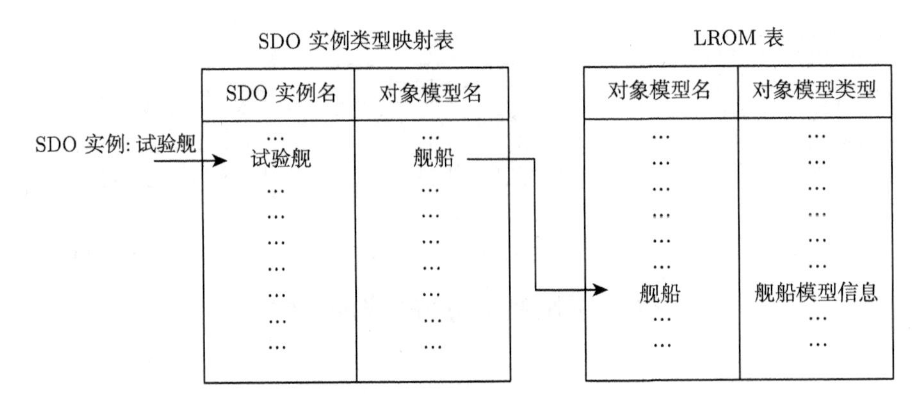

图 5.9　对象模型索引示意图

6) SDO 实例表

SDO 实例表存储了本成员所有 SDO 对象的实例化信息。中间件包含本地和远程两个 SDO 实例表。本地 SDO 实例表存储本地所有发布 SDO 对象的实例化信息，远程 SDO 实例表存储本成员订购的所有远程 SDO 对象或属性在本地的代理 SDO 对象的实例化信息。SDO 实例表由对象管理服务创建并维护，供其他服务使用。SDO 实例表的设计使得对象模型可以按照继承及组合关系逐层拆解，其内部所存储的内容是对象模型的基本属性和其在对象实例数据中的位置，这种数据结构的设计可以为基于内容的发布/订阅机制提供支持。SDO 实例信息结构如图 5.10 所示。

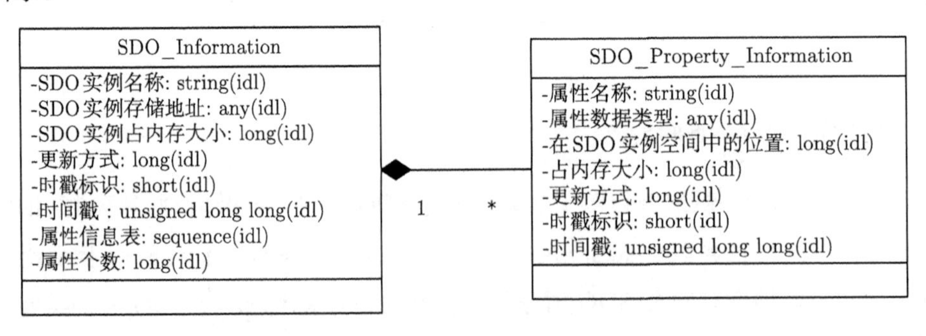

图 5.10　SDO 实例信息结构

5.3.1.4　网络组件

网络组件位于中间件的内部包中，为运行前包和运行中包的服务提供网络通信支持，它对于分布式中间件的运行至关重要，从本质上讲中间件就是一个网络通信层。内部包中的网络组件有通知消息发送器、通知消息接收器以及交互对象发送器和交互对象接收器。通知消息发送器和通知消息接收器分别负责通知消息的发送和接收，主要用于试验前的成员间通信 (包括在线成员管理服务、声明管理服务)；交互对象发送器和交互对象接收器分别负责交互对象 (SDO、消息、突发SDO、突发消息) 的发送和接收，主要用于试验中成员间交互对象的数据交换 (主要是对象管理服务和数据分发管理服务)。上述两种业务类型的网络组件均需要支持 TCP 和 UDP 模式的通信，通知消息收发器默认采用 UDP 通信，交互对象收发器默认采用 TCP 通信。基于软件复用的思想，将四个网络组件中的通信模块分离出来，作为基础通信工具进行复用。并行分发模块也作为负责通信的软件模块，位于中间件的内部包中，主要服务于对象管理服务，负责试验中各个对象之间的数据交互。每个网络组件均含有一个消息处理线程用于处理发送消息或接收消息，消息处理线程由 ACE 的主动对象模型实现，其内部包含一个消息队列，用于消息的排队缓存。网络组件层次结构如图 5.11 所示。

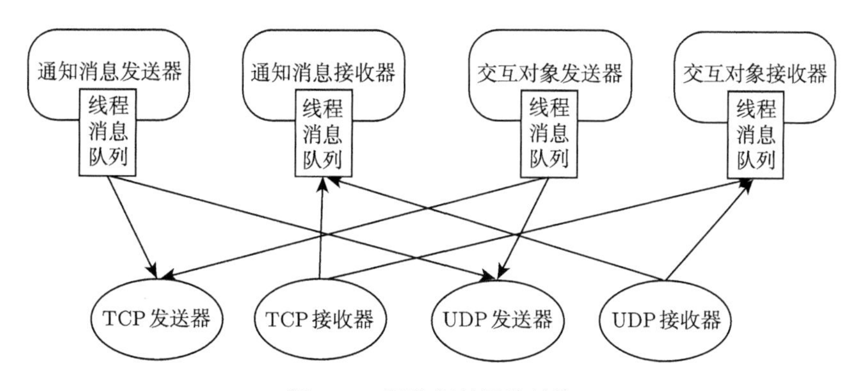

图 5.11 网络组件层次结构

5.3.1.5 数据分发服务模块

数据分发服务 (Data Distribution Service，DDS) 是在 HLA 及 CORBA 等标准的基础上制定的分布式实时通信中间件技术规范，DDS 采用发布/订阅机制，强调以数据为中心，提供丰富的 QoS 服务质量策略，能保障数据进行实时、高效、灵活分发，可满足各种分布式实时通信应用的需求。DDS 标准化数据分发过程的各个接口和行为通过使用全局数据空间，脱离中心服务器的连接，系统中各实体交互以数据为中心，提高了通信效率。DDS 提供了 20 多个可配置的 QoS 策略的全面支持，应用程序可以利用 QoS 策略来优先考虑不同的数据主题和信息流、控制中间件历史缓存的数量，确保信息的可靠传递、发送数据的速率、信息订阅者等待数据和资源的时间，适应低带宽或高延迟链路等。中间件作为系统实现信息交互的基本媒介，其信息交互的实时性与网络当前运行状态密切相关，将 DDS 技术引入中间件有助于在扩展中间件对基于主题的发布/订阅机制和网络 QoS 策略支持的同时，进一步提高系统信息传输的实时性。基于 DDS 服务的中间件实时信息传输工作原理如图 5.12 所示。

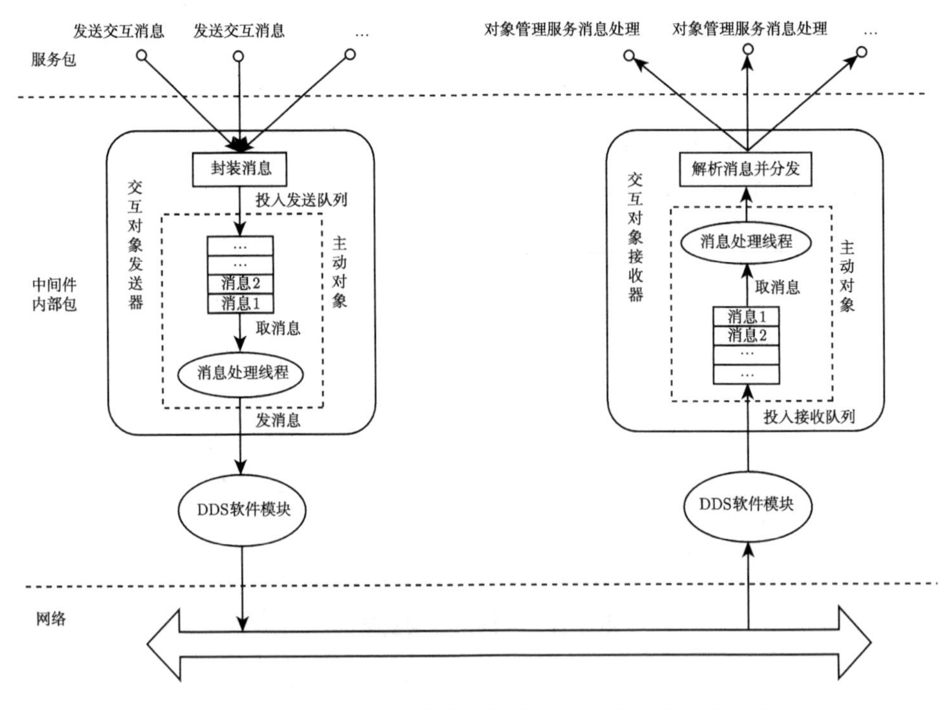

图 5.12 基于 DDS 服务的中间件实时信息传输工作原理

5.3.1.6 系统管理服务

任务系统以任务成员为基本单位进行组建，系统管理服务为任务系统构建人员提供快速构建任务成员和任务系统的支持。系统管理服务依赖的内部包对象和组件主要有：在线成员列表、订购发布表、SDO 实例类型映射表、通知消息发送器、通知消息接收器。其主要工作是创建并维护在线成员列表，通过通知消息发送器和通知消息接收器在成员之间交互成员的在线状态信息，各成员保持在线成员列表的一致性。系统管理服务内部维护的对象和组件有本成员在线信息和心跳定时器。本成员在线信息对象记录了本成员的在线信息，当其他成员向该成员发出在线信息请求时 (如调用 “成员加入系统”API 时)，系统管理服务根据本成员在线信息进行回复。由于各个服务都需要根据在线成员的状态与其进行交互，所以在线成员列表的正确性对于保持任务系统的稳定至关重要，由心跳定时器的心跳机制保证。心跳机制为：心跳定时器定时向其他在线成员发送心跳信号，表明自身处于在线状态；同时，当超过一定时间未能收到某成员的心跳信号时，认为该成员已经离线，将其从在线成员列表中删除。系统管理服务工作原理如图 5.13 所示。

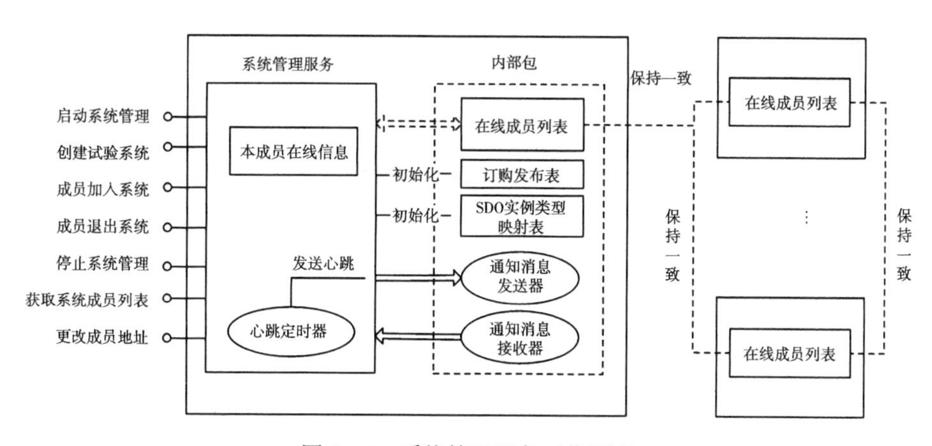

图 5.13 系统管理服务工作原理

在系统管理服务中，中间件采用系统名称作为系统的唯一全局标识，成员加入和退出系统服务均需要指定系统的名称作为参数，因此中间件可以支持多个系统的并行工作。此外，中间件采用 ACE 中的映射表保存所有系统名称，因此可以同时管理上千数量的系统运行过程。同时中间件底层采用的心跳机制可以有效地实时监测系统节点的在线工作状况，及时剔除离线节点并通知其他节点自身的在线状态。假定心跳机制的监测周期为 10s，节点之间传递心跳信号的时间为 10ms，则每个节点在一个周期内可以接收 1000 个节点的心跳信号，即单系统运行节点数量上限可达 1000 个。

5.3.1.7 声明管理服务

交互对象 (SDO、消息) 之间可以通过订购发布的形式进行关联，声明管理服务运行在任务准备阶段为任务系统构建人员提供声明交互对象发布和订购的相关支持。

支持发布的对象有两种类型：SDO 对象和消息。相应地，发布声明的接口为：发布对象、取消发布对象、发布消息和取消发布消息。

支持订购的对象有四种类型：SDO 对象、属性、事件和消息。相应地，订购声明的接口为：订购对象、取消订购对象、订购属性、取消订购属性、订购事件、取消订购事件、订购消息和取消订购消息。

由于订购者进行订购操作的前提是能够获取到远程成员具有哪些发布者，因此设置查询类的接口为：获取成员发布对象和获取成员发布消息。

中间件本身以对象模型作为基本信息传输单元，因此其基本通信模式为基于类型 (对象模型) 的发布/订阅机制。通过 SDO 实例表结构，可以实现对对象模型各级对象属性 (内容) 的拆分，因此中间件也具备支持基于内容的发布/订阅机制的能力。由于中间件底层采用了基于主题的 OpenDDS 作为基础设施，因此也可以支持基于主题的发布/订阅机制。

声明管理服务依赖的内部包对象和组件主要有：对象发布表、消息发布表；对象订购表、属性订购表、事件订购表、消息订购表；LROM 表、SDO 实例类型映射表、在线成员列表；通知消息发送器、通知消息接收器。其主要工作是创建并维护发布表和订购表，通过通知消息发送器和通知消息接收器在成员之间交互发布信息和订购请求信息；此外，该服务还创建和维护 LROM 表和 SDO 实例类型映射表用以保证发布订购的合法性，同时作为对象管理服务实例化的依据。声明管理服务工作原理如图 5.14 所示。

5.3.1.8 对象管理服务

对象管理服务运行在任务实施阶段，主要为上层应用的交互对象运行提供数据交换支持。

对象管理服务管理的对象有三类：SDO 对象、消息和数据流。SDO 对象是具有

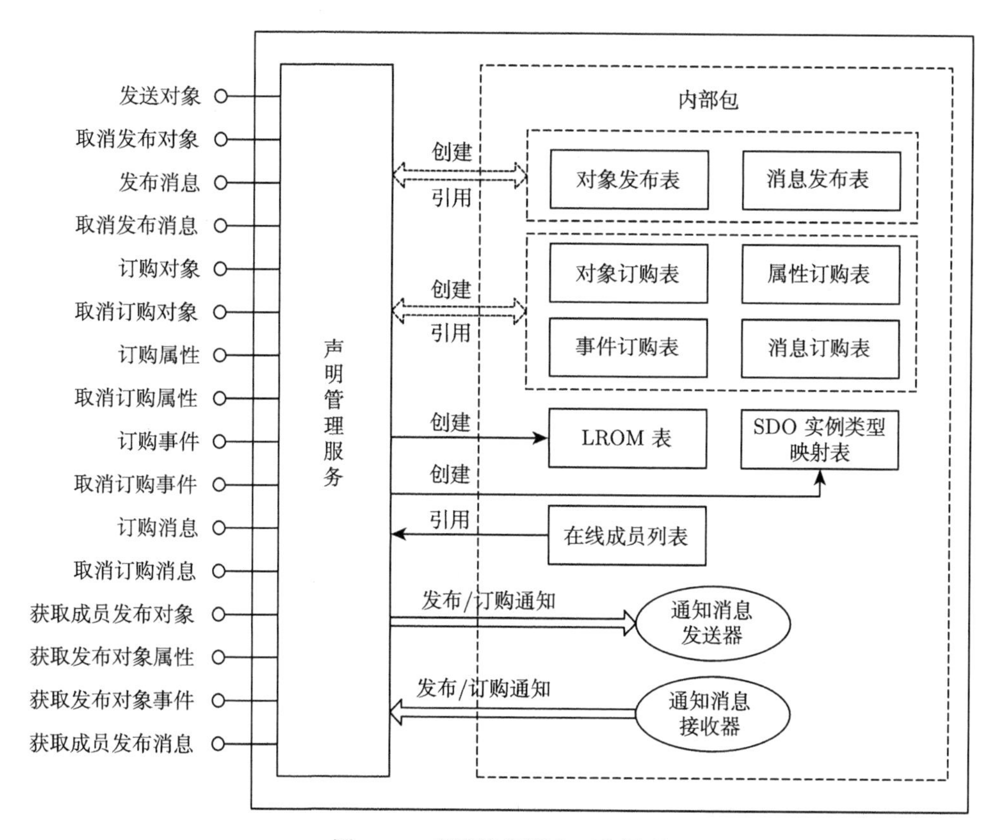

图 5.14 声明管理服务工作原理

确定生命周期的持续对象，需要中间件通过实例化来维护其状态，实例化管理的接口为创建 SDO 实例和销毁 SDO 实例；消息是短暂的单次交互对象，不需要中间件维护其状态；数据流主要是为了传输文件而设置的，服务接口为传输文件。

交互的订购发布类型对象有四种：SDO 对象、属性、事件和消息。相应地，发布方更新对象的接口为：更新对象、更新属性、发送事件和发送消息；订购方请求更新对象的接口为：请求更新对象和请求更新属性。

交互的突发类型对象有四种：SDO 对象、属性、事件和消息。相应地，更新突发对象的接口为：更新突发对象、更新突发属性、发送突发事件和发送突发消息。

对象管理服务工作原理如图 5.15 所示。

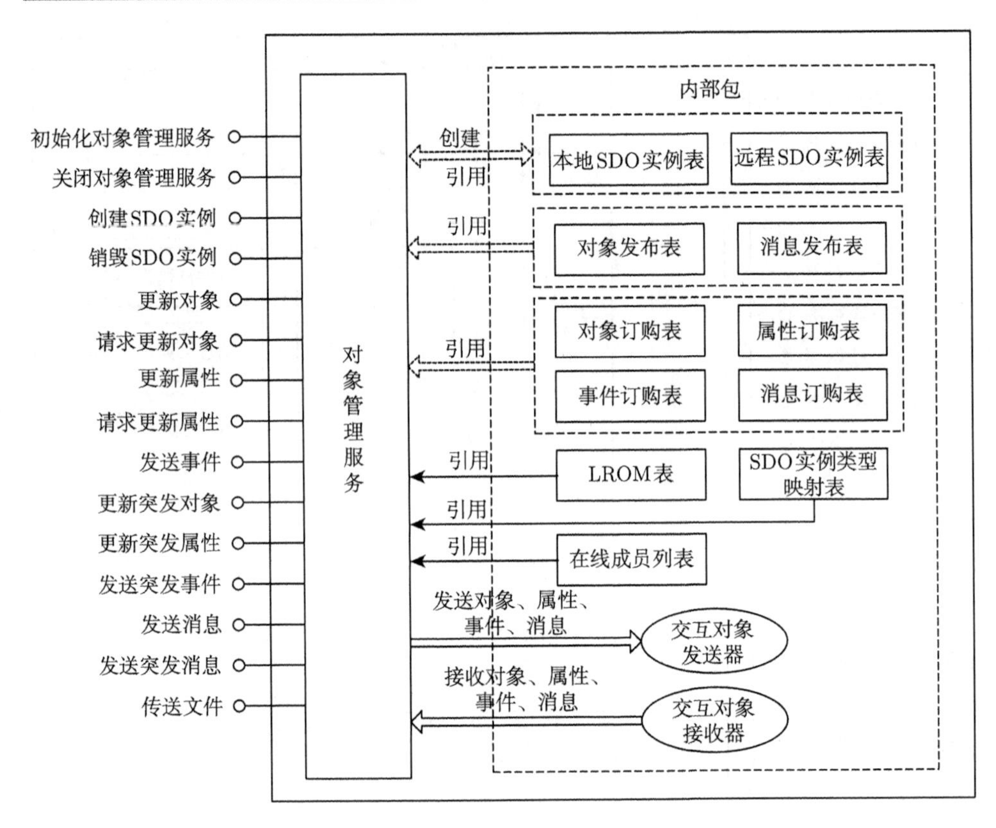

图 5.15　对象管理服务工作原理

5.3.1.9　时间管理服务

时间管理服务运行在任务系统过程中，为任务系统提供时间同步和时间戳功能。时间同步为任务系统运行过程中的时间一致性提供保证，时间戳为运行过程中的数据提供时间标识。

时间同步将任务系统中的各成员与指定时间服务器的时间进行同步，需要分别为同步成员和被同步成员提供接口，为同步成员提供的接口为开启同步和关闭同步，为被同步成员提供的接口为同步时间。

时间管理服务借鉴 PTP (精确时间协议) 时间同步的工作原理，通过在主从时钟间交换时间信息，进而计算出主从时钟的时间偏差来进行同步。

时间管理服务用例如图 5.16 所示。

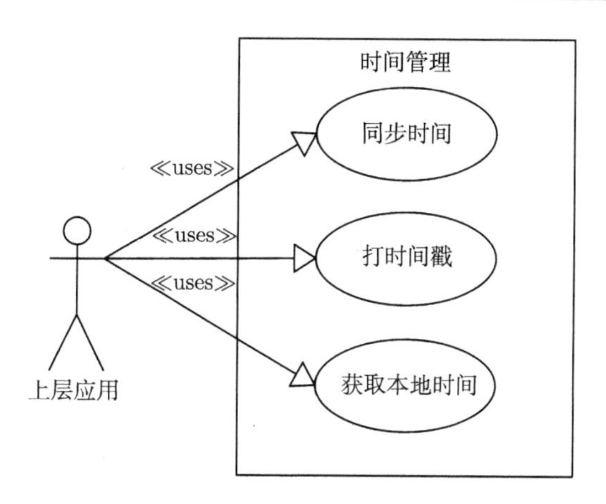

图 5.16 时间管理服务用例图

5.3.1.10 数据分发管理服务

数据分发管理服务用于实现成员间批量的数据传输，减小上层应用的数据处理压力。分为任务准备和任务实施两个阶段：任务准备阶段进行批量数据订购声明，与声明管理服务不同，数据分发管理服务可以通过数据域的方式同时组合订购多个不同 SDO 的属性；任务实施阶段使用对象管理服务进行属性的更新，并且通过数据过滤机制屏蔽无效数据对上层应用的推送。

数据分发服务内部维护了一个数据域表和数据过滤器表，数据域和数据过滤器是该服务最主要的功能组件。数据域是订购属性的容器，可以将不同成员不同 SDO 的属性组合在一起，作为一个逻辑数据单位处理。每个数据域都对应有一个数据过滤器，用于检验更新的数据域是否满足过滤条件。数据分发管理服务工作原理如图 5.17 所示。

5.3.1.11 所有权管理服务

所有权管理的主要目的是支持在分布式任务系统中对给定的对象实例进行协作建模，并且通过所有权管理可以更好地实现现实世界到模型的映射，简化模型的实现和进行负载平衡。加入系统中的成员通过所有权管理服务在成员之间转移对象实例的所有权。也就是说，所有权管理是在对象实例层面上进行的，一个对象可以分布在多个成员中，对象实例的所有权可以从一个成员转移到另一个成员，但是在任意时刻一个对象实例只能由一个成员所有。

所有权管理服务用例如图 5.18 所示。

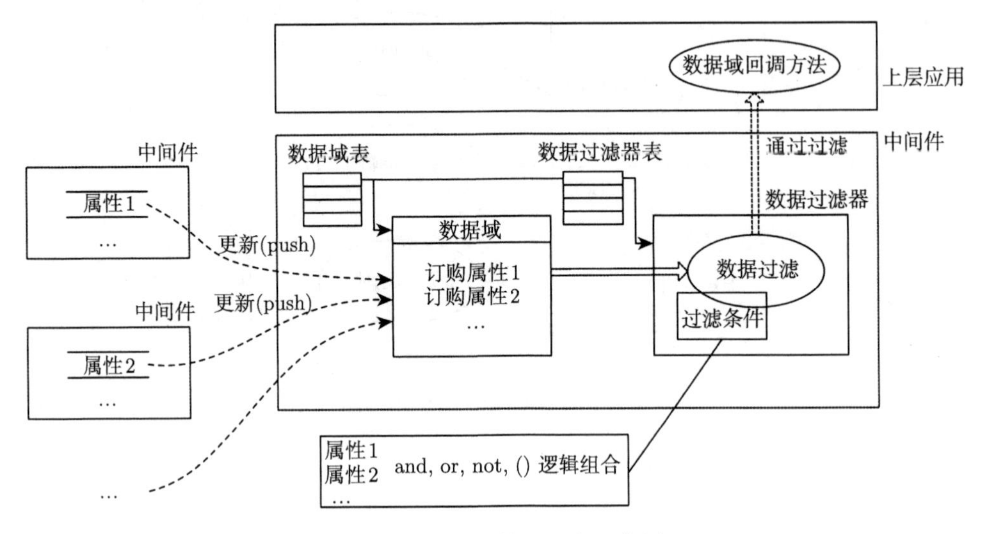

图 5.17　数据分发管理服务工作原理

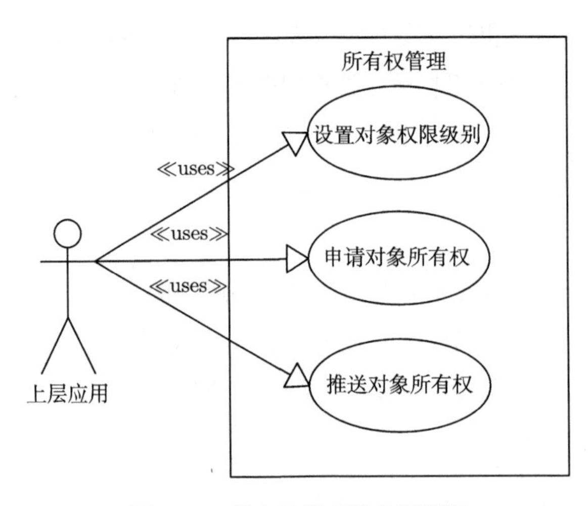

图 5.18　所有权管理服务用例图

5.3.1.12　安全管理服务

安全管理服务是实现安全策略和安全服务的基础架构，介于底层操作系统与上层应用软件之间，运用自身多层架构设计，屏蔽底层不同安全服务提供商提供的安全模块间调用的差异，通过实现对各个安全模块的统一管理，向安全服务使用者提供无差异的安全服务，使其能通过安全中间件提供的上层用户接口方便地调用各种安全服务。从功能上看，屏蔽不同提供商的安全模块之间接口的差异，实现对安全模块的统一管理是中间件安全管理服务需要解决的首要问题。因此，一个良好的安全中间件管理平台首先必须要能胜任对各个安全服务的管理，同时还要具有强大的调度加载底层安全服务的能力，既是平台，又是接口；既是框架，又是模式解决方案。

安全管理服务层次结构如图 5.19 所示。

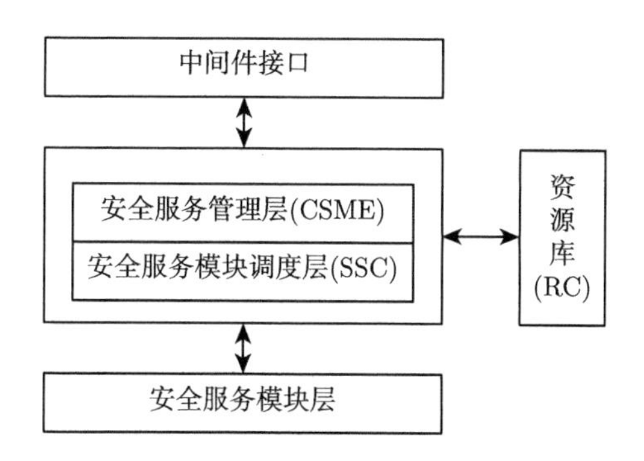

图 5.19　安全管理服务层次结构

5.3.2　资源仓库

5.3.2.1　数据项和数据结构

资源仓库是存储靶场资源相关信息的、地理分布逻辑集中的数据库，在资源仓库管理工具的管理下为用户提供完善的资源管理服务。主要存储下列信息:

(1) 靶场资源的基本信息，包括名称、类型、功能、生产信息、维修履历、使用信息、负责人等；

(2) 靶场资源的相关文件，包括使用说明书、维修与保养说明书等；

(3) 靶场资源的组件模型、对象模型及相关文件；

(4) 分布式资源仓库的组成结构信息，包括所有资源仓库所在计算机的 IP、登录名、密码等；

(5) 资源仓库的用户信息，包括用户名、登录密码、用户权限类型、访问资源范围等。

针对上述要求，资源仓库数据项和数据结构设计如下:

(1) 对象模型信息，包括的数据项有：对象模型名称、对象模型 ID 基本描述文件及版本信息等；

(2) 组件模型信息，包括的数据项有：组件模型名称、组件模型 ID、组件模型类型、相关文件信息、版本信息等；

(3) 用户信息，包括的数据项有：编号、用户名、用户单位、用户类型等；

(4) 数据库信息，包括的数据项有：编号、服务器名、数据库名、IP 地址、登录名及密码；

(5) 授权信息，包括的数据项有：编号、使用者、使用资源 ID、授权类型等；

(6) 备份信息，包括的数据项有：服务器名、服务器 IP、数据库名、备份时间等。

5.3.2.2 资源仓库结构

由上面的数据项和数据结构可以设计满足需求的各种实体及相互关系，再用 E-R 图将这些内容表达出来，为后面的逻辑结构设计打下基础。

规划的实体有：对象模型信息实体、组件模型信息实体、用户信息实体、数据库信息实体、数据库备份信息实体，各实体 E-R 图如图 5.20～ 图 5.24 所示。

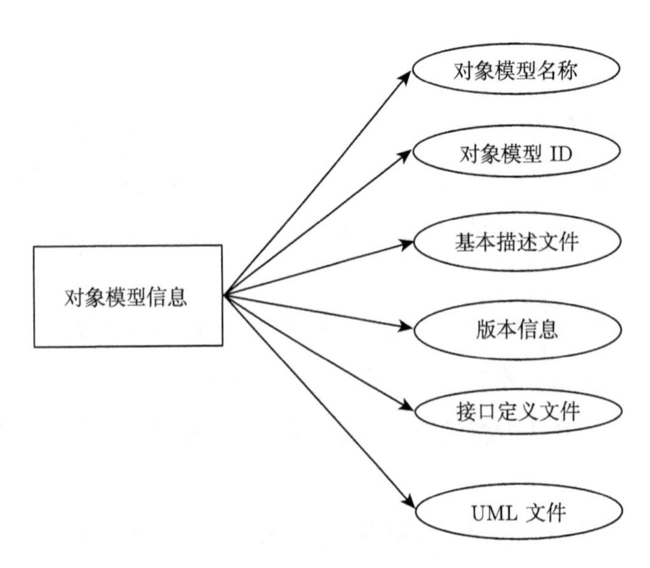

图 5.20 对象模型信息实体 E-R 图

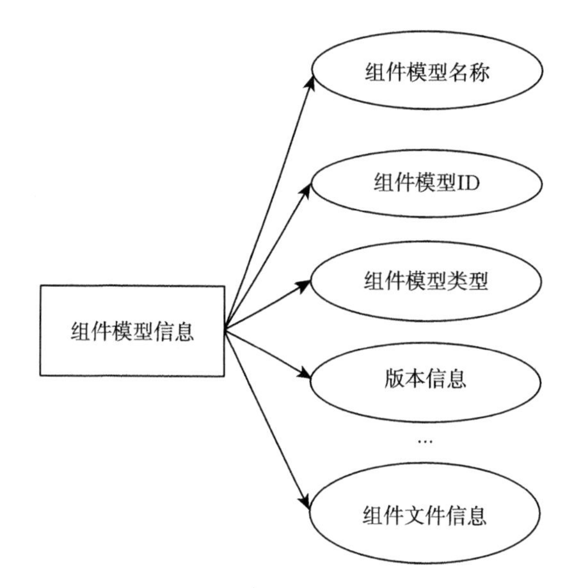

图 5.21 组件模型信息实体 E-R 图

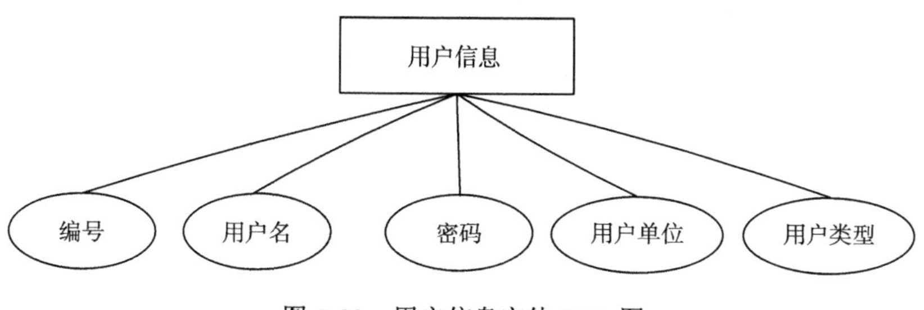

图 5.22 用户信息实体 E-R 图

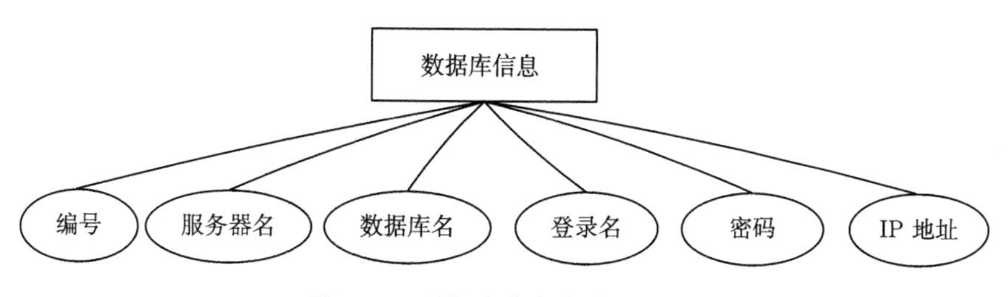

图 5.23 数据库信息实体 E-R 图

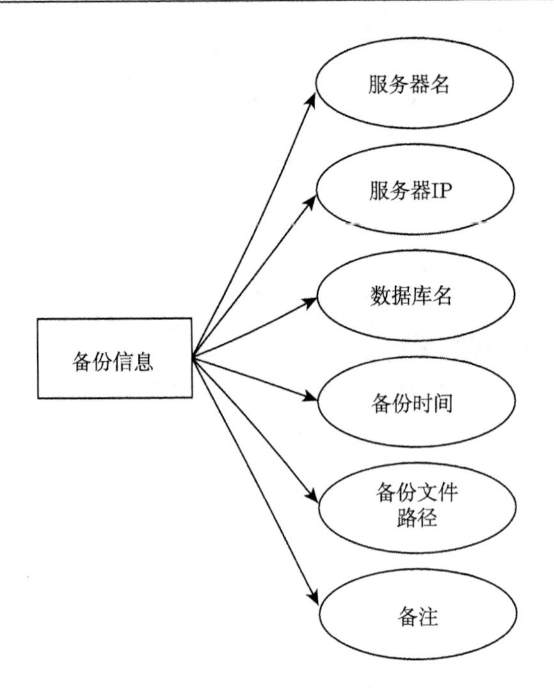

图 5.24　数据库备份信息实体 E-R 图

实体组件模型与用户之间存在着一定的关系，如图 5.25 所示。

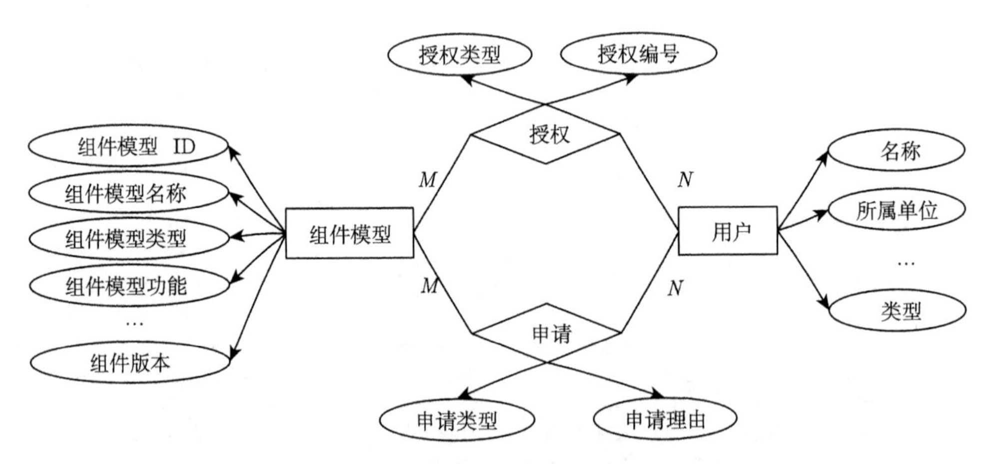

图 5.25　实体组件模型与用户的联系 E-R 图

5.3.3 数据档案库

5.3.3.1 数据库表

数据档案库是一个存储靶场任务相关信息的、地理分布逻辑集中的数据库，为任务系统正常运行提供必要的数据支持，主要存储下列信息：

(1) 任务方案信息及相关文件，包括任务名称、类型、目的、负责单位、所用设备、任务方案文件、初始化数据文件；

(2) 针对某一任务方案的多次任务信息及相关数据，如试验时间、试验人员、试验情况描述、试验过程采集的试验数据等；

(3) 针对某次任务处理后的结果数据等；存储任务数据标准格式化模板信息及文件，包括模块名称、数据类型、模板相关文件等；

(4) 分布式数据档案库的组成结构信息，包括所有数据档案库所在计算机的IP、登录名、密码等；

(5) 数据档案库的用户信息，包括用户名、登录密码、用户权限类型、访问数字资源范围等。

由上述需求，综合、抽象与概括出数据库表为以下几种：数据库参数表；任务方案文件信息表；任务信息表；任务数据信息表；实体类型表；实体信息表；实体数据表；用户信息表；角色表；用户角色关联表；部门信息表；code 编码表；上传下载表；日志信息表。

5.3.3.2 数据档案库结构

数据档案库的 E-R 图如图 5.26 所示。由图可以看出，不同角色拥有不同的权限，每个角色可拥有多个用户，用户可以管理角色的权限，用户与角色间关系为 N:M；用户可以对任务方案、任务信息、任务数据进行管理，每个任务方案又对应着多个任务，每个任务对应着多份任务数据；用户可以对实体类型、实体信息、实体数据进行管理，每个实体类型又对应着多个实体，每个实体对应着多份实体数据；用户也可以管理与配置分布式的数据库信息、附件上传下载、部门信息等。其中每个实体，如用户、任务方案、实体类型等，又具有自身特有的属性，例如，用户的属性为用户名、用户密码、用户单位、用户职务、用户状态、用户真名、用户电话等。

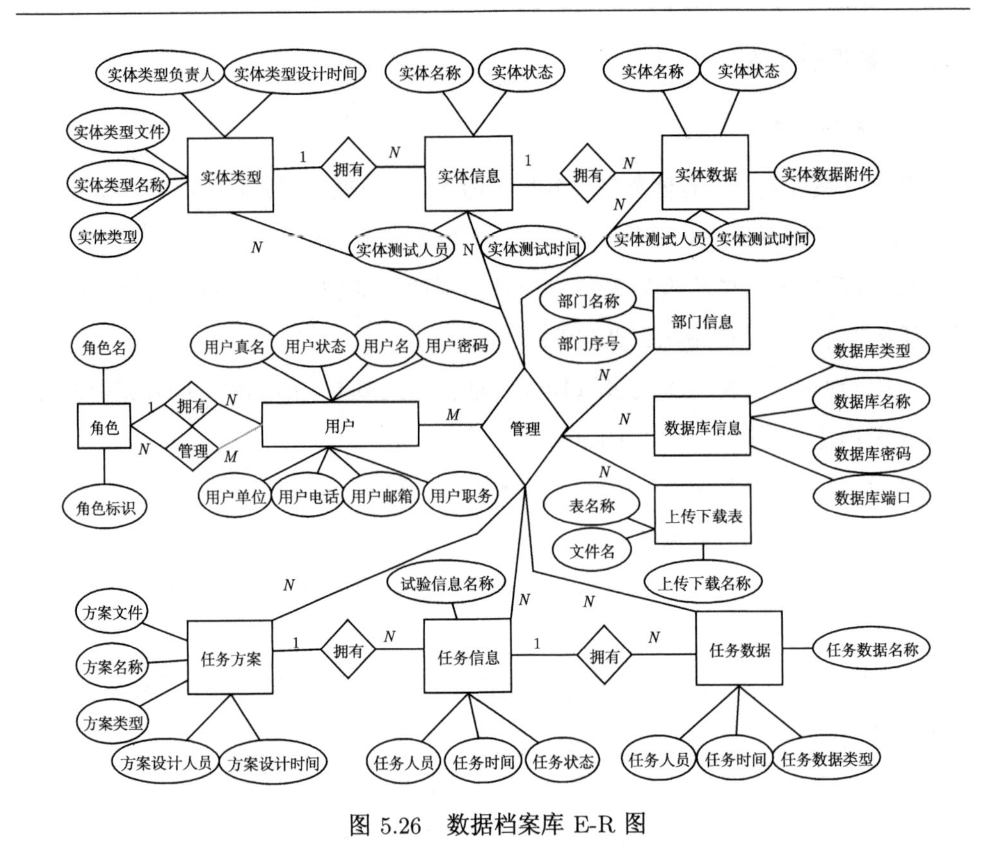

图 5.26 数据档案库 E-R 图

5.4 基础工具软件设计

基础工具为模型建模、资源接口封装、可重用知识库管理、数据采集监测、数据回放、异构系统接入等提供相应工具，实现资源的即插即用和开放共享，支持资源的重用和可组合应用。主要对对象模型工具、资源封装工具、资源仓库管理工具、数据档案库管理工具、数据采集工具、数据回放工具、数据监测工具和异构系统交互网关等软件进行设计。

5.4.1 对象模型工具

对象模型工具具有各种对象模型的设计与开发功能，主要包括：

(1) 提供可用于构建对象模型的基本元模型元素，可利用元模型元素进行对象模型建模；

(2) 提供基本数据类型、复杂数据类型，并支持元模型元素的继承和聚合；

(3) 对象模型以开放性自描述的方式表示，支持对象模型描述文件的解析与编辑。

元模型元素生成用例图如图 5.27 所示，主要有新建元模型元素、继承元模型元素、聚合元模型元素等用例。新建元模型元素用于创建一个新的元模型元素，元模型元素包括复杂数据，如 “struct” “class” 等，以及简单数据类型，如 “char” “int” 等。继承元模型元素用于继承一个已有的元模型元素，并在新的元模型元素中显示继承关系。聚合元模型元素用于将已有的元模型元素聚合成为一个新的元模型元素。存储元模型元素用于将元模型元素存入数据库，方便以后直接调用。

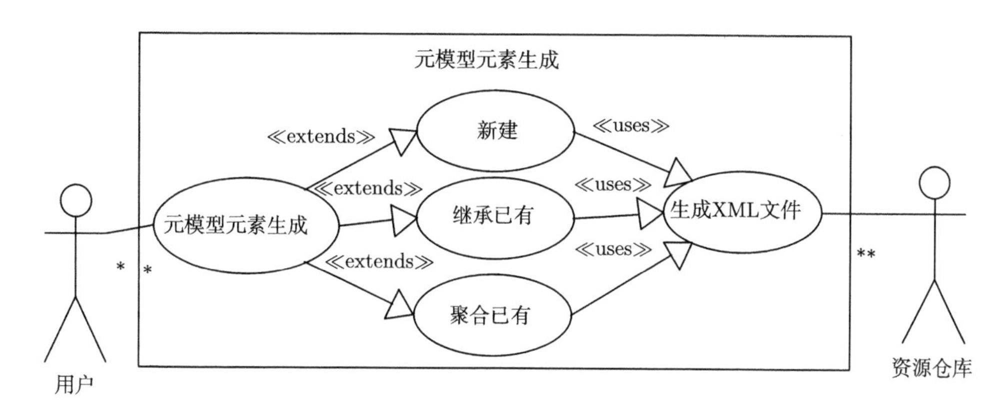

图 5.27 元模型元素生成用例图

对象模型编辑用例如图 5.28 所示。其主要有解析对象模型、编辑对象模型和存储对象模型几个用例。解析对象模型用于读取对象模型并显示。编辑对象模型是对对象模型进行编辑，加入已有的元模型元素；修改对象模型并显示，修改项包括除继承关系之外的所有内容，比如名称、数据类型等；继承已有的对象模型。存储对象模型用于将对象模型保存成 XML 格式并存入数据库，方便以后直接调用。

对象模型工具软件架构如图 5.29 所示。对象模型工具由元模型元素生成软件、对象模型生成软件两部分组成。用户利用对象模型工具可以描述用户自行建立的元模型元素，然后利用已有的元模型元素进行对象模型描述文件设计。文件可以通过输出函数保存至数据库中，也可以导出 XML 文件，被其他软件调用。

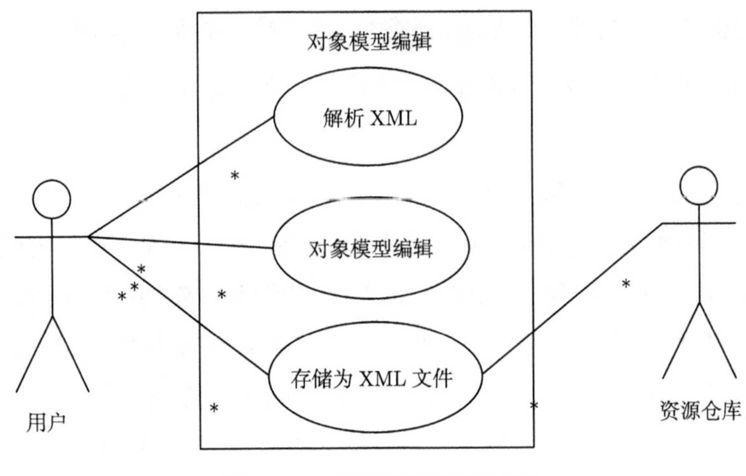

图 5.28　对象模型编辑用例图

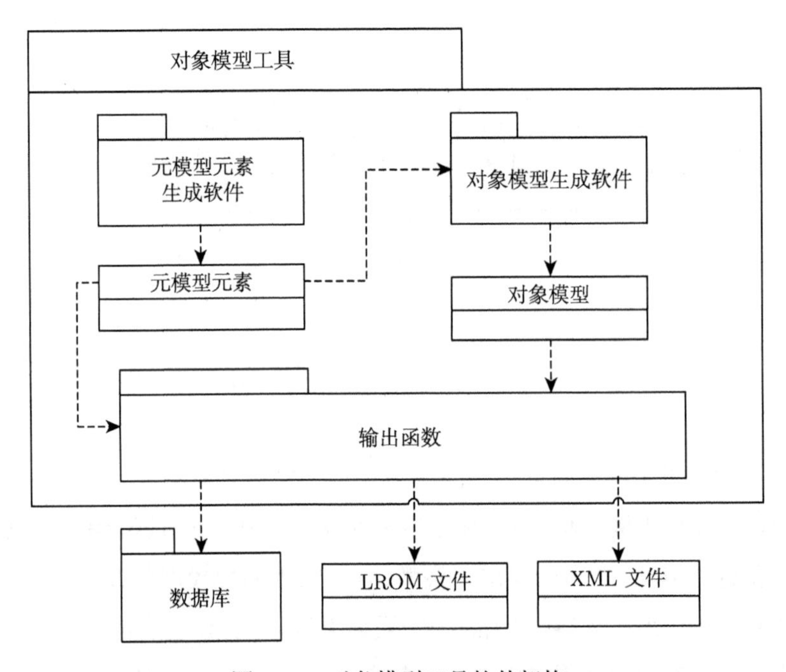

图 5.29　对象模型工具软件架构

5.4.2　资源封装工具

为了实现各种靶场资源的互操作、重用和可组合，需要按照统一的模式对资源进行描述和封装。资源封装工具可实现对虚拟资源、半实物资源、实物资源的快速封装，将各类资源转换为满足接口要求的可重用资源，实现资源的随遇接入和即插即用。资源封装工具包括三种资源封装支持模式：

(1) 基于通信协议的接入封装工具，支持基于数据交互协议的免编程封装，该功能可满足大多数靶场资源的封装需求。

(2) 组件模板封装工具，提供自动生成资源组件模型框架功能，可根据特殊需求进行二次代码开发。

(3)Simulink 模型封装工具，支持 Simulink 模型类资源、Matlab 数据处理算法类资源免编程高效接入，该功能可大幅度提高模型类资源的开发效率和模型质量。

5.4.2.1 基于通信协议的接入封装工具

基于通信协议的接入封装工具包括通信协议编辑软件和通信协议转换组件两部分。利用通用协议编辑软件，用户无须编程，对照设备的通信协议模板，可实现对通信协议的编辑、管理；通用协议转换软件支持以太网、RS422/485/232、GJB289A等常用硬件接口，可加载协议模板，对数据包进行动态编解码。

1) 通信协议编辑软件

提供各种通信协议的编辑和管理功能，支持通信协议到对象模型的转换，可以生成通信协议转换组件的模型描述文件 (XML 格式) 和实现文件 (DLL 格式)。通信协议编辑软件为用户提供通信协议设计，通过可视化方式进行数据块、数据元素和数据位的编辑。在编辑协议项过程中，用户可对协议项特征 (协议名称、源设备、目标设备、动态帧标识、协议长度位置、帧头起始位置、备注)、帧头/帧尾组和元素组进行编辑，编辑协议项用例如图 5.30 所示。在封装组件过程中，通用协议编辑软件需要将所编辑的协议转换为对象模型，并生成可供任务规划工具加载使用的组件模型描述文件 (XML 格式) 和组件实现文件 (DLL 格式)，如图 5.31 所示。

通用协议编辑软件以独立的可执行程序 (EXE) 形式存在，每个节点上可运行多个通用协议编辑软件的实例。通用协议编辑软件后台数据以 SQL Server 2005 数据库为载体，所有协议信息都存储于自建的 ICD 数据库中，每个协议为独立的数据表。图 5.32 为通用协议编辑软件总体结构。图 5.33 为通用协议编辑软件类图。

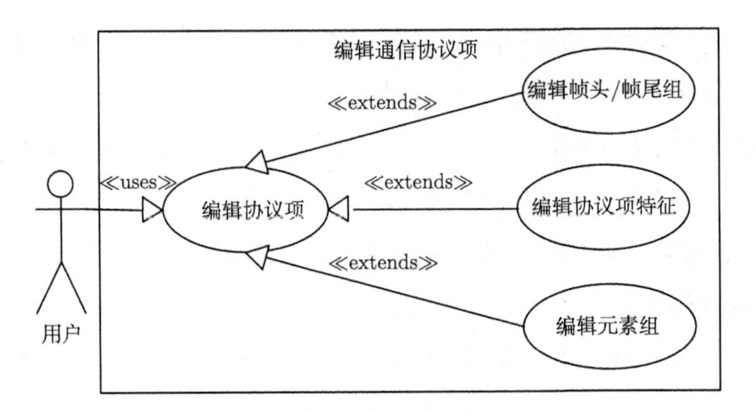

图 5.30　编辑协议项用例图

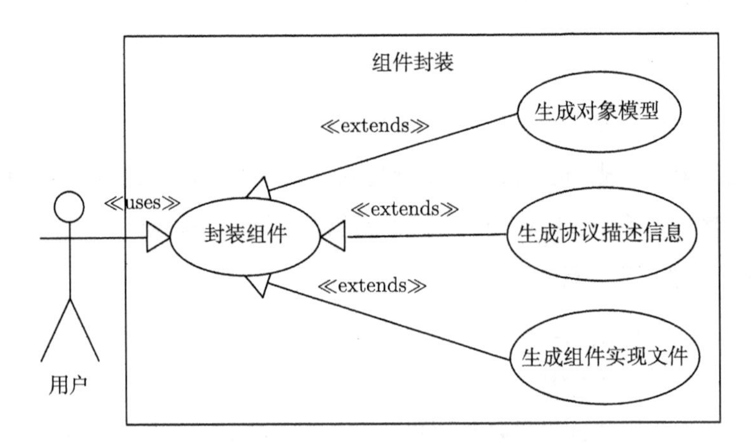

图 5.31　封装组件用例图

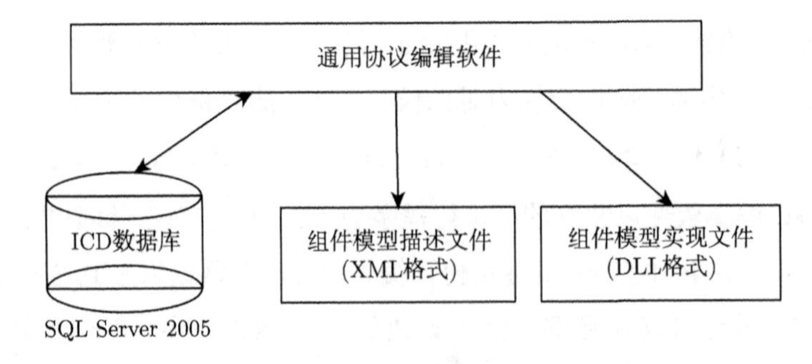

图 5.32　通用协议编辑软件总体结构

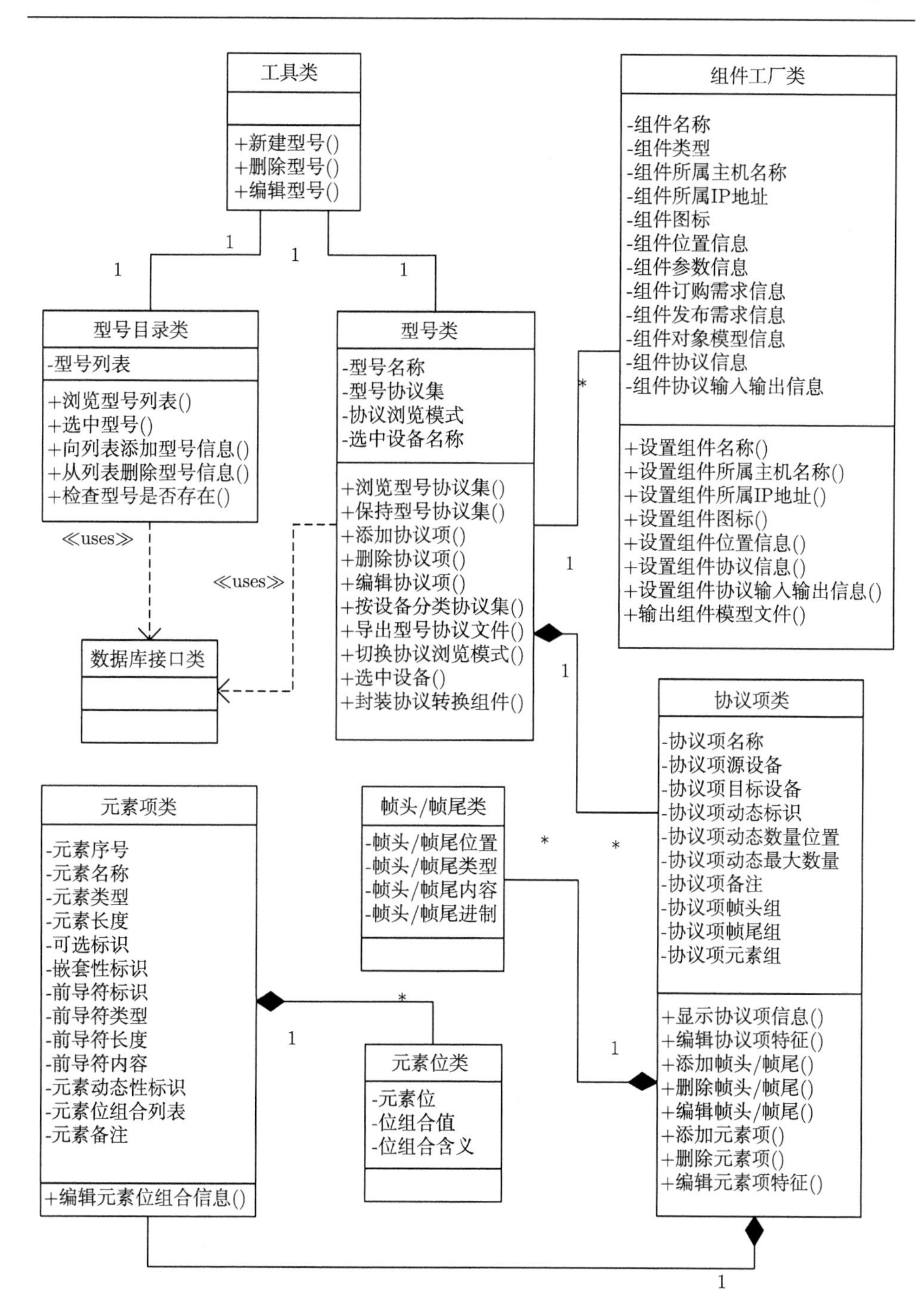

图 5.33 通用协议编辑软件类图

通用协议编辑软件提供新建协议、删除协议、编辑协议和封装组件四个主要的功能。封装组件过程如图 5.34 所示。

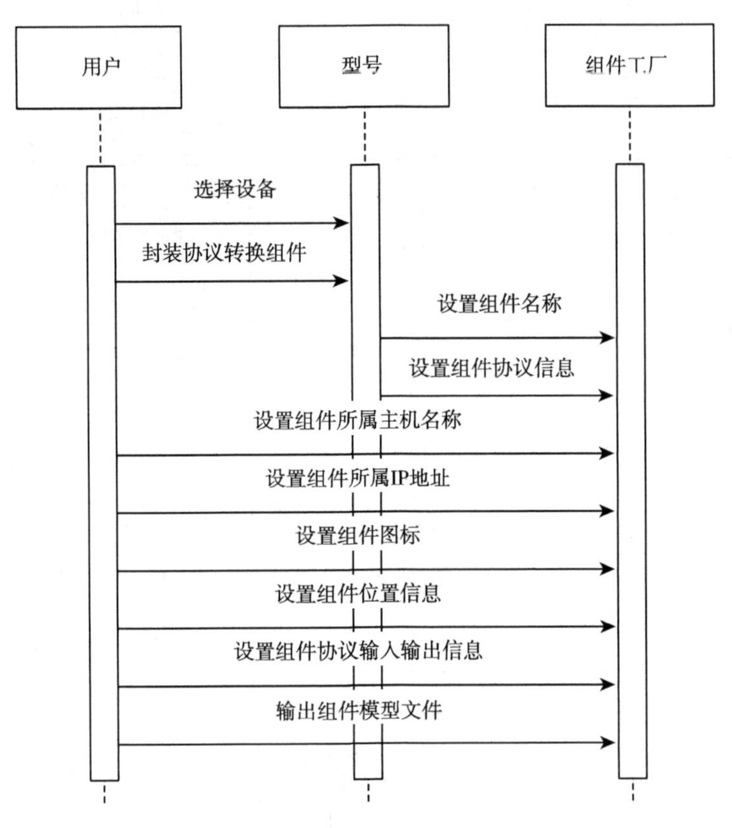

图 5.34 封装组件过程序列图

2) 通信协议转换组件

通信协议转换组件通过加载通信协议编辑软件生成的协议模板，对数据包进行编解码，实现通信协议格式数据与对象模型实例之间的转换，同时支持多种信息协议格式转换。主要功能包括如下方面。

(1) 根据所加载的通信协议文件进行数据格式转换，包括将外部设备通信协议格式数据转换为对象模型实例数据，通过中间件传递至该对象模型实例的订购者；将中间件传来的订购对象模型实例数据转换为对应的通信协议格式数据，通过各种通信方式发送至外部设备。

(2) 提供用户进行组件参数配置及运行过程中数据监视功能。

(3) 支持可视化、订购发布需求读取、任务方案信息写入/读取，以及运行控制等功能。

通用协议转换组件用例如图 5.35 所示。用例中的参与者包括用户、外部设备、中间件和任务资源调度工具。

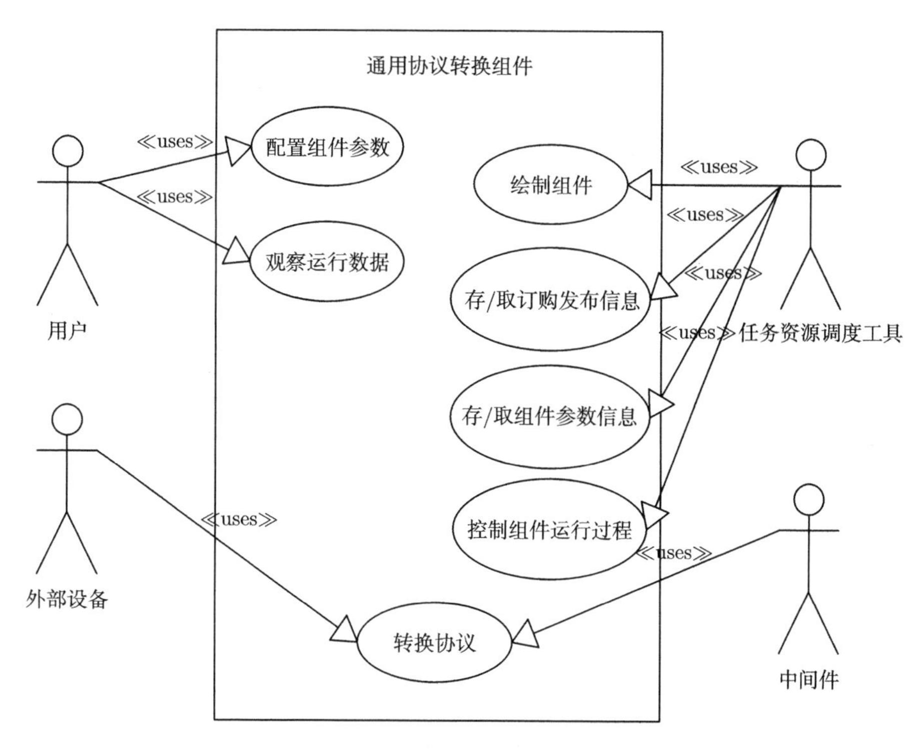

图 5.35　通用协议转换组件用例图

通用协议转换组件类图如图 5.36 所示。主要包括通用协议转换器、硬件通信处理器和中间件类。采用协议项、协议元素/帧头/帧尾和协议位三级结构完整描述设备协议信息，基本覆盖目前试验/仿真领域常用的通信协议格式；采用对象模型和属性/事件两级结构描述对象模型信息。

通用协议转换组件主要提供配置组件参数、观察运行数据、绘制组件、获取订购发布能力、存/取组件参数、控制运行过程和转换协议等功能，控制运行过程和转换协议序列图如图 5.37 所示。

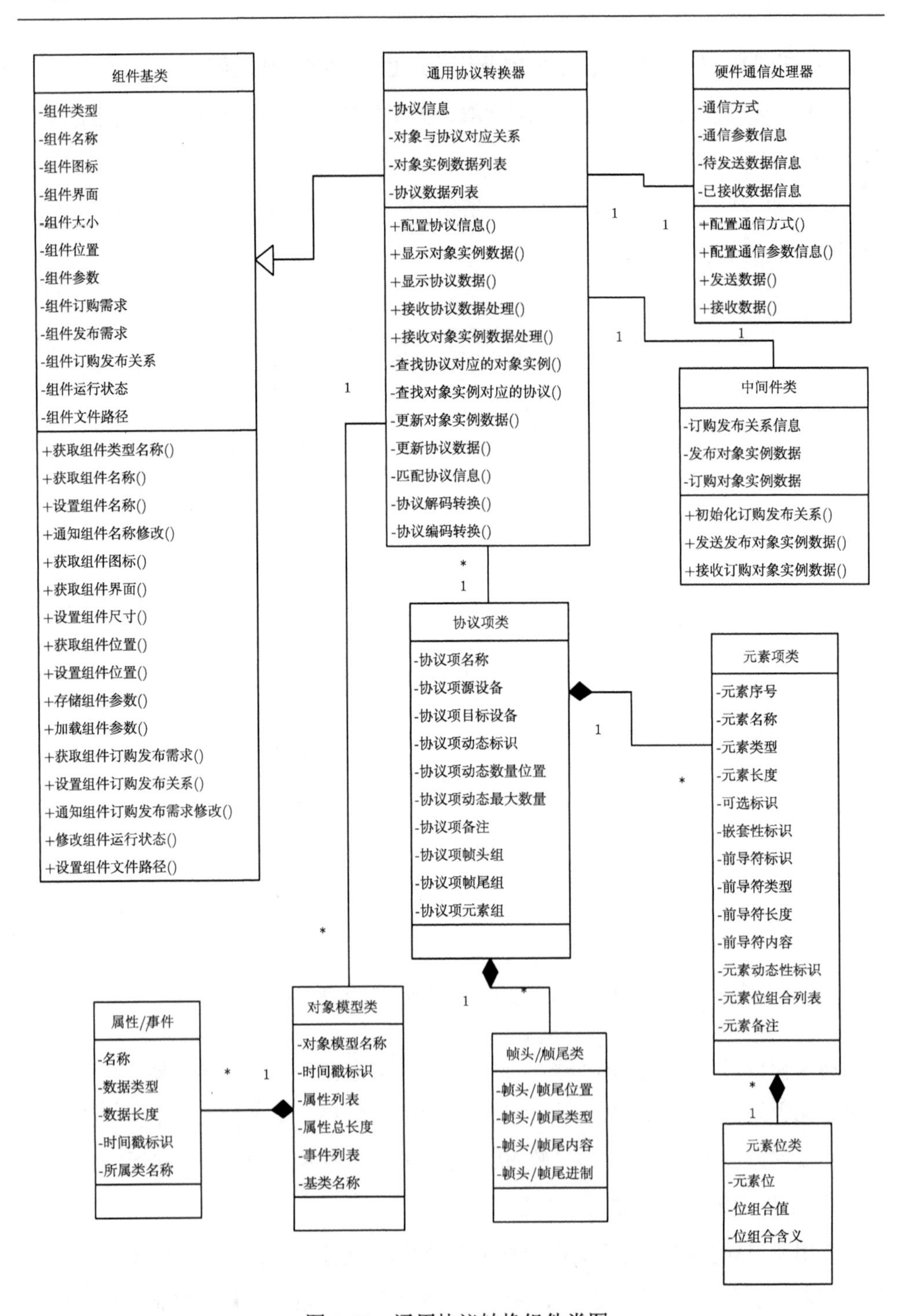

图 5.36　通用协议转换组件类图

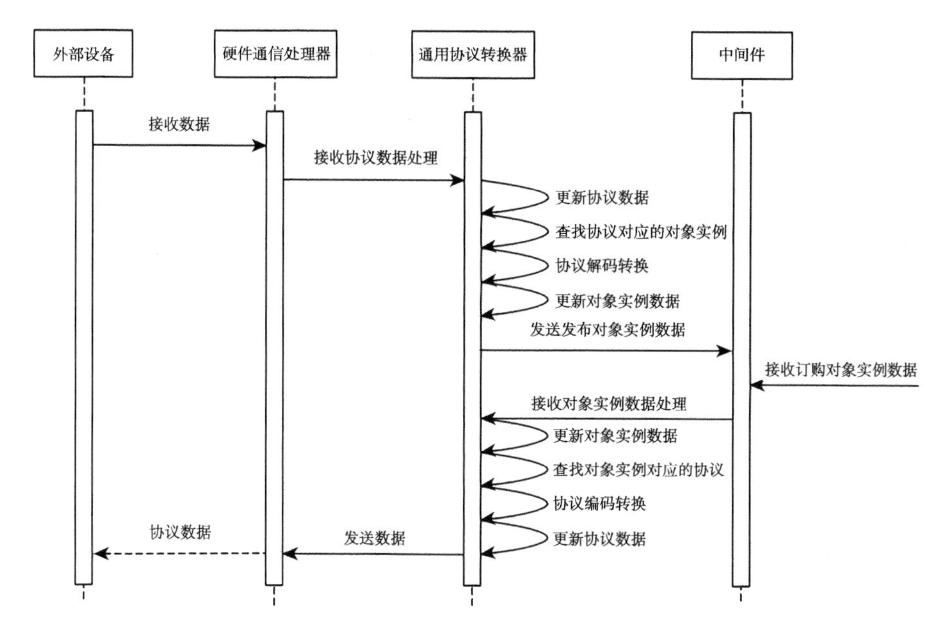

图 5.37 控制运行过程和转换协议序列图

5.4.2.2 组件模板封装工具

组件模板封装工具主要面向有一定编程能力的技术开发人员，对复杂的数据处理算法、自带驱动程序的实装设备进行封装。组件模板封装工具可以提供自动生成资源组件模型框架功能，可根据特殊需求进行二次代码开发。可以提供对象模型建模功能，用户可以对本机存储的对象模型进行预览，并对对象模型结构进行观察，观察内容包括对象模型的各个叶子节点及基本数据结构的名称及类型。如果本机没有满足需求的对象模型，组件模板封装工具提供从资源仓库下载对象模型的功能。组件模板封装工具用例如图 5.38 所示，封装组件序列图如图 5.39 所示。

5.4.2.3 Simulink 模型封装工具

Simulink 模型封装工具就是对 Simulink 中提供的大量仿真、建模、分析软件进行封装。Real-Time Workshop (RTW) 是 MathWorks 公司提供的代码自动生成工具，可以使 Simulink 模型自动生成面向不同目标的代码。RTW 是若干执行工具和文件的集合，当使用 RTW 生成代码时，Simulink 框图可以看成程序的规范，使用 RTW 可以把图形化的 Simulink 模型转化成动态链接库 DLL。

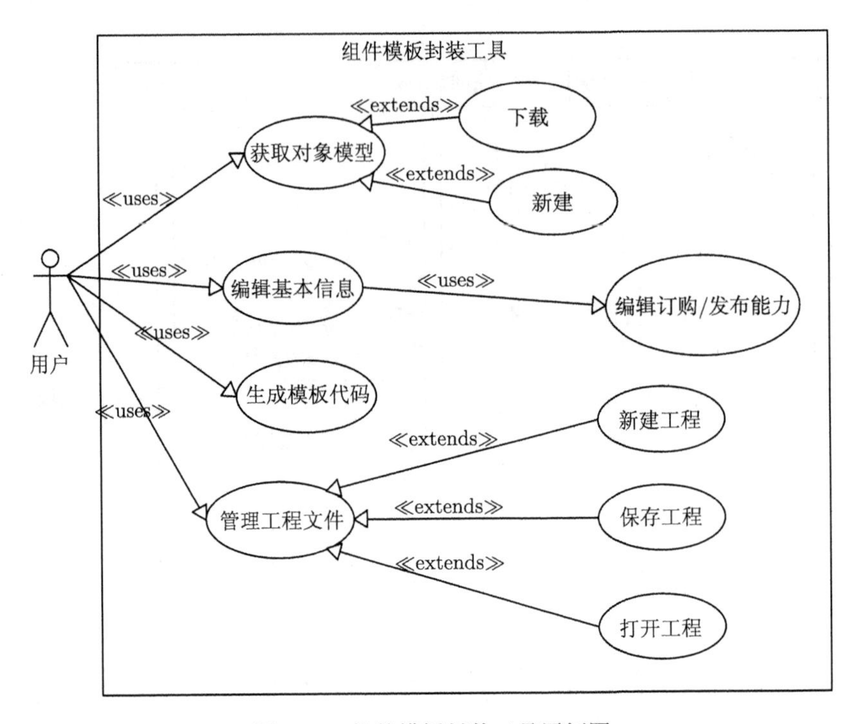

图 5.38　组件模板封装工具用例图

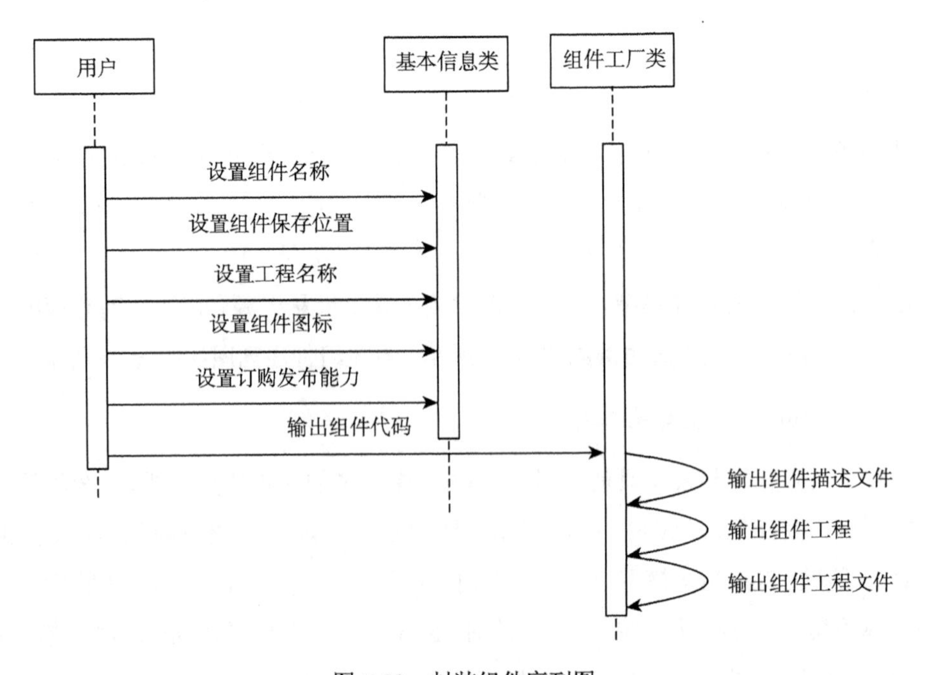

图 5.39　封装组件序列图

Simulink 模型封装软件将 RTW 转换后的 Simulink 模型 (DLL 格式) 封装为符合组件接口要求的可重用资源，其存在形式为组件描述文件 (XML 格式) 和组件实现文件 (DLL 格式)，因此，Simulink 模型封装工具分为组件描述文件生成软件和 Simulink 模型模板组件两部分。组件描述文件生成软件根据 Simulink 模型的输入/输出接口信息及用户设置的资源属性信息生成组件描述文件，图 5.40 为组件描述文件生成软件用例图。Simulink 模型模板组件提供用户进行组件参数配置以及运行过程中的数据监视功能；支持可视化、订购发布需求读取、试验方案信息写入/读取和运行控制等功能；根据组件描述文件实现对 Simulink 模型的加载和调用，图 5.41 为 Simulink 模型模板组件用例图。

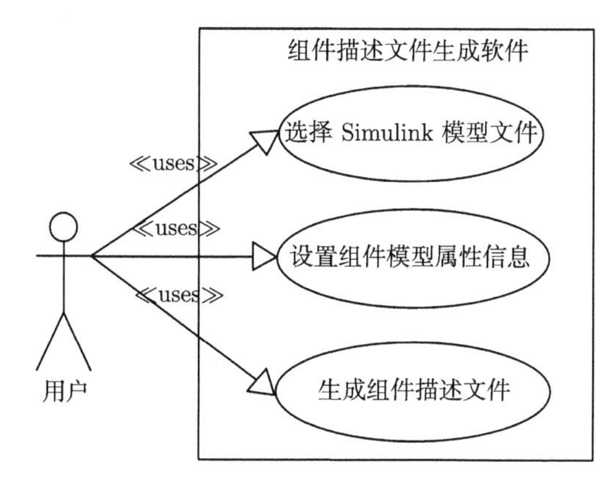

图 5.40 组件描述文件生成软件用例图

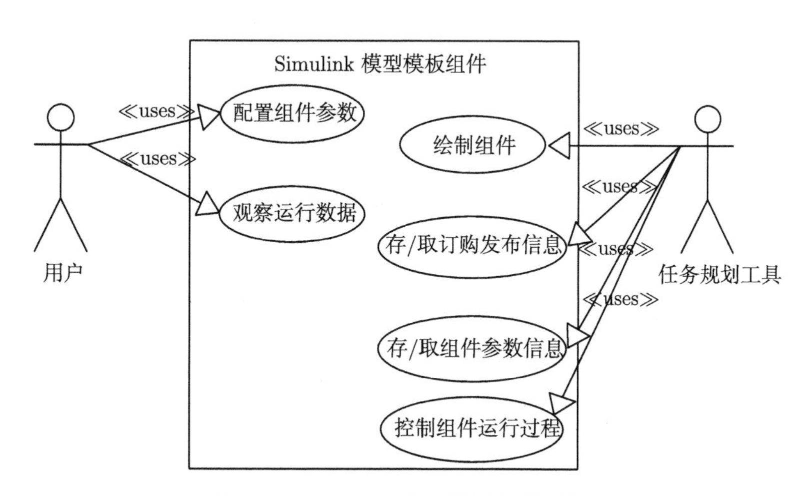

图 5.41 Simulink 模型模板组件用例图

5.4.3　资源仓库管理工具及访问服务

5.4.3.1　资源仓库管理工具

资源仓库管理工具完成对所有资源的管理。整个资源管理部分的结构如图 5.42 所示。资源仓库本质上是由分布式的数据库组成的，负责试验资源的存储，包括试验资源的基本信息、相关文件、组件模型以及对象模型文件等的存储。

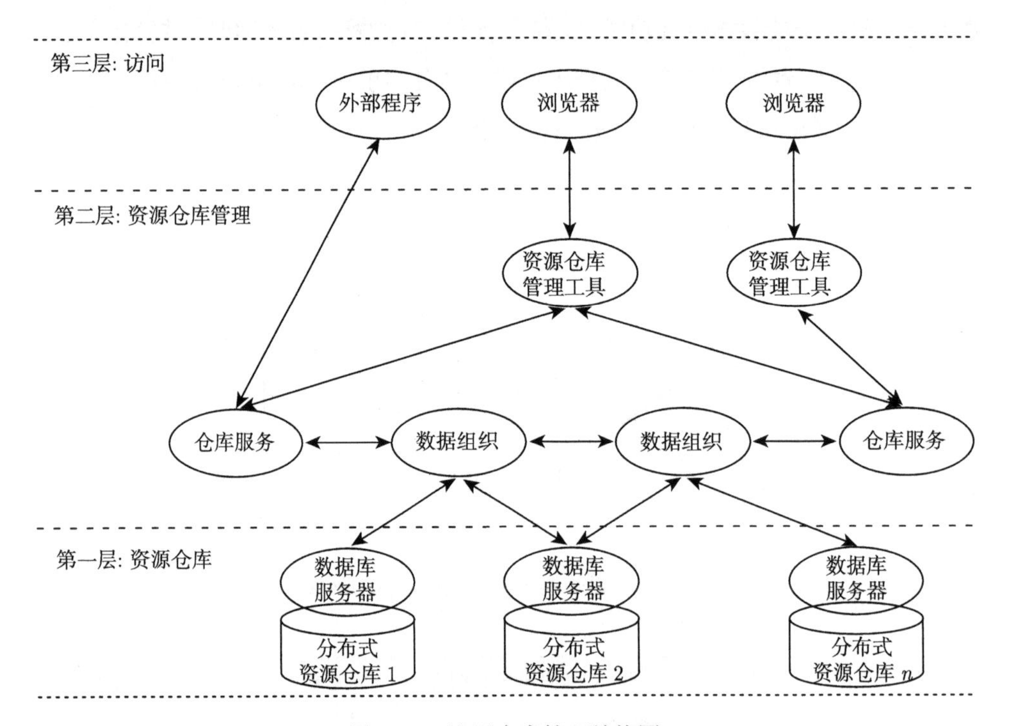

图 5.42　资源仓库管理结构图

资源仓库管理工具作为应用层程序，为用户提供可视化界面以进行资源仓库的管理，具体功能包括:

(1) 资源仓库中的组件模型、对象模型以及其他信息的添加、删除、更新等;

(2) 对资源仓库各类信息的远程检索和相关文件的下载;

(3) 对资源仓库各类信息的安全权限管理;

(4) 对资源仓库各类信息的分类统计及报表;

(5) 资源仓库备份恢复;

(6) 用户管理。

资源仓库管理工具由以下几个功能独立模块组成，分别如下。

1) 对象模型管理模块

对象模型管理模块的流程如图 5.43 所示。

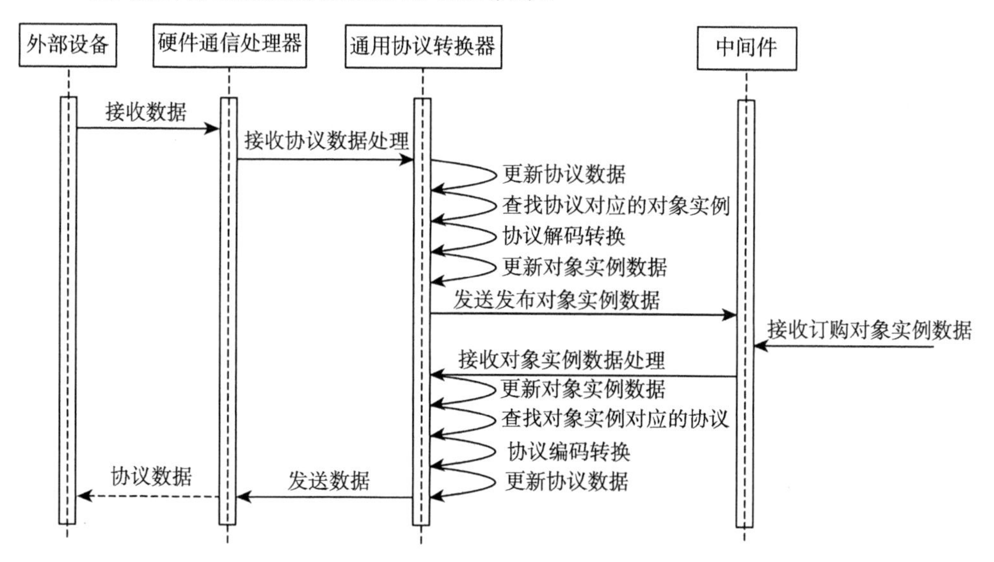

图 5.43 对象模型管理模块流程图

2) 组件模型管理模块

组件模型管理模块的具体流程如图 5.44 所示。

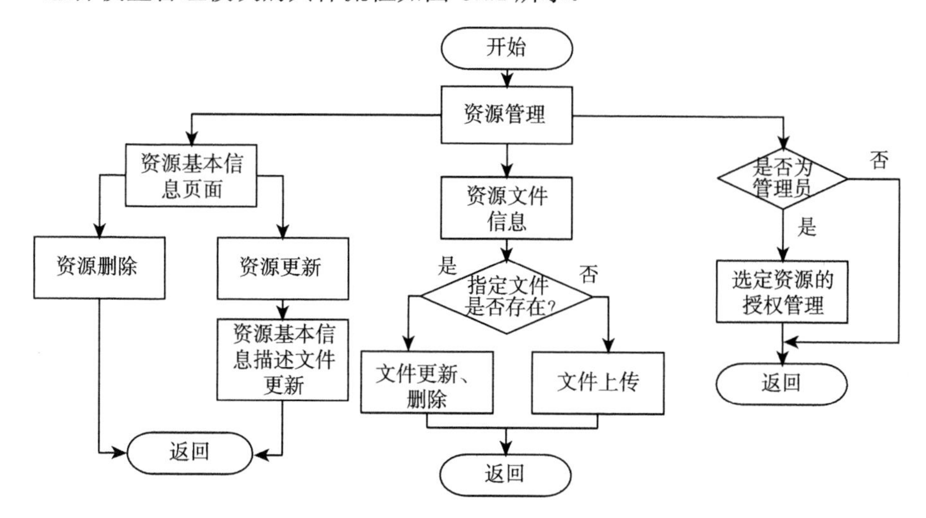

图 5.44 组件模型管理模块流程图

3) 资源检索模块

数据库中存放的资源很多，当用户进行资源浏览时应提供强大的检索工具来帮助用户快速地锁定资源。资源检索流程如图 5.45 所示。

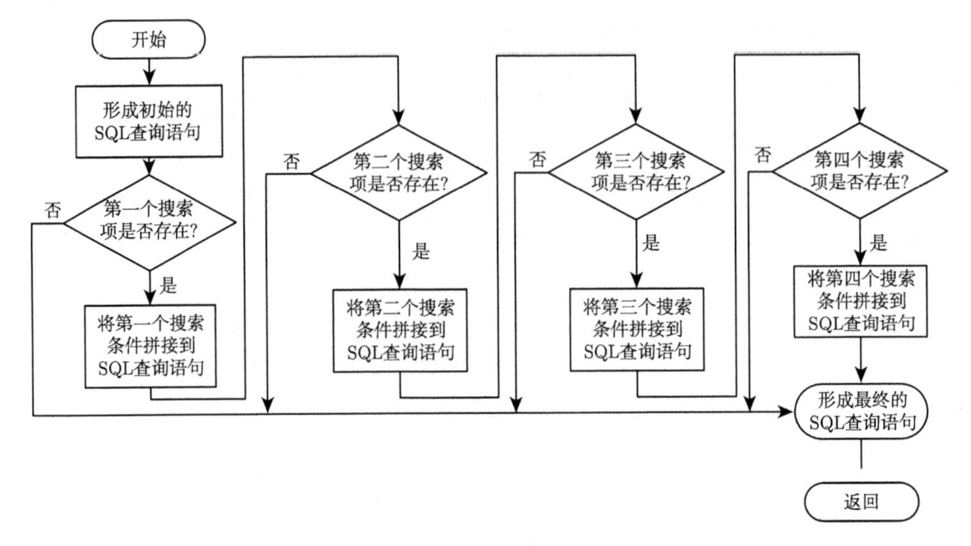

图 5.45　资源检索流程图

4) 名称检测模块

用名称检测模块检测名称的唯一性，具体流程如图 5.46 所示。

5) 资源注册

对于新资源，用户可以通过注册机制将其写入数据库中，包括组件模型注册和对象模型注册。注册过程包括注册方式选择、基本信息录入、生产信息录入、使用信息录入和相关文件的上传。

6) 资源授权申请管理

资源授权申请流程如图 5.47 所示。

7) 用户管理

对于资源仓库的用户进行管理，只有管理员才有权限进行操作，这一模块主要包括：新用户的添加、已注册用户信息的维护和用户的组件模型授权管理。

8) 数据库管理

只有资源仓库管理员才有权限进行操作，该模块主要包括各个数据库服务器状态查看、已注册数据库服务器的信息维护、新数据库服务器的添加和数据库的备份与恢复。

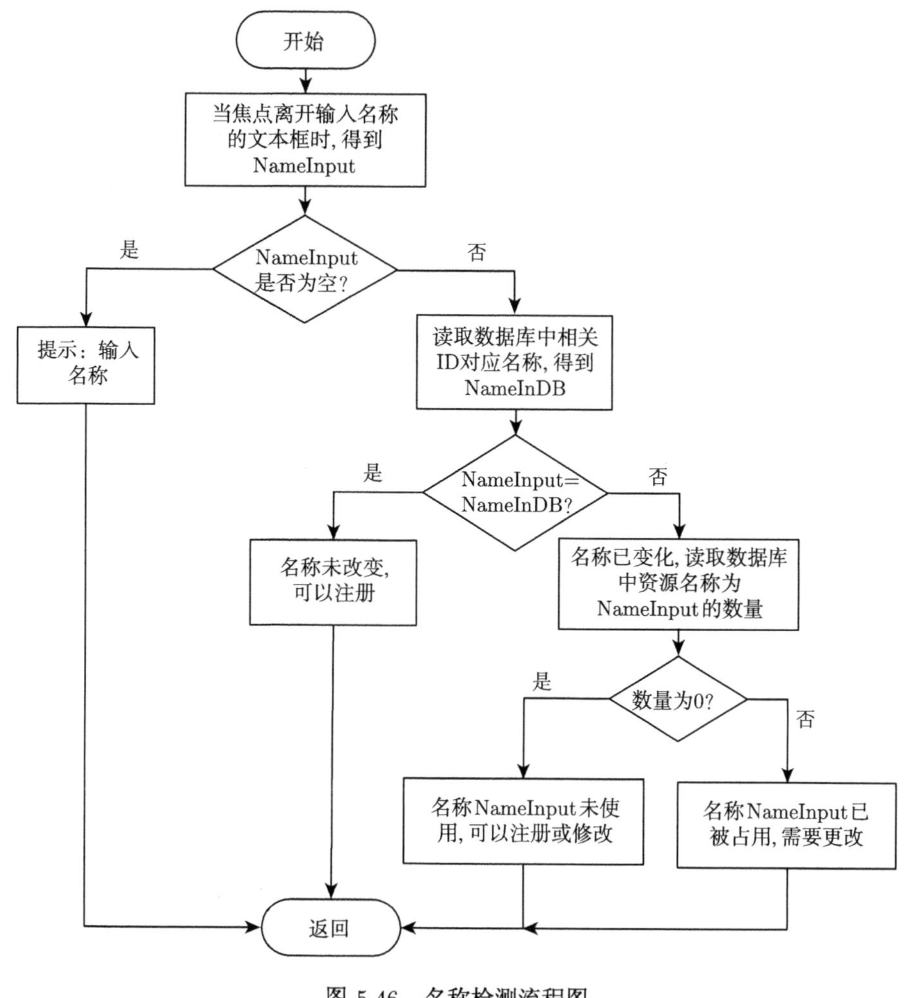

图 5.46 名称检测流程图

5.4.3.2 访问服务接口

资源仓库访问服务接口均以 Web Service 方式提供。Web Service 类似于网页的开发，是一个 Web 应用程序，提供一些功能接口函数，其他的应用程序就可以调用这些接口实现指定功能。在 Web 服务的架构中，共有三个参与者：服务提供者、服务注册中心和服务的请求者，如图 5.48 所示。

Web Service 是描述一系列操作的接口，它使用标准的、规范的 XML 描述接口。这一描述中包括了与服务交互所需要的全部细节，包括消息格式、传输协议和服务位置。而在对外的接口中隐藏了服务实现的细节，仅提供一系列可执行操作，这些操作独立于软、硬件平台和编写服务所使用的编程语言。

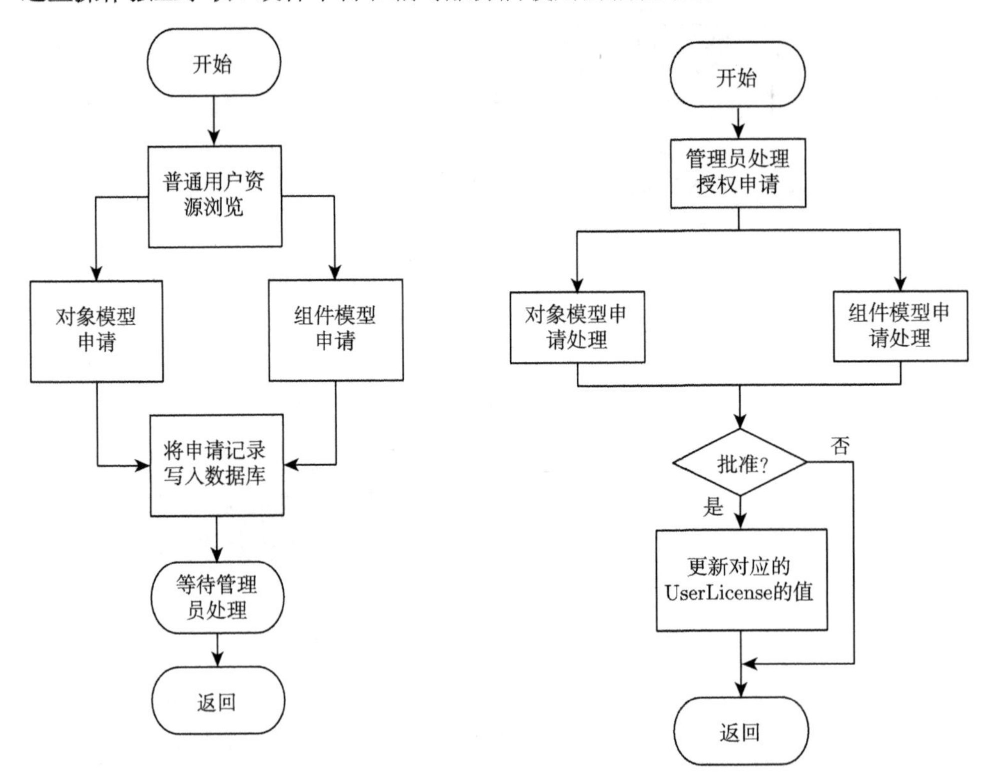

图 5.47　资源授权申请流程图

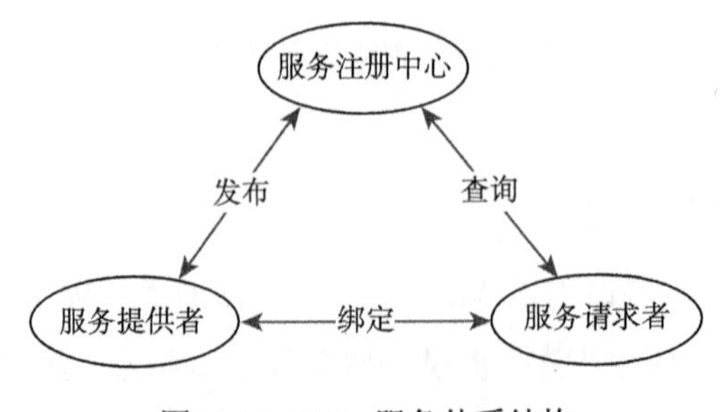

图 5.48　Web 服务体系结构

公共体系结构中的其他工具软件可以通过访问服务接口灵活地使用资源仓库，如图 5.49 所示。任务资源调度工具在系统建模过程中通过调用资源仓库的资源索引服务，生成资源信息列表，并可获取选定资源的信息；数据采集与回放工具、网关、数据分析与处理软件、运行显示工具通过调用资源仓库的资源索引服务，获取选定资源的信息；中间件在系统建模及运行过程中通过调用资源仓库的资源索引服务，获取选定资源的信息。

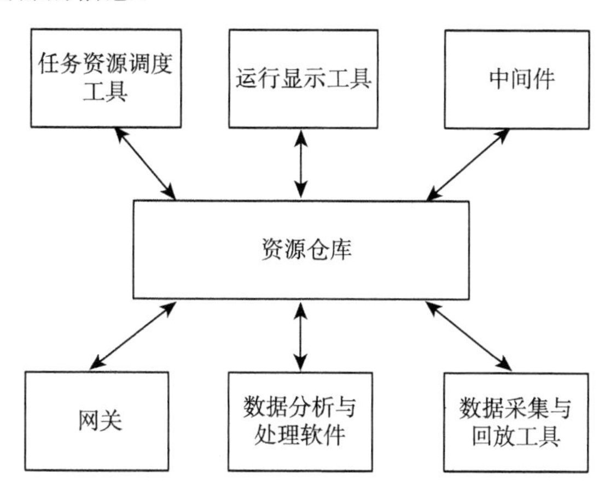

图 5.49 其他工具通过访问服务接口使用资源仓库

5.4.4 数据档案库管理工具及访问服务

5.4.4.1 数据档案库管理工具

数据档案库管理工具和数据档案库配合完成对系统所有数据信息的存储与管理，包括任务方案的存储/管理、数据的存储/管理、数据的检索与共享等。数据档案库管理工具主要功能包括：

(1) 任务方案、数据和结果等信息的存储以及系统运行期间数据的收集；

(2) 数据资源的备份、恢复、删除和更新等；

(3) 数据资源的查询、检索及统计；

(4) 数据的安全权限管理、用户权限管理；

(5) 数据标准化管理，支持数据格式标准模板的定义、数据格式转换等；

(6) 数据转化服务，实现数据导入导出；

(7) 支持基于元模型的结构化、半结构化、非结构化任务数据的融合管理。

整体架构满足任务数据分布存储、数据安全可控、数据信息完善、检索服务准确、容灾备份可靠、可维护性、用户体验友好且易用等需求，具体的结构如图 5.50 所示。主要的工作原理是：各类数据 (任务方案、任务数据、任务结果等) 在数据档案库管理工具的协调控制下存储在数据档案库中，运行过程中的实时任务数据采集由数据采集与回放工具实现；任务方案、任务数据元模型、各类汇总数据及评价数据由索引库存储；其他任务数据、任务结果等数据存储在本地和公共数据档案库中；数据资源的备份、恢复、删除和更新功能，数据资源的查询、检索及统计功能，数据的安全权限管理、用户权限管理功能，数据标准化管理功能以及数据转化服务功能等由数据档案库管理工具实现。

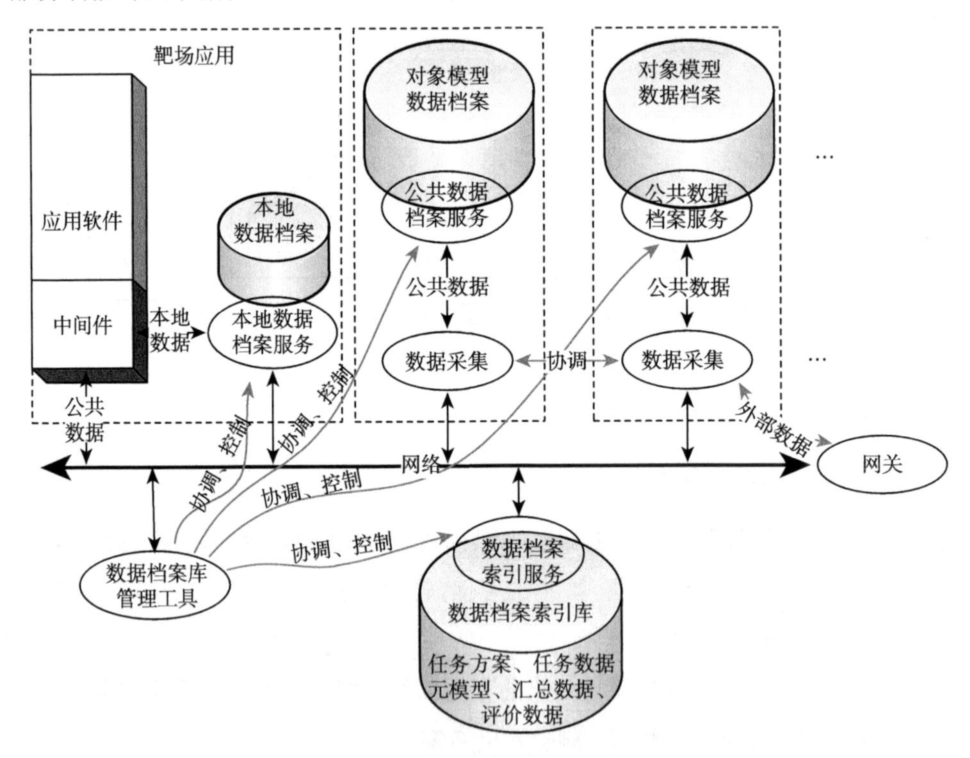

图 5.50　数据档案库管理工具概念图

数据档案库包括三类数据库：

(1) 本地数据档案库——存储某个特定靶场资源的相关资料，一般不公开。

(2) 公共对象模型数据档案库——存储的信息为公共的对象模型信息，包括

SDO 公共状态、消息、数据流。这些信息可存储在不同的计算机上，可用于共享。

(3) 数据档案索引库——主要存储任务方案、任务数据元数据、公共对象模型数据档案的主要描述信息和索引等。依托索引服务，可有效地使用任务数据。

5.4.4.2 访问服务接口

数据档案的访问服务接口同样采用 Web Service 技术实现，其他工具软件通过访问服务接口使用数据档案，如图 5.51 所示。任务资源调度工具使用数据档案提供的试验方案存取服务实现试验方案的读取和存储；数据分析与处理软件使用试验数据查询服务获取试验数据相关信息，通过使用试验数据存储服务将处理后的结果信息存入数据档案中；数据采集与回放工具使用试验数据存储服务将试验数据信息存入数据档案中，并可使用试验数据查询服务获取试验数据相关信息进行数据回放。

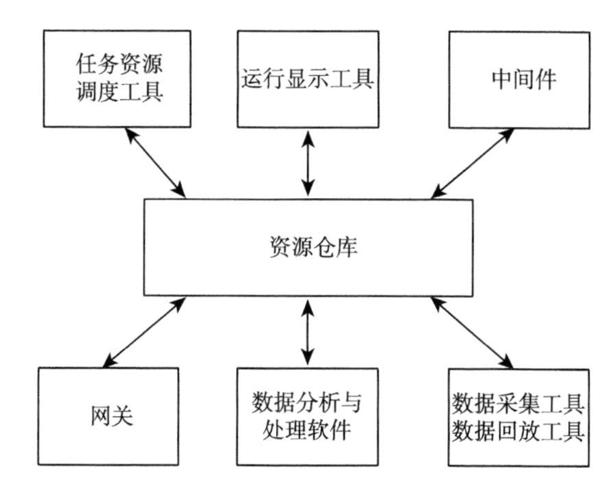

图 5.51 其他工具软件通过访问服务接口使用数据档案

5.4.5 数据采集工具

数据采集工具为用户提供任务过程中的数据收集控制和任务数据的存储。数据采集工具在控制采集数据的过程中可查看采集的数据和存储对象数据信息，分布在各节点上的数据采集工具可联合采集数据。在采集任务数据过程中，用户可控制数据采集的启动和停止，并通过可视化界面查看当前采集的数据，采集到的任务数据将被存储到各节点分布式数据档案库中。概括和抽象出的采集任务数据包含三项主要功能，分别为控制采集过程、查看采集数据和存储采集数据。图 5.52 为采集试验数据过程用例图。

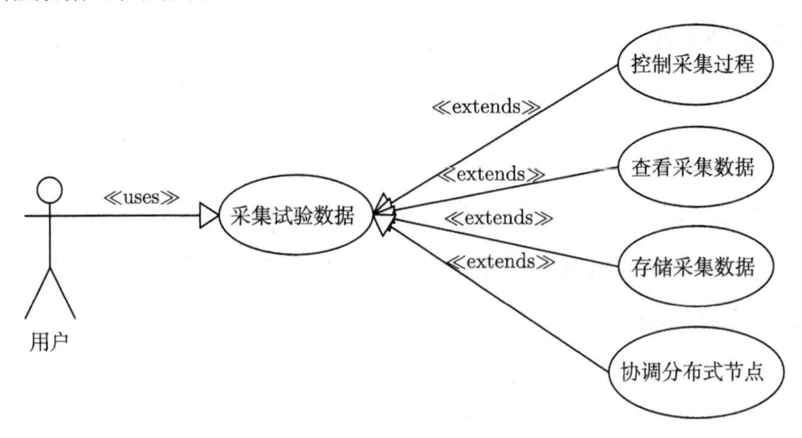

图 5.52　采集试验数据过程用例图

数据采集工具从任务方案中加载采集信息，根据用户配置好的采集信息从中间件获取采集数据，并将其存入数据库或数据文件中。图 5.53 给出了数据采集工具总体结构。

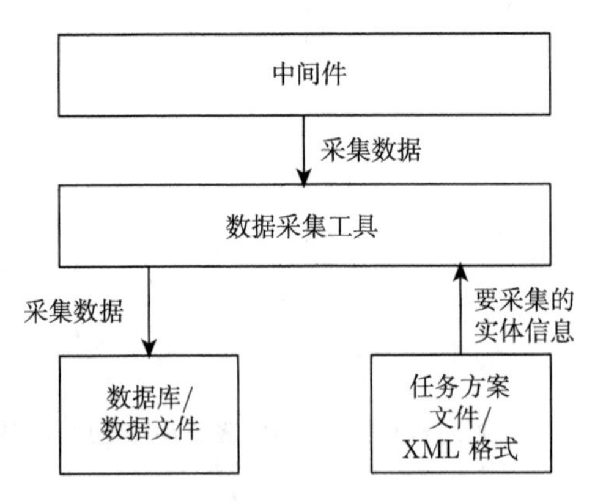

图 5.53　数据采集工具总体结构

5.4.6　数据回放工具

数据回放工具提供任务数据回放功能，完成复现任务过程。回放任务数据主要是任务完成后可进行任务数据的回放以查看其数据，回放之前配置回放参数，再进行数据回放，回放的过程可以随时控制停止。回放参数包括回放对象模型名称、任务时间、数据文件、数据选择条件等；在回放任务数据过程中，用户可选择某次任务过程生成的任务数据进行数据回放，并可设置回放速度，在回放过程中可通过可视化界面查看当前回放的数据。

综上所述，概括和抽象出回放对象模型信息的数据包含三项主要功能：配置回放参数、控制回放过程和查看回放数据。图 5.54 为回放试验数据过程用例图。

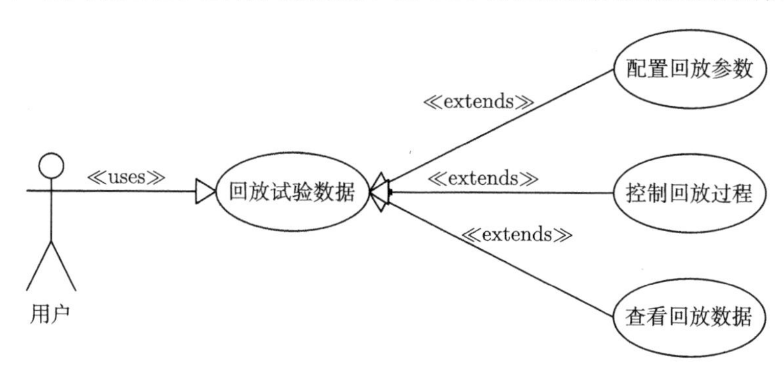

图 5.54 回放试验数据过程用例图

数据回放工具加载任务方案中的数据采集信息，并且从数据库或数据文件中读出要回放的数据，根据任务方案信息将数据推送至中间件。图 5.55 给出了数据回放工具总体结构。

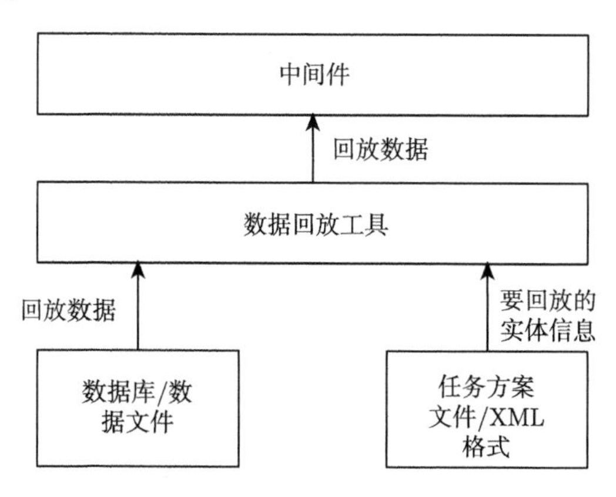

图 5.55 数据回放工具总体结构

5.4.7 数据监测工具

针对显示界面能够展现的信息量有限、任务系统运行过程中对于任务前未预先定义的信息无法进行显示、不能对信息出现的异常进行自动判别等问题，数据监测工具可以实现在任务系统运行前或运行过程中，动态配置所关注的信息，并对信息进行实时显示与有效性判别，实现任务系统中信息的即想、即看、即判别。具体功能包括：

(1) 批量定义任务系统中所关注的信息，并对该信息进行实时显示和有效性判别；

(2) 以事件流的方式记录监测信息发生异常和恢复正常的时刻和状态；

(3) 任务系统监测过程中，可动态改变监测的信息及信息有效性判别条件，不影响任务系统的正常运行；

(4) 监测任务系统运行过程中各任务资源运行状态，显示各任务资源运行数据、任务流程运行过程，并且具有异常信息的提示功能。

数据监测工具软件用例如图 5.56 所示。分为制定显示方案和显示任务数据两个用例，其中制定显示方案用例使用解析任务方案、配置所关注信息、定义数据显

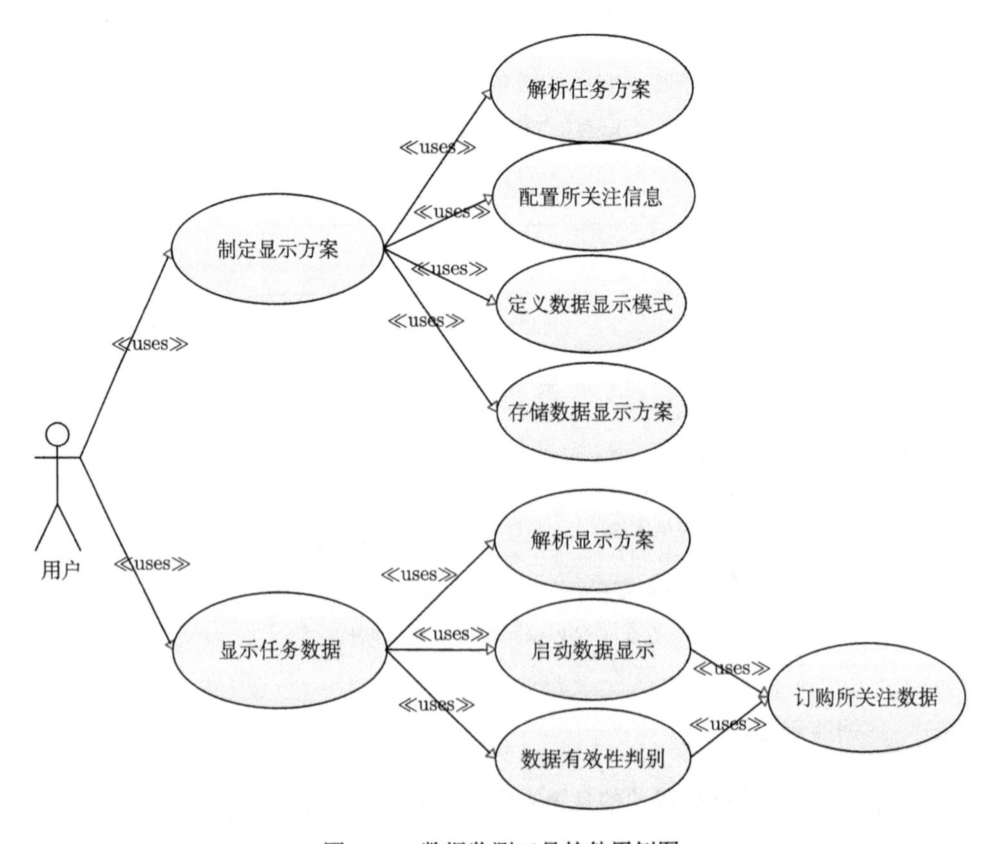

图 5.56　数据监测工具软件用例图

示模式和存储数据显示方案用例，显示任务数据用例使用解析显示方案、启动数据显示和数据有效性判别用例，启动数据显示和数据有效性判别用例共同使用订购所关注数据用例。

5.4.8 异构系统交互网关

异构系统交互网关实现与 HLA 系统、DDS 系统以及与其他协议式接口的异构系统的交互，以满足不同类型现有系统和未来新建系统的联合试验训练需求。

5.4.8.1 HLA 网关

HLA 网关通过可视化方式完成映射关系配置，通过运行控制进行逻辑靶场对象和 HLA 对象的映射，其功能为：

(1) 用户配置映射方案；

(2) 用户对网关系统的运行控制；

(3) 用户观察运行数据；

(4) 中间件获取 HLA 实例数据；

(5) HLA 获取逻辑靶场实体数据；

(6) 实体到 HLA 实例、HLA 实例到实体的数据映射。

图 5.57 为 HLA 网关总体用例图。

5.4.8.2 DDS 网关

DDS 网关是逻辑靶场与基于 DDS 构建的任务系统进行互联的工具。与 HLA 网关类似，其功能概括如下：

(1) 用户配置映射方案；

(2) 用户对网关系统的运行控制；

(3) 用户观察运行数据的功能；

(4) 中间件获取 DDS 系统数据；

(5) 向基于 DDS 构建的任务系统提供实体数据。

图 5.58 为 DDS 网关总体用例图。

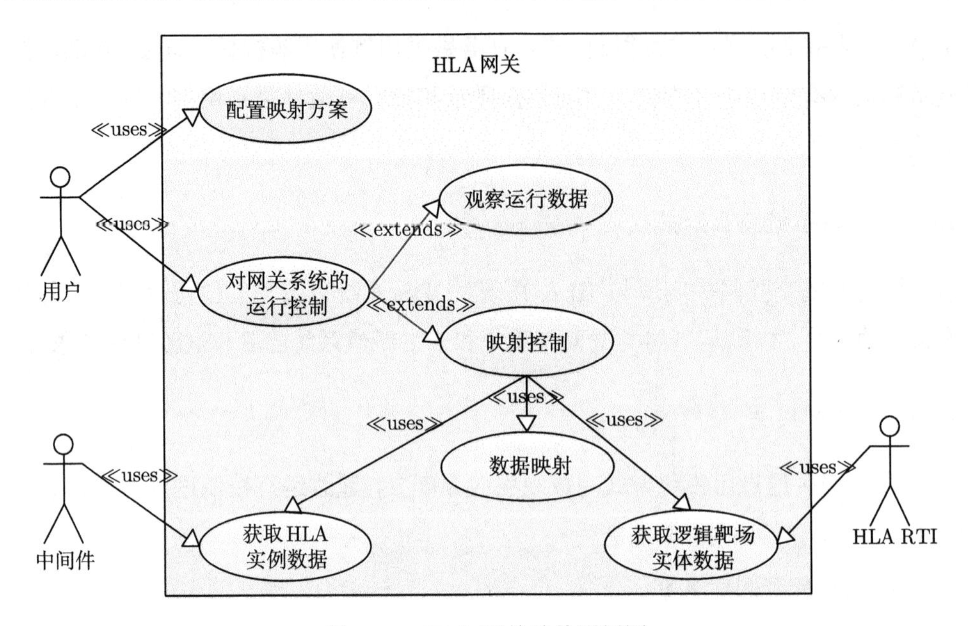

图 5.57　HLA 网关总体用例图

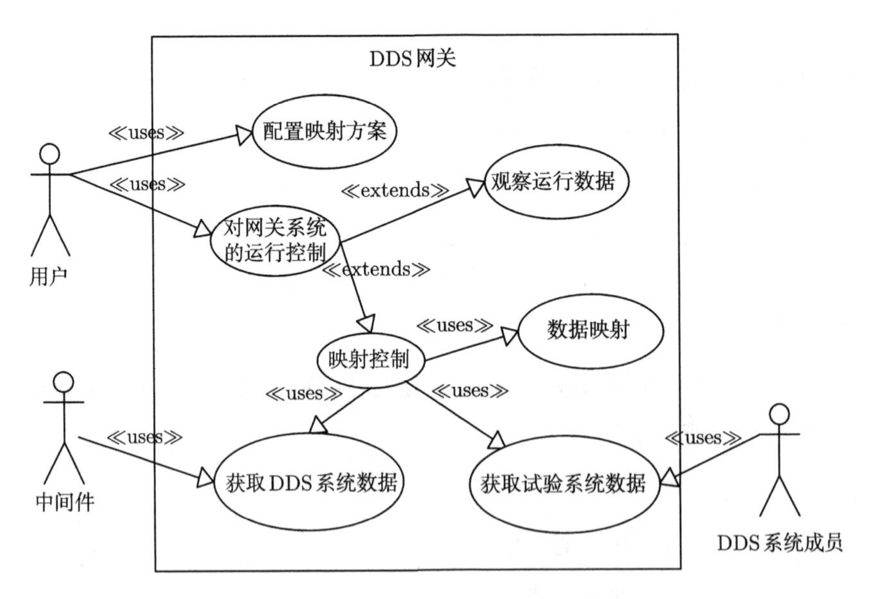

图 5.58　DDS 网关总体用例图

5.4.8.3　**通用协议式网关**

不同的异构系统往往存在不同的通信协议格式，协议格式的不同导致协议数据不能采用固定的方法解析，而必须根据协议的具体格式进行数据解析。因此，如何识别不同的协议成为通用协议式网关实现的关键问题。

虽然具体格式不同，但是多数异构系统都是以数据帧的方式进行数据传输的，其格式如图 5.59 所示。

帧头	帧长	元素1	···	元素 n	元素 $n+1$	···	元素 $n+m$	校验	帧尾
XXXX	XXXX	XXXX	···	XXXX	GXXXX	···	VXXXX	XXXX	XXXX

（元素1 至 元素 n：必选元素；元素 $n+1$ 至 元素 $n+m$：可选元素）

图 5.59 异构系统常用数据帧格式

一帧数据通常由帧头、帧长、校验、帧尾等多个数据元素组成。帧头用于区分不同类别协议，一般为一至四个字节；协议以帧长或帧尾标志本帧数据结束，数据帧中可能包括帧长或帧尾，帧尾一般为一至四个字节；一帧数据的主体部分是包含具体信息的数据元素。数据在总线上传输时是以字节、双字节或多字节传输的，但不同协议间的转换是以数据元素为基本变换单位的。数据元素为具有确定物理意义、表示明确信息的相邻一至八个字节数据，整体表示一个具体的物理量，如表示飞机的飞行高度、速度，也可以按位表示多个不同的工作状态，如表示飞机飞行的方向、发动机工作是否正常。总线上传输的数据为二进制整型数据，而数据元素在表示具体的物理量时可能为任意有理数，协议中的数据元素需经一定的变换，如加上偏移量或乘以比例系数后，才能转换为物理意义上的数据。

公共体系结构内的数据都是以对象模型的形式进行交互的，对象模型是对真实对象的行为特征的描述，其结构较为复杂，一个对象模型里有多个属性，每个属性下还有最小到位的元素值。而异构系统的数据传输协议属于硬件应用协议，一般是简单的线性结构，以数据帧的形式传输，不同类型异构系统的传输协议格式往往还互异。

因此，数据传输协议的不兼容成为实物资源接入基于 LVC 任务系统的一大阻碍。为了解决这个问题，需要进行硬件应用协议和对象模型协议之间的转换。协议转换的过程其实就是数据元素集合的解码和编码：从源协议数据中提取需要的元素，按照目的协议的格式进行封装，得到目的协议数据。这个过程除了单纯的元素映射外，有时候也需要对元素进行相应的函数操作。协议转换的示意图如图 5.60 所示。

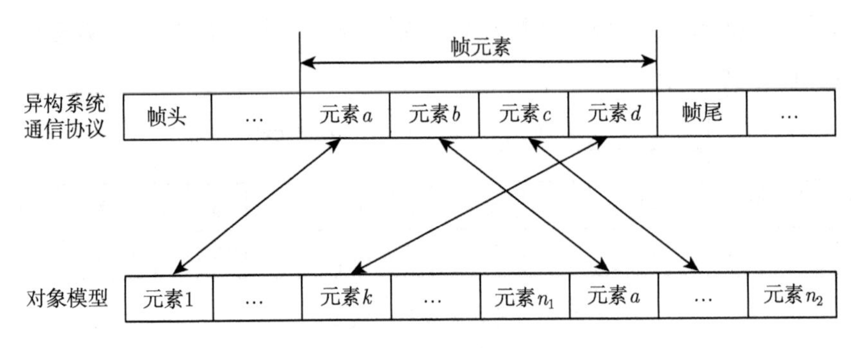

图 5.60　协议转换示意图

通用协议式网关总体结构如图 5.61 所示。其中，通用协议编辑软件提供协议编辑功能，用户通过可视化协议编辑界面完成协议的编辑。该软件通过组件封装功能实现通信协议到对象模型的转换，并生成可供加载的相应的模型描述文件 (XML 格式)；网关通用协议描述模板通过加载模型描述文件进行编解码，利用中间件订购/发布功能实现通信协议格式数据与对象模型实例之间的转换，进而实现异构系统与公共体系结构内部的信息交互。

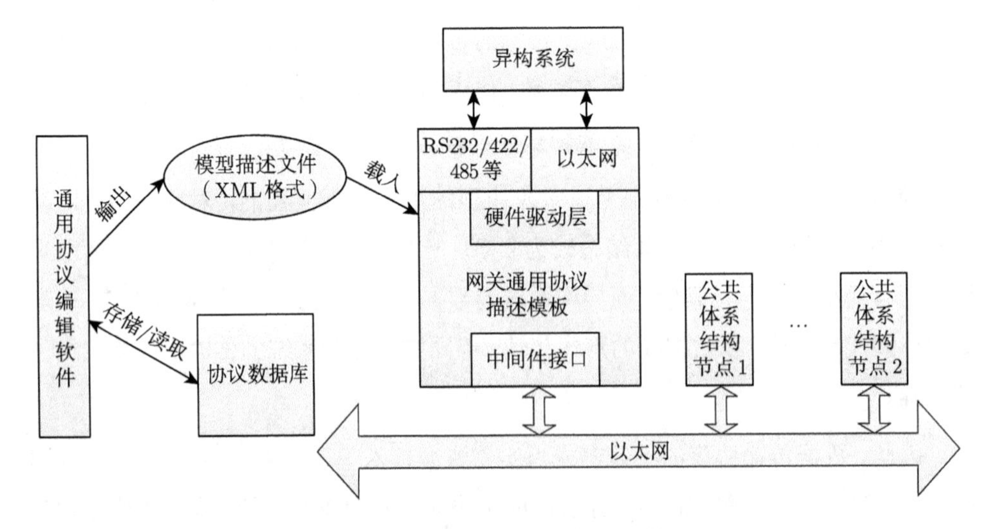

图 5.61　通用协议式网关总体结构图

5.5 应用工具软件设计

应用工具为任务规划、资源调度、数据分析处理以及任务过程的运行显示提供相应工具，实现联合任务系统的快速优化设计和运行控制管理。主要对任务规划工具、任务资源调度工具、运行显示工具和数据分析与处理工具进行设计。

5.5.1 任务规划工具

任务规划工具用于任务准备阶段以可视化的方式快速构建任务系统，规划参与任务的资源组成、任务资源间信息交互关系以及任务系统流程等，生成 XML 格式的任务方案文件，并将任务方案文件上传到数据档案库中，任务规划工具生成的任务方案文件是任务资源调度工具运行控制整个任务系统的依据。

任务规划工具分为任务方案编辑器和任务流程编辑器，任务方案编辑器用于任务系统静态结构的规划，任务流程编辑器用于任务系统动态过程的规划。

5.5.1.1 任务方案编辑器

任务方案编辑器以任务资源集成的方式快速规划任务系统静态结构，生成任务方案文件，具体功能如下：

(1) 检索资源仓库中的任务资源，根据任务需求，依据用户权限下载任务资源，并以可视化的方式规划参与任务的资源，配置任务资源的初始信息，以及分配任务资源所属节点；

(2) 手动和自动建立任务资源间对象模型的订购/发布关系，并显示任务系统中全部订购/发布关系；

(3) 生成 XML 格式的任务方案文件，并进行多模式显示，依据用户权限向数据档案库上传任务方案文件，并从数据档案库中下载已有的任务方案文件；

(4) 支持分布式多用户联合任务规划，对联合任务规划结果进行合并及有效性检查，并给出错误提示，形成最终任务方案；

(5) 提供基础显示元素，通过显示元素快速构建综合显示界面，基础显示元素包括数码窗、文本框、表格、趋势图、示波器、指示灯、模拟仪表、条形框、柱状图、饼图、航向刻度带、速度刻度带、高度刻度带等常用显示元素；

(6) 通过组件元素集成方式快速构建综合显示界面，并根据显示要求配置订购数据。

图 5.62 为任务方案编辑器的用例图，主要有配置方案基本信息、合并试验方案、管理组件资源、添加参试组件、添加参试节点、删除参试节点和配置运行视图等七个用例。配置方案基本信息用例负责供用户对方案的设计人员、设计日期等基本信息进行编辑修改操作；合并试验方案用例负责将多个任务方案进行合并；管理组件资源用例负责参试组件的相关管理操作，如连接资源仓库下载更新组件等；添加参试节点和删除参试节点用例负责供用户新建、配置和编辑所需的节点等操作；添加参试组件用例供用户将所需的组件拖至视图场景中，并进行相应的配置；配置运行视图则供用户在任务运行时设计各组件显示图标的位置、大小等信息。

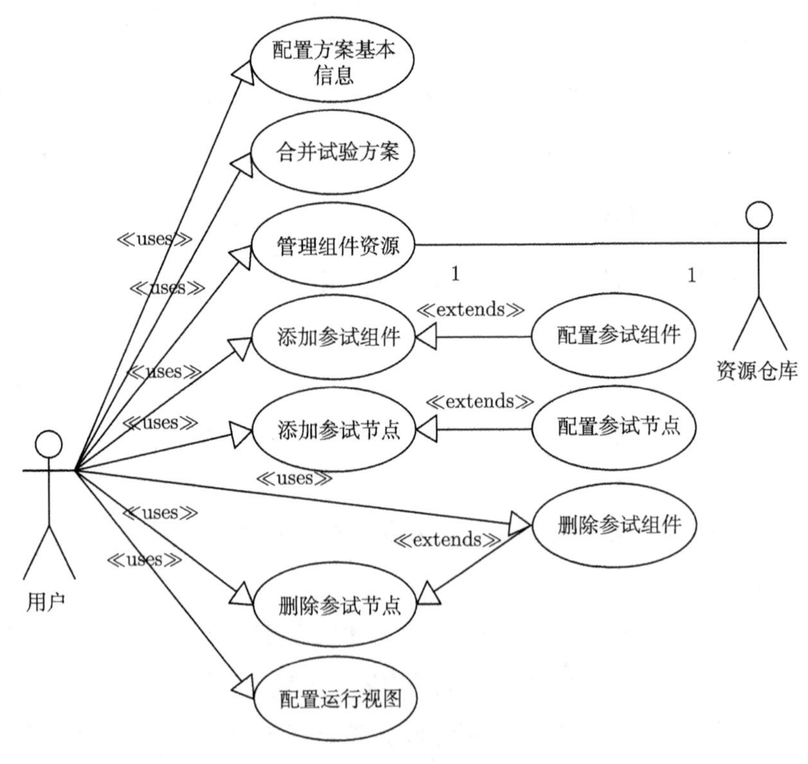

图 5.62　任务方案编辑器设计用例图

5.5.1.2　任务流程编辑器

任务流程编辑器根据任务方案文件，以图形化方式规划任务系统动态过程，具体功能如下：

(1) 加载任务方案文件，解析其中的任务资源信息和对象模型信息，支持任务方案中各任务资源所包含的实体信息的发送和读取；

(2) 根据任务方案中的信息，利用各种图形元素进行任务流程的可视化设计，支持顺序、分支、循环和条件判断等基本流程路由结构；

(3) 支持任务资源中实体的别名定义，以及基本数据类型、结构体类型和 SDO 类型的数据变量定义；

(4) 生成的任务方案流程描述为 XML 格式，并存储于任务方案文件中的任务流程段。

图 5.63 为任务流程编辑器的用例图，主要有配置流程变量、编辑试验流程、查看流程序列和保存试验流程四个用例。

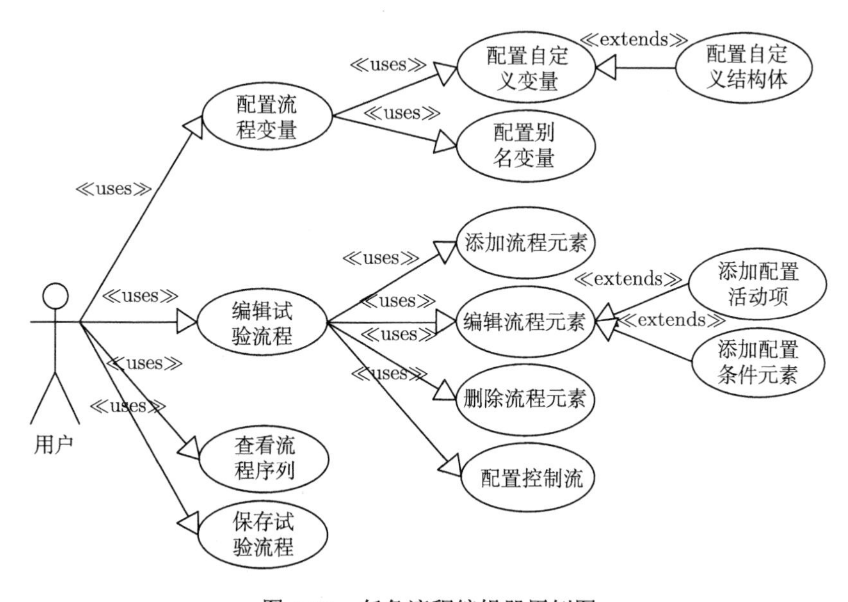

图 5.63 任务流程编辑器用例图

5.5.2 任务资源调度工具

任务资源调度工具是任务系统运行的控制核心，依托中间件提供的各项服务，实现分布式任务节点的任务方案文件的部署与加载、任务节点的授时与同步、任务资源的远程操控以及任务系统的运行控制与状态显示，具体功能如下。

(1) 从数据档案中下载任务方案文件，解析任务方案中的资源配置信息，向其他各任务节点部署任务方案文件，同步加载各任务节点的任务方案文件，并根据任务方案文件中使用的任务资源信息，自动从资源仓库下载相关任务资源文件并进行加载；

(2) 具有多模式控制方式，按照任务方案可以手动模式、自动方式、流程推进模式、时间推进模式控制任务系统运行，提供初始化、网络测量、启动、停止、暂停、继续等基本运行控制指令，任意节点均可作为整个任务系统的主控节点，主控节点能够被任务系统授时，并同步其他各任务节点；

(3) 对任务资源进行本地操控和远程操控；

(4) 支持多个任务系统并行运行，并对使用的任务资源冲突进行检测，支持基于任务数据回放的任务系统过程再现。

图 5.64 为任务资源调度工具的用例图，主要有方案管理和运行控制两个用例。

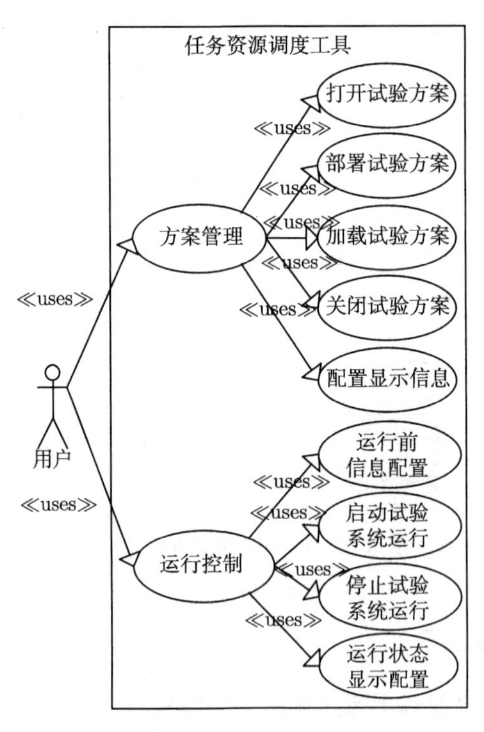

图 5.64 任务资源调度工具用例图

5.5.3 运行显示工具

运行显示工具实现任务系统的二维和三维态势显示，分为二维态势显示软件和三维态势显示软件。

5.5.3.1 二维态势显示

二维态势显示软件提供对任务过程中任务区域地形的二维显示，显示任务方案文件中的任务参与者，并通过中间件接收任务参与者运行过程中发布的数据。主要功能如下：

(1) 在地图上绘制出任务参与者的位置及运动轨迹等；

(2) 支持二维任务态势通过鼠标拖动等进行的放大、缩小及平移等操作，支持在地图上标注文字、图片符号等，支持平面距离的测量；

(3) 支持从任务方案文件中解析出任务参与者，并支持对指定参与者的显示和对应二维显示模型的设置；

(4) 从任务方案中解析出任务参与者发布的所有数据，并支持参与者发布数据与二维显示模型的灵活关联；

(5) 接收中间件传来的数据，并驱动显示内容的变化；

(6) 支持对二维显示方案的工程化管理。

图 5.65 为二维态势显示软件用例图。

5.5.3.2 三维态势显示

三维态势显示软件可以实现流畅的、高逼真度的任务效果可视化展示。在任务运行前，从资源仓库加载实体模型及相应态势数据构建二、三可视化演示环境，在任务运行过程中，通过中间件接收所订阅的任务数据，驱动态势元素完成任务运行过程的可视化展示，任务结束后，可以在数据采集与回放工具的驱动下，利用回放数据完成任务过程的复现。具体功能包括：

(1) 三维地理信息显示，支持显示常用 GIS 矢量地图 (.SHP 格式)、卫片图；矢量数据支持本地和远程数据库服务器两种方式存储及加载；支持地图图层分层显示及隐藏；支持三维模型 (IVE、FLT 两种格式) 及图片 (JPG、PNG、RGB 三种图片格式) 的加载及显示。

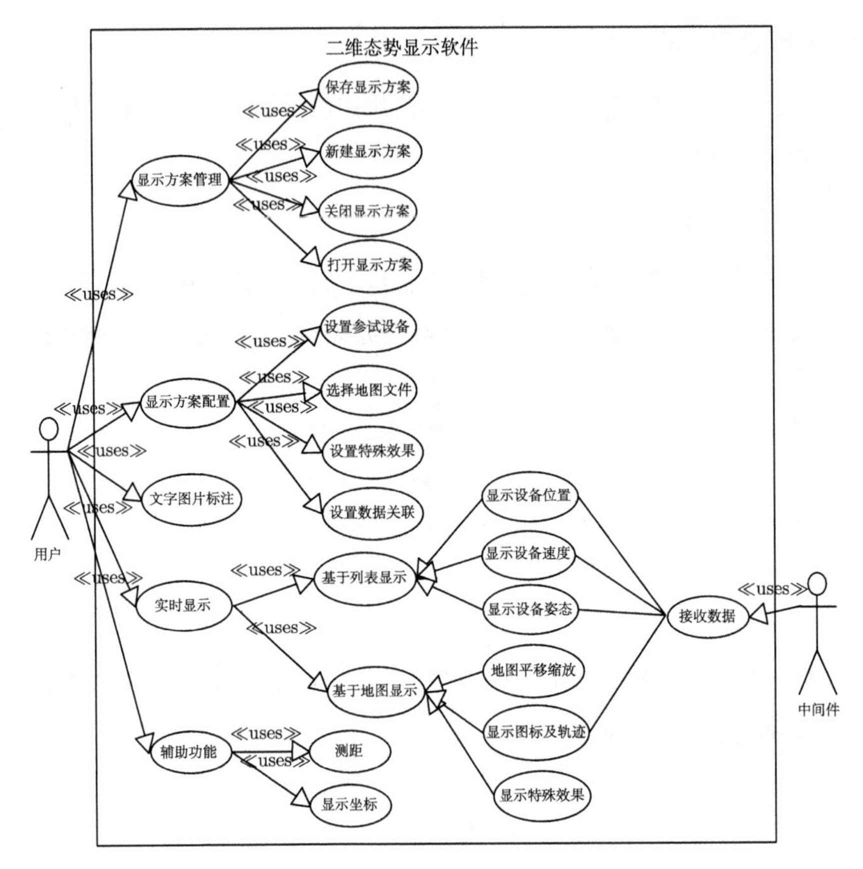

图 5.65　二维态势显示软件用例图

(2) 常用地图浏览操作方式，包括地图缩小、放大、区域缩放、平移、俯仰；对地图中的目标实体点选、框选、多选等操作；导航器支持方向控制、缩放控制、视角控制；大规模任务区场景展示。

(3) 接收任务系统的实时态势数据，自动匹配并加载对应的三维实体模型，实时更新实体对象的位置、方位、姿态及相关的属性信息；显示目标实体的运动轨迹、活动区域。

(4) 控制不同类别实体显示和隐藏。

(5) 支持接入任务回放数据，展示历史任务过程。

(6) 支持多种场景漫游方式，灵活进行目标跟踪漫游、自由场景漫游、飞行模式漫游。

(7) 支持全屏方式展示，可以与普通模式切换。

态势显示软件由态势编辑模块、信息处理模块和可视化引擎模块三部分组成，其总体结构如图 5.66 所示。

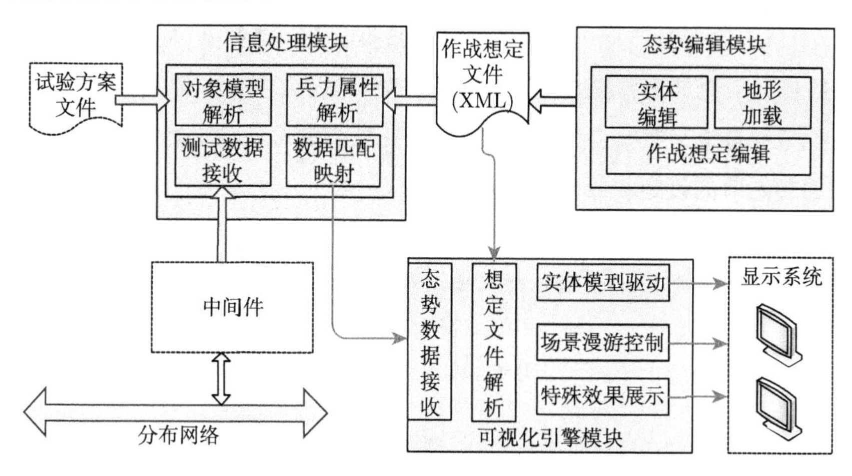

图 5.66 三维态势显示软件总体结构示意图

5.5.4 数据分析与处理工具

数据分析与处理工具用于对任务过程中的数据进行实时分析，以及对任务完成后存储于数据档案库中的数据进行事后数据分析与处理。数据实时分析部分利用组件方式实现，各种数据实时分析算法被封装成资源组件，作为任务资源存储在资源仓库中，用户根据实际应用需求可直接使用此类资源组件。事后数据分析与处理部分使用相对成熟的数据分析工具实现，利用数据档案库提供的 Web Service 服务接口，直接获取任务过程中采集的全部数据，对数据进行分析和处理，并将处理结果上传到数据档案库中存储。

5.5.4.1 基于 Matlab 引擎的数据分析组件

基于 Matlab 引擎的数据分析组件具有如下功能：

(1) 通过数据的订购与发布从中间件获得待处理的各项数据，支持 Matlab 处理后的结果提供给其他组件使用。

(2) 组件与 Matlab 引擎之间进行数据交互，支持将待处理的各项数据传输给 Matlab 引擎，存储在 Matlab 引擎的工作空间中，支持将 Matlab 引擎处理过的数据传输回组件。

(3) 支持调用 Matlab 引擎执行已编写好的.m 文件进行相应数据处理。

(4) 提供相应的参数编辑功能，用户可以根据任务需要将对象模型中的变量与 Matlab 引擎中的变量进行关联，以便进行数据交互；支持对 Matlab 中的变量设置，包括自定义变量的名称，设置变量的数据类型，如整形、浮点型、字符型等各种常用类型或自定义数据类型；支持对每个变量的输入与输出类型设定；支持对各个变量的初始值的设定和修改。

(5) 提供处理结果实时显示功能。

图 5.67 为基于 Matlab 引擎的数据分析组件用例图。

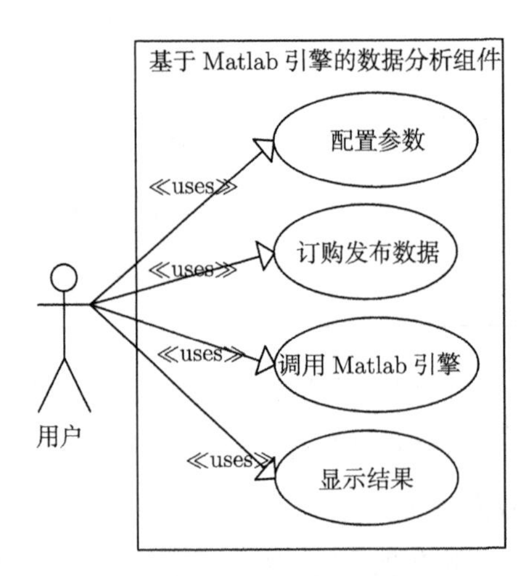

图 5.67　基于 Matlab 引擎的数据分析组件用例图

5.5.4.2　数据分析工具举例

现有成熟的数据分析工具较多，这里以一款工具为例说明其功能。该工具利用数据档案库提供的 Web Service 服务接口，直接获取任务过程中采集的数据，支持数据预处理、数据分析以及数据可视化。具体功能包括：

(1) 按照不同算法对数据进行分析处理，支持动态加载第三方算法，实现算法的不断扩充和积累；

(2) 数据可视化，实现原始数据、分析数据以曲线、饼图、柱状图等多种形式图形化展现，支持对图形进行标注、拾取、保存、放大和缩小等操作；

(3) 数据对比，实现将不同类型数据对比分析，通过对比分析找出数据的特征、差别、规律等信息；

(4) 数据动态展示功能，实现将不同通道数据按照时间、采用率进行动态回放展示，支持暂停、加速、跳动等操作。

第6章 逻辑靶场公共体系结构技术视图

系统视图和软件视图主要从总体和技术途径解决逻辑靶场公共体系结构如何实现的问题，而技术视图则为其实现提供标准规范约束和指导，是公共体系结构设计的基本遵循。

6.1 技术视图总体描述

技术视图主要描述逻辑靶场公共体系结构构建需要遵循的技术标准。公共体系结构相关技术标准的制定是确保各类资源互联、互通、互操作以及实现经济高效系统集成的关键。其目的是为公共体系结构的构建与开发以及靶场装备资源的接口研制和改造提供依据，为对象模型、组件模型、中间件的开发运用提供方法，为靶场任务信息和靶场资源的远程访问、管理和共享提供保证，为联合任务环境构建提供指南。

公共体系结构通用技术标准主要包括对象模型建模要求、组件模型建模要求、中间件接口要求、数据档案库访问接口要求、资源仓库访问接口要求、资源接入要求以及任务相关要求。总体框架如图 6.1 所示。

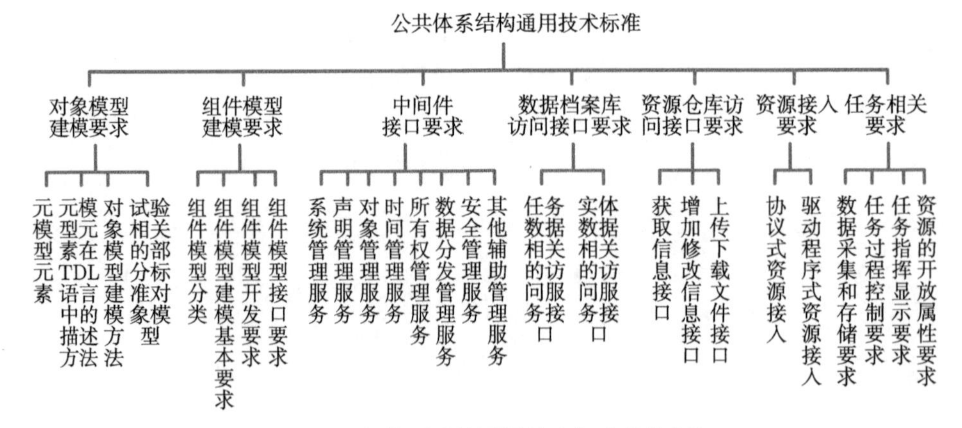

图 6.1　公共体系结构通用技术标准总体框架

6.2 对象模型建模要求

逻辑靶场公共体系结构对象模型为所有的靶场资源应用之间的通信提供标准语言，采用面向对象的方法，利用对象模型建模工具封装逻辑靶场运行过程中需要传输和交换的所有信息，描述与自然环境、平台、装备、传感器、靶场仪器仪表、指控系统、仿真等相关的对象定义、继承和关联关系。对象模型建模是一个渐进、迭代过程，需要经过多年不断完善才能使之逐步标准化，对象模型只有标准化才能实现以有限数量对象元素表征大量对象的理想目标。

对象模型建模要求主要规定元模型元素、元模型元素在 TDL 语言中的描述方法、对象模型建模方法以及与试验相关的部分标准对象模型，适用于公共体系结构对象模型的开发和运用。

对象模型建模要求设计框架如图 6.2 所示。

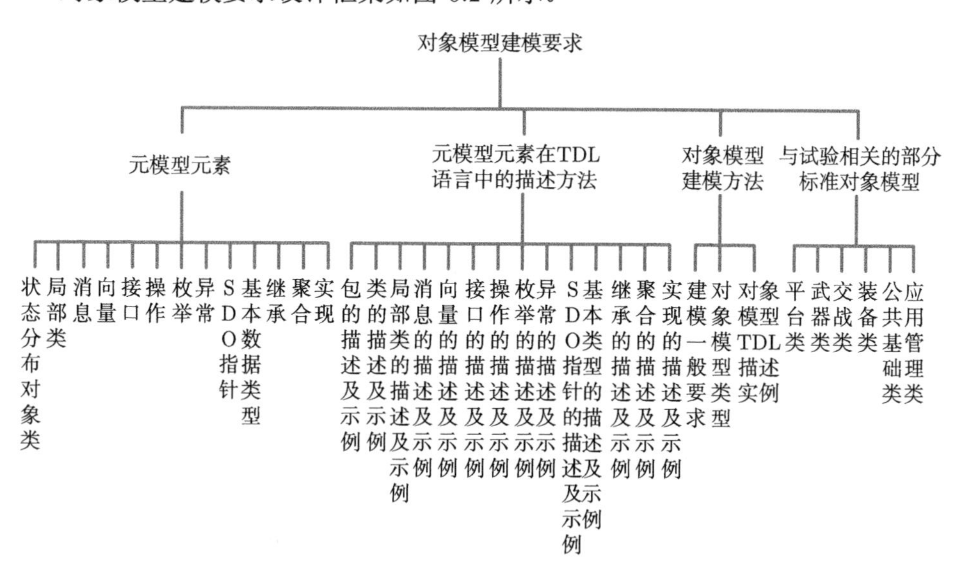

图 6.2 对象模型建模要求设计框架

6.2.1 元模型元素

元模型元素主要包括状态分布对象类、局部类、消息、向量、接口、操作、枚举、异常、SDO(状态分布对象) 指针、基本数据类型、继承、聚合和实现等，重点是状态分布对象类、局部类和消息。状态分布对象类、局部类、消息、接口均包含方法。方法的参数和返回值的类型可以是 SDO 指针、基本数据类型、局部类、消息、枚举和向量。

a. 状态分布对象类: 向客户端提供远程调用接口并发布状态。

b. 局部类: 方法调用在本地调用的应用进程中执行。实例按值传递给方法，该方法可以是一个远程方法。参数和返回值可以是元模型中 SDO 以外的任何类型。

c. 消息: 消息可直接传送给远端的应用进程。

d. 向量: 向量可支持聚合。

e. 接口: 某种类型的一个或多个方法的集合。方法包含签名，不能包含状态属性。每个接口应由 SDO 实现。

f. 操作: 包含在接口、类和局部类中。

g. 枚举: 可在多个预定义值中选一个。

h. 异常: 包含枚举、基本类型等。

i. SDO 指针: 指向特定的 SDO 实例，且实例可更改；也可不指向 SDO 实例，如指向 “nothing”。

j. 基本数据类型，如表 6.1 所示。

表 6.1　基本数据类型说明

序号	名称	备注
1	short	2 字节的有符号整型
2	unsigned short	2 字节的无符号整型
3	long	4 字节的有符号整型
4	unsigned long	4 字节的无符号整型
5	long	8 字节的有符号整型
6	unsigned long	8 字节的无符号整型
7	float	4 字节浮点数 (7 位小数精度)
8	double	8 字节浮点数 (17 位小数精度)
9	boolean	布尔值，只有两个值 TRUE，FALSE
10	char	一个字节，ASCII 码

续表

序号	名称	备注
11	string	字符串
12	octet	8 位长的数据类型
13	void	行为方法的返回值的一种类型

k. 继承: 允许 SDO 继承一个其他的 SDO，局部类、消息和接口也允许继承。

l. 聚合: 允许 SDO 包含任意多的 SDO、局部类和消息，同时允许局部类和消息包含任意多的局部类和消息。

m. 实现: 类或者局部类应对接口具体实现。

6.2.2 元模型元素在 TDL 语言中的描述方法

TDL 语言是试验训练使能体系结构定义语言，用于联合试验架构 (JTA) 的对象模型建模。利用 TDL 语言可实现类、消息、本地类和其他 LROM 需要的所有辅助信息定义的格式统一。

1) 包

包在 TDL 中以关键字 “package” 描述，所有 LROM 相关信息应定义在 “package” 模块内，包支持嵌套。示例如下:

```
package OMsample
{
package Utility
{
//对象模型定义
};
};
```

2) 类

类又称为状态分布对象，在 TDL 中以关键字 “class” 描述，其中，操作或方法的参数应有修饰: in 表示方法输入的参数，out 表示方法输出的参数，inout 表示既是输入也是输出的参数，参数的状态在方法中被改变。示例如下:

```
class Sensor
```

```
{
string state;
boolean onTrack;
string trackingMode;
vector<SensorTrack> sensorTracks;
string point(in double azimuth, in double altitude, in out double
power );
};
```

3) 局部类

局部类在 TDL 中以关键字 “local class” 描述。一个局部类对象具有以下特征:

a) 作为方法的参数或返回值;

b) 从一个其他的局部类对象中派生;

c) 包含多个 SDO 指针对象;

d) 包含多个向量对象;

e) 包含多个枚举对象;

f) 包含多个基本数据;

g) 包含其他局部类对象;

h) 包含消息对象;

i) 包含提供行为的操作或方法，这些方法能够访问这个局部类对象中的其他元素;

j) 包含被标记为私有或只读的元素;

k) 包含在类对象里，可包含在向量对象里;

l) 包含在消息对象里。

示例如下:

```
local class EntityTrackingData
{
Entity* theEntity;//SDO指针, Entity是已定义的local class
short highestOrderDerivative;//基本数据元素
void increaseArticulations();//本地方法
```

```
};
```

4) 消息

消息在 TDL 中以关键字 “message” 描述，同时包含操作/行为和状态信息。消息只能从最多一个其他消息对象中派生。示例如下：

```
message PointM
{
EntityTrackingData tracking;
long messageID;
void doit();
};
```

5) 向量

向量在 TDL 中以关键字 “vector” 描述，是可调整大小的一个特定类型的数组。示例：

```
class ArrayOfLongs
{
vector<long> my Array;
};
local class TestLocalClass{
long longVal;
double doubleVal;
};
class ArrayOfTestLocalClasses
{
vector<TestLocalClass> myStructArray;
};
class VectorOfVectorOfLongs
{
vector< vector < long >> myArray;
};
```

6) 接口

接口在 TDL 中以关键字 “interface” 描述，定义一系列相关的方法签名，也支持派生。示例如下：

```
interface Controllable
{
string initialize();
string start();
string stop();
};
```

7) 操作

操作是类、局部类和接口中的方法，无关键词。示例如下：

```
class Sensor
{
string point(in float azimuth, in float altitude, inout float
power);//操作
string state;
Boolean onTrack;
};
```

8) 枚举

枚举在 TDL 中以关键字 “enum” 描述，枚举变量之间以 “，” 分隔。示例如下：

```
enum weeks
{
Monday,
Tuesday,
Wednesday,
Thursday,
Friday,
Saturday,
```

```
Sunday
};
```

9) 异常

异常在 TDL 中以关键字 “exception” 描述，局部类的方法和类的方法都支持用户自定义的异常。示例如下：

```
package test
{
exception BadRadarCommand
{
string messageFromRadar;
};
};
class Radar
{
void sendCommand (in string command) raises BadRadarCommand;
};
```

10) SDO 指针

SDO 指针在 TDL 中以关键字 “*” 描述，SDO 指针是指向一个 SDO 类的分布式指针，在 TDL 语言映射中映射为 C++ 的 “*”。示例如下：

```
class Entity
{
unsigned long entityType;
//other entity parameters
};
class EntityTrackingData
{
Entity * theEntity;//SDO Pointer
short highestOrderDerivative;
};
```

11) 基本类型

TDL 支持的数据基本类型见表 6.1，其中的数据类型均作为 TDL 的关键字使用，所有关键字都小写。

继承在 TDL 中以关键字 “extends” 描述，使用 “: extends” 表示类、局部类或者接口之间的继承与派生关系。示例如下：

```
interface Controllable
{
string initialize();
string start();
string stop();
};
interface ExtraControllable:extends Controllable
{
String destroy();
};
```

ExtraControllable 派生自 Controllable。

12) 聚合

聚合是指 SDO 之间的包含关系，无关键词。示例如下：

```
class Sensor{
string point(in float azimuth, in float altitude, inout float
power);
string state;
Boolean onTrack;
};
class Platform{
float fuel;
Sensor longRangeSensor;  //聚合关系
};
```

13) 实现

实现在 TDL 中以关键字 “implements” 描述，表示某个类实现了某个接口。示例如下：

```
class Participant:implements Controllable
{
string name;
string type;
long ID;
long trackLength;
};
```

6.2.3 对象模型建模方法

对象模型建模过程是对象模型文档化的过程，采用 UML 方式，利用各种元模型元素将抽象化的对象模型可视化。按照对象模型的成熟度可分为用户定义对象模型、准标准对象模型和标准对象模型三类。用户定义对象模型就是符合元模型建模要求，由用户为满足某种特定需求而自定义的、不具有通用性的对象模型；准标准对象模型就是符合元模型建模要求，按照逻辑靶场应用定义的，具有一定通用性的、可能被广泛接受的对象模型；标准对象模型就是符合元模型建模要求，按照逻辑靶场应用定义的，具有一定通用性的、被广泛接受的、被管理机构确定为标准的对象模型。下面为对象模型 TDL 描述方法的两个示例。

示例 1：定义一个对象模型 Vehicle。包 Example 包含局部类 Location、枚举 Team、SDO 类 Vehicle 和一个消息 Notification。其中，Location 和 Team 类型变量作为 Vehicle 的状态存在。

```
package Example {
local class Location {
float xInMeters;
float yInMeters;
};
enum Team {
```

```
Team_Red,
Team_Blue,
Team_Green
};
class Vehicle {
string name;
Location location;
Team team;
};
message Notification {
string text;
};
};
```

示例 2: 定义一个对象模型 Platform。包 OMsample 包含局部类 Time、Position、Identifier、SDO 类 Platform 和消息 LocationMessage。其中，SDO 对象 Platform 包含一个 double 型变量和三个局部类变量，消息对象 LocationMessage 包含两个局部类变量。

```
package OMsample
{
local class Time
{
unsigned long Time;
long seconds;
};
local class Position
{
double x;
double y;
double z;
```

```
};
local class Identifier
{
string name;
string type;
unsigned long ID;
string convertToString;
};
class Platform
{
Identifier ident;
double fuel;
Time time;
Position position;
};
message LocationMessage
{
Identifier ident;
Position location;
};
};
```

6.2.4 与试验相关的标准对象模型

按照试验任务需求，可直接利用下文定义的标准对象模型，或采用继承、聚合方法建立所需对象模型。与试验相关的标准对象模型包含平台类、武器类、交战类、装备类、公共基础类、应用管理类等。

6.2.4.1 平台类

平台类包含基础平台、平台类型、舰船平台、飞机平台以及平台嵌入系统 (即平台的有效载荷) 等对象模型。

1) 基础平台

逻辑靶场中具有独立执行能力的对象都可抽象为基础平台，如联合试验领域中的舰船、飞机、坦克等。平台的状态信息包括搭载的有效载荷、定位、受损状况等。平台可搭载/嵌入武器、传感器、敌我识别器等有效载荷构成系统或体系。对象模型包括基础平台本身及其敌我关系、平台环境、平台受损状态和 DR 算法。如图 6.3~图 6.7 所示。

<<JTA::Class>> JTA-Platform；基础平台

<<JTA::Const>>platformID: UniqueID；平台的唯一标示 ID

<<JTA::Const>>platformType；平台的类型

<<JTA::Const>>designator:JTA::string；标示符，类似于名称

+owningID:UniqueID；当前拥有者唯一标识

+owningOrgnization:UniqueID；当前拥有者机构的唯一标识

+callSign:JTA::string；呼叫号码,例如，飞行员驾机时常用

+platformContext:PlatformContext；平台的环境，平台的LVC性质，可在运行中更新，实现无缝切换。由<<enumeration>>PlatformContext 定义

<<JTA::Optional>>+appearance:JTA::boolean；是否在系统中显示平台的外观

+suppressed:JTA::boolean；是否被抑制

+affiliation:Affiliation；被系统(类似白方)定义的敌我关系

+damageState:DamageState；受损状况(健康状态)

<<JTA::Optional>>+damageInPercent:JTA flort32；损伤程度的百分比

+platformUpdatePeriodInseconds:JTA::float32；用秒表示的平台更新周期

+deadReckoningAlgorithm:deadReckoningAlgorithm；DR 算法，当平台更新周期时刻已到,但获取的TSPI信息的时间与更新时刻不一致时,应调用适当的DR算法修正,再用修正后的TSPI值更新 TSPI 属性

+tspi:TSPI；时空位置信息

<<JTA::Optional>>+sendTime: Time；属性发布时刻

图 6.3　基础平台对象模型

<<enumeration>> Affiliation；敌我关系
+Affiliation_Unkonwn（未知） +Affiliation_Other（其他） +Affiliation_Friendly（友方） +Affiliation_Hostile（敌方） +Affiliation_Neutral（中立方） +Affiliation_Nonpaticipant（无关方） +Affiliation_Pending（待定） +Affiliation_AssumedFriend（假定友方） +Affiliation_Suspect（怀疑方） +Affiliation_Joker（恶作剧者） +Affiliation_Faker（伪装者）

图 6.4 敌我关系对象模型

<<enumeration>> PlatformContext；平台环境
+PlatformContext_Live（真实的平台环境） +PlatformContext_Virtual（虚拟的平台环境） +PlatformContext_Constructive（构造的平台环境）

图 6.5 平台环境对象模型

<<enumeration>> DamageState；平台受损状态
+DamageState_Unkonwn（未知） +DamageState_Alive（活动） +DamageState_Communication（通信受损） +DamageState_Mobility（移动受损） +DamageState_DelayedMobility（移动变慢） +DamageState_Firepower（火力受损） +DamageState_catastrophic（毁灭） +DamageState_DamagedUnspecified（损伤尚未明确） +DamageState_Wounded（受伤） +DamageState_CommMobility（通信移动受损） +DamageState_CommFirepower（通信火力受损）
+DamageState_MobilityFirepower（移动火力受损）

图 6.6 平台受损状态对象模型

<<enumeration>> deadReckoningAlgorithm；DR 算法
+DeadReckoningAlgorithm_1_Static（常量算法） +DeadReckoningAlgorithm_2_FixedPositionWorld（世界系中平动位移算法） +DeadReckoningAlgorithm_3_RotatingPositionWorld（世界系中转动位移算法） +DeadReckoningAlgorithm_4_RotatingVelocityWorld（世界系中转动速度算法） +DeadReckoningAlgorithm_5_FixedVelocityWorld（世界系中平动速度算法） +DeadReckoningAlgorithm_6_FixedPositionBody（体坐标系中平动位移算法） +DeadReckoningAlgorithm_7_RotatingPositionBody（体坐标系中转动位移算法） +DeadReckoningAlgorithm_8_RotatingVelocityBody（体坐标系中转动速度算法） +DeadReckoningAlgorithm_9_FixedVelocityBody（体坐标系中平动速度算法） +DeadReckoningAlgorithm_10_RoatingPositionWorld2ndOrder（世界系中二阶转动位移算法） +DeadReckoningAlgorithm_11_RoatingVelocityWorld2ndOrder（世界系中二阶转动速度算法） +DeadReckoningAlgorithm_None（不进行 DR 推算）

图 6.7　DR 算法对象模型

2) 平台类型

平台类型对象模型如图 6.8 所示。

<<JTA::LocalClass>> JTA-PlatformType；平台类型
<<JTA::Readonly>>+typeIndex:JTA::uint32；类型索引 <<JTA::Readonly>>+databaseVersion:JTA::uint32；数据库版本 +kind:JTA::octet；性质 +domain:JTA::octet；　区域 +country:JTA::uint16；　国家 +category:JTA::octet；类别 +subcategory:JTA::octet；子类别 +specific:JTA::octet；特性 +extra:JTA::octet；其他

图 6.8　平台类型对象模型

3) 舰船平台

舰船平台对象模型包括舰船平台本身及其类型、主要参数 (含主要尺寸、船型系数)、动力装置 (含舰船主发动机、主发动机类型、螺旋桨)、舰船姿态和可操纵性能，如图 6.9~图 6.19 所示。

<<JTA::Class>> JTA-ShipPlatform；舰船平台，继承JTA-Platform
+warshipType:ShipType；舰船类型 +shipMainParameter:ShipMainParameter；舰船主要参数 +shipPowerDevice:ShipPowerDevice；舰船动力装置 +attitude:Attitude；姿态 +maneuverability:Maneuverability；可操纵性能 +crewNumber:JTA::int8；定员 +endurance:JTA::float32；续航力 +selfSufficiency:JTA::float32；自持力

图 6.9 舰船平台对象模型

<<enumeration>> ShipType；舰船类型
+WarshipType_AircraftCarrier（航母） +WarshipType_Cruiser（巡洋舰） +WarshipType_Destroyer（驱逐舰） +WarshipType_Frigate（护卫舰） +WarshipType_TorpedoBoat（鱼雷快艇） +WarshipType_GuidedMissileBoat（导弹快艇） +WarshipType_Submarine（潜艇） +WarshipType_LandingCraft（登陆舰） +WarshipType_Minesweeper（扫雷舰艇） +WarshipType_Minelayer（布雷艇） +WarshipType_ReplenishmentShip（补给船） +WarshipType_ScoutShip（侦察船） +WarshipType_TrainingShip（训练船）

图 6.10 舰船类型对象模型

<<JTA::Class>> ShipMainParameter；舰船主要参数
+principalDimentions:PrincipalDimentions；主要尺寸
+deadWeight:JTA::float32；载重量 +maxDisplacement:JTA::float32；最大排水量 +shipTonnage:JTA::float32；舰船吨位 +coefficientOfForm:CoefficientOfForm；船型系数

图 6.11 舰船主要参数对象模型

<<JTA::LocalClass>> PrincipalDimensions; 主要尺寸
+PrincipalDimentions_OverallLength:JTA::float32; 总长
+PrincipalDimentions_WaterlineLength:JTA::float32; 设计水线长度
+PrincipalDimentions_LengthBetweenPerpendiculars:JTA::float32; 垂线间长
+PrincipalDimentions_ExtremeBreadth:JTA::float32; 最大船宽
+PrincipalDimentions_MoldedBreadth:JTA::float32; 型宽
+PrincipalDimentions_WaterlineBreadth:JTA::float32; 水线宽
+PrincipalDimentions_Overall Heigth:JTA::float32; 最大船高
+PrincipalDimentions_MoldedDepth:JTA::float32; 型深
+PrincipalDimentions_LoadedDraft:JTA::float32; 满载吃水
+PrincipalDimentions_ForeDraft:JTA::float32; 艏吃水
+PrincipalDimentions_AfterDraft:JTA::float32; 艉吃水

图 6.12　舰船主要尺寸对象模型

<<JTA:: LocalClass>> CoefficientOfForm; 船型系数
+CoefficientOfForm_waterlineCoefficient:JTA::float32; 水线面系数
+CoefficientOfForm_MidshipSectionCoefficient:JTA::float32; 中横剖面系数
+CoefficientOfForm_blockCoefficient:JTA::float32; 方形系数
+CoefficientOfForm_prismaticCoefficient:JTA::float32 ; 棱形系数

图 6.13　船型系数对象模型

<<JTA::Class>> ShipPowerDevice; 动力装置
+mainEngine:MainEngine; 主发动机，包括型号及参数
+screwPropeller:ScrewPropeller; 螺旋桨

图 6.14　舰船动力装置对象模型

<<JTA:: Class>> MainEngine; 主发动机型号、参数
+MainEngine_Type:EngineType; 主机类型
+MainEngine_Power:JTA::float32; 功率
+MainEngine_RoSpeed:JTA::float32; 转速
+MainEngine_Num:JTA::int8; 台数

图 6.15　舰船主发动机对象模型

<<enumeration>> EngineType；主发动机类型
+EngineType_InternalCombustionEngine （汽油机、柴油机、煤气机、燃气轮机） +EngineType_SteamEngine （蒸汽机） +EngineType_ElectricPowerEngine （电动机） +EngineType_NuclearPowerEngine （核动力机）

图 6.16 舰船主发动机类型对象模型

<<JTA::LocalClass>> ScrewPropeller；螺旋桨
+ScrewPropeller_Diameter:JTA::float32；螺旋桨直径 +ScrewPropeller_NumOfBlade:JTA::int8；螺旋桨叶片数 +ScrewPropeller_Num:JTA::int8；螺旋桨台数

图 6.17 舰船螺旋桨对象模型

<<JTA::LocalClass>> ShipAttitude ；舰船姿态
+ShipAttitude_Azimuth:JTA::float32；方位角 +ShipAttitude_relativeBearing:JTA::float32；舷角 +ShipAttitude_courseAngle:JTA::float32；航向角 +ShipAttitude_HeelAngle:JTA::float32；横倾角 +ShipAttitude_TrimAngle:JTA::float32；纵倾角

图 6.18 舰船姿态对象模型

<<JTA::Class>> Maneuverability；可操纵性能
+MaxSpeed:JTA::float32；最大航速 +TurningDiameter:JTA::float32；回转直径 +TurningPeriod:JTA::float32；回转周期

图 6.19 可操纵性能对象模型

4) 飞机平台

飞机平台对象模型包括飞机平台本身及其类型、属性、起飞与降落、爬升与下降、航行范围、姿态和受力，如图 6.20~图 6.27 所示。

<<JTA::Class>> AirPlatform；继承 JTA-Platform
+type: aircraftType；飞行器类型，由<<enumeration>>AircraftType 枚举 +mannedOrUnmanned:JTA::boolean；飞行器是否载人 <<JTA::Class>>AircraftEssentialAttribute；基本属性 <<JTA::Class>>TakeOffAndLanding；起飞与降落 <<JTA::Class>>ClimbAndDescent；爬升与下降 <<JTA::Class>>AircraftRangeRelevantAttributeInformatio；活动范围相关信息 <<JTA::Class>>AircraftAttitude；姿态信息 <<JTA::Class>>StressInformation；受力信息 +function:Function；功能，由<<enumeration>>Function 枚举

图 6.20　飞机平台对象模型

<<enumeration>> AircraftType；飞行器类型的枚举
+ Aircraft_FixedWing （固定翼飞行器） + Aircraft_LighterThanAir（轻于空气飞行器） + Aircraft_Rotor（旋翼飞行器） + Aircraft_Ornithopter（扑翼飞行器）

图 6.21　飞行器类型对象模型

<<JTA::Class>> AircraftEssentialAttribute；飞行器基本属性
+OverallLength:JTA::float32；机长 +OverallHeight:JTA::float32；机高 +FuselageMaximumCrossSectionalArea:JTA::float32；机身最大横截面积 +FuselageFinenessRatio:JTA::float32；机身长细比 +EmptyWeight:JTA::float32；空重 +ZeroFuelWeight:JTA::float32；无油重量 +AbsoluteCeiling:JTA::float32；理论升限 +ServiceCeilling:JTA::float32；实用升限

图 6.22　飞行器基本属性对象模型

<<JTA::Class>> TakeOffAndLanding；起飞与降落
+TakeOffDistance:JTA::float32；起飞距离 +DistanceOfTakeOffRun:JTA::float32；起飞滑跑距离 +TakeOffSpeed:JTA::float32；起飞离地速度 +TakeOffDecisionSpeed:JTA::float32；起飞决断速度 +MaximumTakeOffWeight:JTA::float32；最大起飞重量 +LandingDistance:JTA::float32；着陆距离 +DistanceOfLandingRun:JTA::float32；着陆滑跑距离 +TouchDownSpeed:JTA::float32；接地速度 +MaximumLandingWeight:JTA::float32；最大着陆重量

图 6.23 飞行器起飞与降落对象模型

<<JTA::Class>> ClimbAndDescent；爬升与下降
+ ClimbingAngle:JTA::float32；上升角 + ClimbingRatio:JTA::float32；爬升率 + MaximumClimbingRatio:JTA::float32；最大爬升率 + ClimbingTime:JTA::float32；爬升时间 + ClimbingDistance:JTA::float32；爬升距离 + DescentAngle:JTA::float32；下降角 + DescentRatio:JTA::float32；下降率

图 6.24 飞行器爬升与下降对象模型

<<JTA::Class>> AircraftRangeRelevantAttributeInformation；航行范围信息
+ Range:JTA::float32；航程 + CruisingSpeed:JTA::float32；巡航速度 + MissionRadius:JTA::float32；活动半径（作战半径） + Endurance:JTA::float32；续航时间 + MaximumLimitSpeed:JTA::float32；最大使用限制速度

图 6.25 飞行器航行范围对象模型

5) 平台嵌入系统

平台嵌入系统指有效载荷，对象模型如图 6.28 所示。

<<JTA::Class>> AircraftAttitude；飞行器姿态
+ PitchAngle:JTA::int8；俯仰角 + YawAngle:JTA::int8；偏航角 + RollAngle:JTA::int8；滚转角 + AngleOfAttack:JTA::int8；迎角/攻角 + ZeroLiftAngle:JTA::int8；零升力角 + MaximumLiftCoefficient:JTA::int8；最大升力系数 + StallingAngleOfAttack:JTA::int8；失速迎角

图 6.26　飞行器姿态对象模型

<<JTA::Class>> StressInformation；受力信息
+Lift:JTA::int16；升力 +Drag:JTA::int16；阻力 +LiftDragRatio:JTA::float32；升阻比 +ZeroLiftMoment:JTA::float32；零升力矩 +MaximumLiftCoefficient:JTA::float32；最大升力系数 +PitchingMoment:JTA::float32；俯仰力矩 +YawingMoment:JTA::float32；偏航力矩 +RollingMoment:JTA::float32；滚转力矩 +SideForce:JTA::float32；侧力

图 6.27　飞行器受力信息对象模型

<<JTA::Class>> JTA-System；平台嵌入系统
<<JTA::Const>>+platformID:UniqueID；主平台的ID <<JTA::Const>>+embeddedSystemID:UniqueID；嵌入系统的ID +azimuthInRadians:JTA::float32；用弧度表示的方位 +elevationInRadians:JTA::float32；用弧度表示的俯仰 +rollInRadians:JTA::float32；用弧度表示的滚转 +offsetFromPlatformCenterFrontInMeters:JTA::float32；平台中心前偏移量 +offsetFromPlatformCenterRighttInMeters:JTA::float32；右偏移量 +offsetFromPlatformCenterDownInMeters:JTA::float32；下偏移量 <<JTA::Optional>>+sendTime:Time；属性发布时刻

图 6.28　平台嵌入系统对象模型

6.2.4.2 武器类

武器类主要包括弹药和武器等对象模型。

1) 弹药

弹药包括弹道弹药、制导弹药、地雷/水雷等，其对象模型从 JTA-Platform 继承，如图 6.29 所示。

<<JTA::Class>> JTA-Munition；弹药，继承 JTA-Platform
<<JTA::Const>>+shooterID:UniqueID；发射者 ID +targetID:UniqueID；目标 ID <<JTA::Optional>>+weaponToTargetRangeInMeters:JTA::float64；武器到目标射程 <<JTA::Optional>>+aimpoint:Position；瞄准点

图 6.29 弹药对象模型

2) 武器

武器对象模型包括武器本身及其弹药类型、战斗部 (含引信类型)、动力部分 (含动力类型)、制导系统 (含制导类型)、弹药基本信息、发射平台 (含发射平台类型)、目标平台 (含目标平台类型)，如图 6.30~图 6.42 所示。

<<JTA::Class>> MunitionPlatform；继承 JTA-Munition
+type:munitionType；弹药类型 <<JTA::Class>>WarheadPart；战斗部 <<JTA::Class>>DynamicPart；动力部分 <<JTA::Class>>GuidanceSystem；制导系统 <<JTA::Class>>MunitionInformation；弹药基本信息 <<JTA::Class>>LaunchPlatform；发射平台 <<JTA::Class>>TargetPlatform；目标平台

图 6.30 武器对象模型

<<enumeration>>MunitionType；弹药类型
+MunitionType_Missile（导弹）
+MunitionType_Gun（火炮） +MunitionType_Torpedo（鱼雷） +MunitionType_NavaMine(水雷) +MunitionType_LandMine(地雷)

图 6.31 弹药类型对象模型

<<JTA::Class>>WarheadPart；战斗部
+WarheadWeight:JTA::float32；战斗部质量 +ChargeWeight:JTA::float32；装药质量 +Equivalent:JTA::float32；炸药当量 +LethalZone:JTA::float32；杀伤区 +EffectiveKillRadius:JTA::float32；有效杀伤半径 +type:fuzeType；引信类型 +FuzeActuationZone:JTA::float32；引信启动区 +FuzeActuationDistance:JTA::float32；引信启动距离 +DirectionalFragment:JTA:: boolean;是否定向

图 6.32　战斗部对象模型

<<enumeration>> FuzeType；引信类型
+FuzeType_NoFuze(无引信) +FuzeType_ImpactFuze（触发引信） +FuzeType_ProximityFuze（近炸引信）

图 6.33　引信类型对象模型

<<JTA::Class>>DynamicPart(JTA.MunitionPlatform)；动力部分
+type:dynamicType；动力类型

图 6.34　动力部分对象模型

<<enumeration>>DynamicType；动力类型
+DynamicType_NoDynamic(无制导无动力) +DynamicType_HomingGuidance（寻的制导火箭推进） +DynamicType_RemoteGuidance（遥控制导螺旋桨推进） +DynamicType_InertialGuidance（惯性制导组合推进）

图 6.35　动力类型对象模型

<<JTA::Class>>GuidanceSystem；制导系统
+HitProbability:JTA::float32；命中概率 +OutOfBoundProbability:JTA::float32；出界概率 +KillProbability:JTA::float32；毁伤概率 +type:guidanceType；制导类型

图 6.36　制导系统对象模型

<<enumeration>>GuidanceType；制导类型
+GuidanceType_NoGuidance(无制导) +GuidanceType_HomingGuidance（寻的制导） +GuidanceType_RemoteGuidance（遥控制导） +GuidanceType_InertialGuidance（惯性制导） +GuidanceType_GPSGuidance（GPS制导） +GuidanceType_MatchingGuidance（匹配制导） +GuidanceType_CombinedGuidance（复合制导）

图 6.37 制导类型对象模型

<<JTA::Class>>MunitionInformation(JTA.MunitionPlatform)；弹药基本信息
+FiringRange:JTA::float32；射程 +ShootingHeight:JTA::float32；射高 +BombLength:JTA::float32；弹长 +BombCaliber:JTA::float32；弹径 +ThrowWeight:JTA::float32；发射质量 +LaunchRange:JTA::float32；发射距离 +DynamicRange:JTA::float32；动力射程 +StructuralWeight:JTA::float32；结构质量 +MaximumSpeed:JTA::float32；最大速度

图 6.38 弹药基本信息对象模型

<<JTA::Class>>LaunchPlatform；发射平台
<<JTA::Const>>+LaunchPlatformID:UniqueID；发射平台ID +type:launchPlatformType；发射平台类型 <<JTA::Optional>>+LaunchPlatformpoint:Position；发射平台坐标点

图 6.39 发射平台对象模型

<<enumeration>> LaunchPlatformType；发射平台类型
+LaunchPlatformType_NoLaunchPlatform (无平台) +LaunchPlatformType_LandBased（陆基） +LaunchPlatformType_SeaBased（海基） +LaunchPlatformType_AirBased（天基）

图 6.40 发射平台类型对象模型

<<JTA::Class>>TargetPlatform；目标平台
<<JTA::Const>>+TargetPlatformID:UniqueID；目标平台 ID +type:targetType；目标平台类型 <<JTA::Optional>>+TargetPlatformpoint:Position；目标平台坐标点

图 6.41　目标平台对象模型

<<enumeration>> TargetType；目标平台类型
+TargetType_NoTarget(无目标) +TargetType_LandTarget（陆地目标） +TargetType_SeaTarget（海上目标） +TargetType_AirTarget（天空目标）

图 6.42　目标平台类型对象模型

6.2.4.3　交战类

交战类主要包括武器攻击、毁伤、交战结果和爆炸等对象模型。

1) 武器攻击对象模型

武器攻击对象模型如图 6.43 所示。

<<JTA::Message>> JTA-WeaponFire；武器攻击
+messageID:UniqueID；消息ID +owningID:UniqueID；当前拥有者唯一标示 +owningOrgnization:UniqueID；当前拥有者机构的唯一标示 +missionID:UniqueID；任务ID +weaponType:UniqueID；武器类型 +shooterPlatformID:UniqueID；射手平台ID +targetPlatformID:UniqueID；目标平台ID <<JTA::Optional>>+rangeToTargetInMeters:JTA::float32；目标范围用米表示 <<JTA::Optional>>+maxRangeOfWeaponInMeters:JTA::uint32；武器最大攻击距离 +tspiAtfire:TSPI；开火的 TSPI +ammo:PlatformType；弹药类型 +fuse:FuseType；保险类型 +warheadType:WarheadType；弹头类型 <<JTA::Optional>>+burst:Burst；爆炸 <<JTA::Optional>>+roundsRemaining:JTA::uint16；剩余回合 <<JTA::Optional>>+sendTime:Time；发射时间
+set_missionID(missionID:UniqueID):JTA::void；设置任务ID +set_rangeToTargetInMeters(rangeToTargetInMeters:JTA::float32):JTA:: void<<JTA::Oneway>>+startProcessing(amoID:UniqueID):JTA::void；设置目标范围

图 6.43　武器攻击对象模型

2) 毁伤对象模型

毁伤对象模型如图 6.44 所示。

```
<<JTA::Message>>JTA-Detonation; 毁伤
-----------------------------------------------
+messageID:UniqueID; 消息ID
+exerciseForce:UniqueID; 所有者的ID
+tspiAtImpact:TSPI; 影响 TSPI
+shooterPlatformID:UniqueID; 射手的平台ID
+targetPlatformID:UniqueID ; 目标平台ID
+munitionPlatformID:UniqueID; 弹药平台ID
+weaponFireMessageID:UniqueID; 武器开火消息ID
+munitionType:PlatformType; 弹药类型
+detonationRadiusInMeters:JTA::float64; 毁伤半径
+suppressionEnabled:JTA::Boolean; 能否摧毁目标
+explosionKind:SecondaryExplosionType; 爆炸性质
+warheadType:WarheadType; 弹头类型
+detonationType:DetonationType; 毁伤类型
<<JTA::Optional>>+sendTime:Time; 发射时间
-----------------------------------------------
```

图 6.44 毁伤对象模型

3) 交战结果

交战结果及其三维空间偏离目标距离对象模型如图 6.45 和图 6.46 所示。

```
<<JTA::Message>>JTA-EngagementResults; 交战结果
-----------------------------------------------
+messageID:UniqueID; 消息 ID
+exerciseForce:UniqueID; 所有者的 ID
<<JTA::Optional>>+timeOfFiring:UTCtime;攻击时间
<<JTA::Optional>>+timeOfDetonation:Time; 毁伤时间
+timeOfAssessment:UTCtime; 预计时间
+weaponType:PlatformType; 武器类型
+casualtyAssessment:CasualtyAssessmentStatus; 预计伤亡状态
+weaponFireMessageID:UniqueID; 武器攻击消息 ID
+detonationMessageID:UniqueID; 毁伤消息 ID
+shooterPlatformID:UniqueID; 发射平台 ID
+targetPatformID(目标平台 ID):UniqueID; 目标平台 ID
+engagementEventType:EngagementEventType; 交战事件类型
<<JTA::Optional>>+munitionID:UniqueID; 弹药 ID
<<JTA::Optional>>+embeddedWeaponID:UniqueID; 嵌入武器的ID
<<JTA::Optional>>+cumulativeDamageInPercent:JTA::float32; 积累伤害百分比
<<JTA::Optional>>+probabilityOfKillInPercent:JTA::float32; 杀伤概率百分比
<<JTA::Optional>>+missDistanceInMeters:JTA::float32; 偏离目标距离
<<JTA::Optional>>+missDistance3D:MissDistance3D; 三维空间偏离目标距离
<<JTA::Optional>>+sendTime:Time;发射时间
-----------------------------------------------
+set_munitionID(munitionID:UniqueID):JTA::void; 设置弹药 ID
+set_embeddedWeaponID(embeddedweaponID:UniqueID):JTA::void; 设置嵌入武器 ID
+set_cumulatweDamagaInpercent(damageInPercent:JTA::float32):JTA::void;
设置累计伤害百分比
+set_probabilityOfKillInPercent(probabilityInPercent:JTA::float32):JTA::
void; 设置击杀目标可能性
+set_missDistanceInMeters(distanceInMeters:JTA::float32):JTA::void; 设置
偏离目标距离
```

图 6.45 交战结果对象模型

<<JTA::LocalClass>>MissDistance3D；三维空间偏离目标距离
+aimpoint:LTPenuPosition；瞄准点位置 +eastDistanceFromAimpointInMeters:JTA::float32；偏离瞄准点位置东侧距离 +northDistanceFromAimpointInMeters(北侧偏离目标距离):JTA::float32；偏离瞄准点位置北侧距离 +upDistanceFromAimpointInMeters(上侧偏离目标距离):JTA::float32；偏离瞄准点位置上侧距离

图 6.46　三维空间偏离目标距离对象模型

4) 爆炸

爆炸对象模型如图 6.47 所示。

<<JTA::LocalClass>>JTA-Burst；爆炸
<<JTA::Readonly>>+numberOfBurst:JTA::uint32；爆炸次数 <<JTA::Readonly>>+burstLengthInSeconds:JTA::float32；爆炸时长 <<JTA::Readonly>>+timeBetweenBurstsInSeconds:JTA::float32；爆炸时间间隔 <<JTA::Readonly>>+totalRoundsFires(累计开火次数):JTA::uint16；累计开火周期
+Burst(NumberOfBurst:JTA::uint32, burstLengthInSeconds:JTA::float32, totalRoundsFired:JTA::uint16)；爆炸参数设置

图 6.47　爆炸对象模型

6.2.4.4　装备类

1) GPS

GPS 接收机和 GPS 轨迹对象模型如图 6.48 和图 6.49 所示。

<<JTA::Class>>GPSreceiver；GPS 接收机
<<JTA::Const>>+referenceReciever:JTA::boolean；参考接收机 +accumulationTimeIntervalInSeconds:JTA::float64；累计时间间隔 +status:ReceiverStatus；接收机状态 <<JTA::Vector>>+satelliteMeasurements:SatelliteMeasurementSet[0..*]；卫星测量 <<JTA::Vector>>+differentialCorrections:DifferentialCorrection[0..*]；微分修正

图 6.48　GPS 接收机对象模型

<<JTA::Class>>GPStrack; GPStrack GPS 轨迹
<<JTA::Const>>+receiverPlatformID:UniqueID; 接收机平台 ID <<JTA::Const>>+receiverEmbeddedSystemID:UniqueID; 接收机内嵌系统 ID +horizontalUncertaintyInMeters:JTA::float64; 方位误差 +verticalUncertaintyInMeters:JTA::float64; 俯仰误差 +corrections:AppliedCorrections; 修正量

图 6.49 GPS 轨迹对象模型

2) 雷达

雷达及其功能、状态、目标、发射机 (含发射机类型、状态)、接收机 (含接收机类型、状态)、雷达跟踪 (含波门和波门类型) 的对象模型如图 6.50~图 6.52 所示。

<<JTA::Class>>JTA-Radar; 雷达，从JTA-System对象类派生
+type:RadarType; 雷达类型 +function:Function; 功能 +status:Status; 状态 +maximumEffectiveTrackingDistanceInMeters:JTA::float32; 最大有效跟踪距离 <<JTA::Vector>>+targets:TargetData; 目标 <<JTA::Vector>>+transmitters:Transmitter; 发射机 <<JTA::Vector>>+receivers:Receiver; 接收机 <<JTA::Vector>>+antennas:Antenna; 天线 <<JTA::Vector>>+operatingMode:JTA::uint32; 操作模式
<<JTA::Oneway>>+pointRadarToBearing(azimuthInRadians:JTA::float32, elevationInRadians:JTA::float32, amoID:UniqueID):JTA::void; 获取雷达方位 <<JTA::Oneway>>+pointRadarToPosition(position:Position, amoID: UnixTime):JTA::void; 获取雷达位置 <<JTA::Oneway>>+pointAntennaToBearing(azimuthInRadians:JTA::float32, elevationInRadians:JTA::float32, antennaID:JTA::uint16, amoID: UniqueID): JTA::void; 获取天线方位 <<JTA::Oneway>>+pointAntennaToPosition(position:Position, antennalID: JTA::uint16, amoID:UniqueID):JTA::void; 获取天线位置 <<JTA::Oneway>>+changeStatus(newStatus:Status,amoID:UniqueID):JTA:: void; 更改状态

图 6.50 雷达对象模型

<<enumeration>>Function；功能
+Function_Other（其他） +Function_Acquisition（探测） +Function_EarlyWarning（预警） +Function_Guidance（制导） +Function_HeightFinder（高度探测） +Function_Tracking（跟踪） +Function_FireControl（火力控制） +Function_Jamming（干扰） +Function_MovingTarget（移动目标） +Function_Weather（气象）

图 6.51　雷达功能对象模型

<<enumeration>>Status；状态
+Status_Unknown（未知） +Status_Acquisition（探测） +Status_Alert（报警） +Status_EOacquisition（光电探测） +Status_EOtrack（光电跟踪） +Status_EOtrackContWave（连续波光电跟踪） +Status_EOtrackMissAct（光电跟踪失效） +Status_EOtrackMissGuide（光电跟踪引导丢失） +Status_EOtrackRadarRange（光电跟踪范围） +Status_MultiTargetSearch（多目标搜寻） +Status_OPtrackJam（光学跟踪拥塞） +Status_RadarOff（雷达关闭） +Status_RadarTracking（雷达跟踪） +Status_RadarTrackContWave（连续波雷达跟踪） +Status_StandBy（待机） +Status_TrackMissileAct（跟踪导弹有效） +Status_TrackMissileGuide(跟踪导弹导引）

图 6.52　雷达状态对象模型

<<JTA::Class>>TargetData；目标数据
<<JTA::Readonly>>+trackID:UniqueID；跟踪ID +isMasked:JTA::boolean；是否伪装 <<JTA::Optional>>+azimuthToTargetInRadians:JTA::float32；距离目标方位角 <<JTA::Optional>>+elevationToTargetInRadians:JTA::float32；距离目标俯仰角 <<JTA::Optional>>+rangeToTargetInRadians:JTA::float32；目标距离 <<JTA::Optional>>+antennaID:JTA::uint16；天线ID
+TargetData(trackID:UniqueID, trackIsMasked:JTA::boolean)；跟踪数据 +set_trackID(trackID:UniqueID):JTA::void；设置轨迹ID

图 6.53 目标数据对象模型

<<JTA::LocalClass>>Transmitter；发射机
+antennaIDs:JTA::uint16[0..*]；天线ID +transmitterType:TransmitterType；发射机类型 +transmitterStatus:TransmitterStatus；发射机状态

图 6.54 发射机对象模型

<<enumeration>> TransmitterType；发射机类型
+TransmitterType_Unknown（未知） +TransmitterType_Pulse（脉冲型） +TransmitterType_PulseDoppler（多普勒脉冲型） +TransmitterType_ContinuousWave（连续波型）

图 6.55 发射机类型对象模型

<<enumeration>> TransmitterStatus；发射机状态
+TransmitterStatus_Unknown（未知） +TransmitterStatus_Off（关闭） +TransmitterStatus_Initializing（初始化） +TransmitterStatus_Standby（待机） +TransmitterStatus_Radiating（展开） +TransmitterStatus_Faulted（故障） +TransmitterStatus_PoweringDown（掉电）

图 6.56 发射机状态对象模型

<<JTA::LocalClass>> Receiver；接收机
+antennaIDs:JTA::uint16[0..*]；天线ID +receiverType:ReceiverType；接收机类型 +receiverStatus:ReceiverStatus；接收机状态

图 6.57　接收机对象模型

<<enumeration>>ReceiverType；接收机类型
+ReceiverType_Unknown（未知） +ReceiverType_TunedRF（射频调制） +ReceiverType_SuperHeterodyne（超外差） +ReceiverType_SpreadSpectrumDespreading（扩频解扩）

图 6.58　接收机类型对象模型

<<enumeration>> ReceiverStatus；接收机状态
+ReceiverStatus_Unknown（未知） +ReceiverStatus_Off（关闭） +ReceiverStatus_Initializing（初始化） +ReceiverStatus_Standby（待机） +ReceiverStatus_Radiating（展开） +ReceiverStatus_Faulted（故障） +ReceiverStatus_PoweringDown（掉电）

图 6.59　接收机状态对象模型

<<JTA::Class>>RadarTrack；雷达跟踪，从Track对象类派生
<<JTA::Vector>>+gates:Gate[0..*]；波门

图 6.60　雷达跟踪对象模型

<<JTA::Class>>Gate；波门
+gateType:GateType；门类型）；由<<enumeration>> GateType 枚举
+gateEdge1:JTA::float64；波门边缘 1 +gateEdge2:JTA::float64；波门边缘 2

图 6.61　波门对象模型

<<enumeration>> GateType; 波门类型
+GateType_AngleInRadians (角度) +GateType_RangeMeters （距离） +GateType_VelocityInMetersPerSecond （速度） +GateType_FrequencyInHertz （频率）

图 6.62 波门类型

6.2.4.5 公共基础类

1) 标识

标识对象模型如图 6.63 所示。

<<JTA::LocalClass>> Unique; 唯一标识
<<JTA::Readonly>>+siteID:unsigned short; 站点ID <<JTA::Readonly>>+applicationID:unsigned short; 应用ID <<JTA::Readonly>>+objectID:unsigned long; 对象ID
+get_key():unsigned long; 获取标识 +set_Null():void; 设置为空 +isNull():boolean; 判断是否为空 +isEqual(otherID:UniqueID):boolean; 标识是否一致 +set_Values(site:unsigned short, app: unsigned short, obj: unsigned long):void; 设置标识

图 6.63 唯一标识对象模型

2) 时空位置信息

时空位置信息及其位置、速度、加速度、方向的对象模型如图 6.64~图 6.68 所示。

<<JTA::LocalClass>>TSPI; 时空位置信息
+time:Time; 时间 +position:Position; 位置 <<JTA::Optional>>+velocity:Velocity; 速度 <<JTA::Optional>>+acceleration:Acceleration; 加速度 <<JTA::Optional>>+orientation:Orientation; 方向 <<JTA::Optional>>+angularVelocity:AngularVelocity; 角速度 <<JTA::Optional>>+angularAcceleration:AngularAcceleration; 角加速度
+TSPI(theTime:Time,position:Position); 获取 TSPI 信息

图 6.64 时空位置信息对象模型

<<JTA::LocalClass>> Position；位置
<<JTA::Optional>><<JTA::Readonly>>+geocentric_asTransmitted: GeocentricPosition；地心位置 <<JTA::Optional>><<JTA::Readonly>>+geodetic_asTransmitted:GeodeticPosition；大地位置
+Position(position:GeocentricPosition)；获取地心位置 +Position(position:GeodeticPosition)；获取大地位置 <<JTA::Const>>+get_kind_asTransmitted ():PositionKind；获取位置类型

图 6.65　位置对象模型

<<JTA::LocalClass>> Velocity；速度
<<JTA::Optional>>+geocentric_asTransmitted:GeocentricVelocity；地心速度
+Velocity(geocentricVelocity: GeocentricVelocity)；获取地心速度 <<JTA::Const>>+get_asTransmitted():VelocityKind；获取速度类型

图 6.66　速度对象模型

<<JTA::LocalClass>> Acceleration；加速度
<<JTA::Optional>><<JTA::Readonly>>+geocentric_asTransmitted:GeocentricAcceleration；地心加速度
+Acceleration(geocentricAcceleration:GeocentricAcceleration)；获取地心加速度 <<JTA::Const>>+get_kind_asTransmitted():AccelerationKind；获取加速度类型

图 6.67　加速度对象模型

<<JTA::LocalClass>> Orientation；方向
<<JTA::Optional>><<JTA::Readonly>>+frdWRTgeocentricBodyZYX_asTransmitted:FRDwrtGencentricBodyFixedZYXorientation；地心系方向 <<JTA::Optional>><<JTA::Readonly>>+frdWRTgencentricQuatornion_asTrarsmitted:FRDwrtGeocontricQuatornionOrientation；地心系四元数方向
+Orientation(disorientation:DISorientation)；获取方向 +Orientation(frdWRTgeocentricBodyFixedZYXorienration:FRDwrtGencentricBodyFixedZYXorientation)；获取地心系方向 +Orientation(frdWRTgeocentricQuatemionOrientation:FRDwrtGeocontricQuatornionOrientation)；获取地心系四元数方向 <<JTA::Const>>+get_kind_asTransmitted():OrientationKind；获取方向类型

图 6.68　方向对象模型

3) 时间

时间及时间转换对象模型如图 6.69~图 6.74 所示。

<<JTA::LocalClass>> Time；时间，以 nanosecondsSince1970 的时间表示
<<JTA::Readonly>>+nanosecondsSince 1970:JTA::int64；从 1970 年 1 月 1 日开始所经过的纳秒数
+Time()；获取时间 +Time(nanosecondsSince1970:JTA::int64)；获取纳秒时间 +Time(secondsSince1970:JTA::int32,nanosecondsIntoSeconds:JTA::uint32)；获取格式化时间 +Time(theUnixTime:UnixTime)；Unix 时间转换 +Time(theGPStime:GPStime)；GPS 时间转换 +Time(theUTCtime:UTCtime)；UTC 时间转换 +Time(theYTDtime:YTDtime)；YTD 时间转换 +set(nanosecondsSince1970:JTA::int64):JTA::void；设置时间

图 6.69 时间对象模型

<<JTA::LocalClass>> UnixTime；Unix时间
<<JTA::Readonly>>+seconds:JTA::int32；秒 <<JTA::Readonly>>+nanoseconds:JTA::uint32；纳秒
+UnixTime()；获取时间 +UnixTime(seconds:JTA::int32,nanoseconds:JTA::uint32)；获取格式化时间 +UnixTime(theTime:Time)；获取格式化时间 +set(seconds:JTA::int32,nanoseconds:JTA::uint32)；设置时间

图 6.70 Unix 时间对象模型

<<JTA::LocalClass>> UTCTime；UTC 时间
<<JTA::Readonly>>+seconds:JTA::uint32；秒 <<JTA::Readonly>>+nanoseconds:JTA::uint32；纳秒 <<JTA::Readonly>>+date:Date；日期
+UTCtime()；获取时间 +UTCtime(seconds:JTA::uint32,date:Date)；获取格式化时间 +UTCtime(theTime:Time)；获取格式化时间 +set(seconds:JTA::uint32,nanoseconds:JTA::uint32,date:Date)；设置时间

图 6.71 UTC 时间对象模型

<<JTA::LocalClass>> YTDTime; YTD时间
<<JTA::Readonly>>+secondsIntoYear:JTA::float64; 秒 <<JTA::Readonly>>+year:JTA::int16; 年
+YTDtime(); 获取时间 +YTDtime(year:JTA::uint16, secondsIntoYear:JTA::float64); 获取格式化时间 +YTDtime(year:JTA::uint16, dayOfYear:JTA::uint16, secondsIntoDay:JTA::uint32, nanosecondsIntoSecond:JTA::uint32); 获取格式化时间 +YTDtime(theTime:Time); 获取格式化时间 +set(year:JTA::uint16, secondsIntoYear:JTA::float64):JTA::void; 获取格式化时间 +setAsOrdinal(year:JTA::uint16, dayOfYear:JTA::uint16, secondsIntoDay:JTA::uint32, nanosecondsIntoSecond:JTA::int32):JTA::void; 设置时间 <<JTA::Const>>+get_dayOfYear():JTA::uint16; 获取年份的天数 <<JTA::Const>>+get_secondsIntoDay():JTA::uint32; 获取天的秒数 <<JTA::Const>>+get_nanosecondsIntoSecond():JTA::uint32; 获取秒的纳秒数

图 6.72　YTD 时间对象模型

<<JTA::LocalClass>> GPSTime; GPS时间
<<JTA::Readonly>>+timeOfWeekInsenconds:JTA::float64; 秒 <<JTA::Readonly>>+weekNumber:JTA::int32; 周数 <<JTA::Readonly>>+rolloverCount:JTA::uint32; 滚动计数
+GPStime(); 获取时间 +GPStime(timeOfWeekInSeconds:JTA::float64,weekNumber:JTA::int32, roll over Count:JTA::uint32); 获取格式化时间
+GPStime(theTime:Time); 获取时间 +set(timeOfWeekInSeconds:JTA::float64,weekNumber:JTA::int32, rollover Count:JTA::uint32); 设置时间

图 6.73　GPS 时间对象模型

<<JTA::LocalClass>> Date; 日期
<<JTA::Readonly>>+year:JTA::int16; 年 <<JTA::Readonly>>+month:JTA::uint8; 月 <<JTA::Readonly>>+dayOfMonth:JTA::uint8; 日
+Date(); 获取日期 +Date(year:JTA::int16,month:JTA::uint8,dayOfMonth:JTA::uint8); 获取格式化日期 +set(year:JTA::int16,month:JTA::uint8,dayOfMonth:JTA::uint8); 设置日期

图 6.74　日期对象模型

6.2.4.6 应用管理类

1) 应用管理对象

应用管理对象远程控制对应的应用程序，是每个组件模型应使用的对象，为组件提供 ID、名称、发布日期、版本，声明组件的架构类型、应用状态等，对象模型如图 6.75~图 6.77 所示。

<<JTA::Class>> JTA-AMO；应用程序管理对象
<<JTA::Const>>+AMOid:UniqueID；AMO编号ID <<JTA::Const>>+name:JTA::string；名称 <<JTA::Const>>+releaseDate:Date；发布日期 <<JTA::Const>>+version:JTA::string；版本 <<JTA::Const>>+appArchType:ApplicationArchitectureType；应用架构类型，由<<enumeration>>ApplicationArchitectureType枚举 +operatorName:JTA::string；操作者名字 +operatorTelephoneNumber:JTA::string；操作者电话号码 +status:AMOapplicationStatus；AMO应用状态 +updatePeriodInSec:JTA::float32；更新周期用秒 <<JTA::Optional>>+sendTime:Time；发送时间
<<JTA::Oneway>>+startProcessing(amoID:UniqueID):JTA::void；开始 <<JTA::Oneway>>+stopProcessing(amoID:UniqueID):JTA::void；停止 <<JTA::Oneway>>+pauseProcessing(amoID:UniqueID):JTA::void；暂停 <<JTA::Oneway>>+resumeProcessing(amoID:UniqueID):JTA::void；恢复 <<JTA::Oneway>>+updateNow(amoID:UniqueID):JTA::void；更新 +set_AMOupdatePeriodInSec(updatePeriodInSec:JTA::float32,amoID:UniqueID):JTA::boolean；设置AMO更新周期

图 6.75 应用程序管理对象对象模型

<<enumeration>> ApplicationArchitectureType；应用架构类型
+ApplicationArchitectureType_JTA(JTA 架构) +ApplicationArchitectureType_Gateway(网关) +ApplicationArchitectureType_HLAbehindGateway(HLA 网关) +ApplicationArchitectureType_DISbehindGateway(DIS 网关) +ApplicationArchitectureType_OtherBehindGateway(其他网关)

图 6.76 应用架构类型对象模型

<<enumeration>> AMOapplicationStatus; AMO 应用状态
+AMOapplicationStatus_initializing（初始化） +AMOapplicationStatus_NormalRunning（正常运行） +AMOapplicationStatus_Warning（警告） +AMOapplicationStatus_Critical（危险） +AMOapplicationStatus_Failure（失败） +AMOapplicationStatus_Pauseed（暂停） +AMOapplicationStatus_Stopped（停止） +AMOapplicationStatus_ShuttingDown（关闭）

图 6.77　AMO 应用状态对象模型

2) 应用管理警告信息

警告信息由应用管理对象收发，实现靶场资源之间的警告消息传输，对象模型如图 6.78～图 6.80 所示。

<<JTA::Message>> JTA-Alert; 警告
+sourceAMOid:UniqueID; AMO 源的 ID +destinationAMOid(目标 AMOID):UniqueID; AMO 目的 ID +alterText:JTA::string; 警告文本 +severity:AlertSeverity; 警告严重程度 +category:AlertCategory; 警告类型 <<JTA::Optional>>+sendTime:UTCtime; 发出时间

图 6.78　警报对象模型

<<enumeration>> AlertSeverity; 警告严重程度
+AlertSeverity_Information（警告信息） +AlertSeverity_Warning（提醒） +AlertSeverity_Minor（轻微） +AlertSeverity_Important（重大） +AlertSeverity_Severe（严重） +AlertSeverity_Immediate（立刻）

图 6.79　警告严重程度对象模型

```
<<enumeration>> AlertCategory; 警告类型
+AlertCategory_Other（其他）
+AlertCategory_UserDefined（用户自定义）
+AlertCategory_CustomeAlert（用户警告）
+AlertCategory_Analysis（分析警告）
+AlertCategory_AWEevent（AWE 事件）
+AlertCategory_DatabaseError（数据库错误）
+AlertCategory_Minefield（雷区）
+AlertCategory_Obstacle（障碍物警告）
+AlertCategory_PlayerData（参与者数据警告）
+AlertCategory_RangeState（靶场状态警告）
+AlertCategory_Software（软件警告）
+AlertCategory_SystemAlarm（系统报警）
+AlertCategory_SystemConfiguration（系统配置警告）
+AlertCategory_RemoteMethodFailure（远程方法调用失败警告）
```

图 6.80 警告类型对象模型

6.3 组件模型建模要求

为了实现各种靶场资源的互操作、重用和可组合，需要利用资源封装工具按照统一的模式对虚拟资源、半实物资源、实物资源进行描述和封装，将各类资源转换为满足接口要求的可重用资源，实现资源的随遇接入和即插即用。这个过程就是组件模型建模过程。

组件模型建模要求规定靶场装备资源组件模型分类方法、建模要求和调用要求，适用于公共体系结构中各类真实的、虚拟的和构造的靶场资源对应的组件模型开发和调用。组件模型建模要求设计框架如图 6.81 所示。

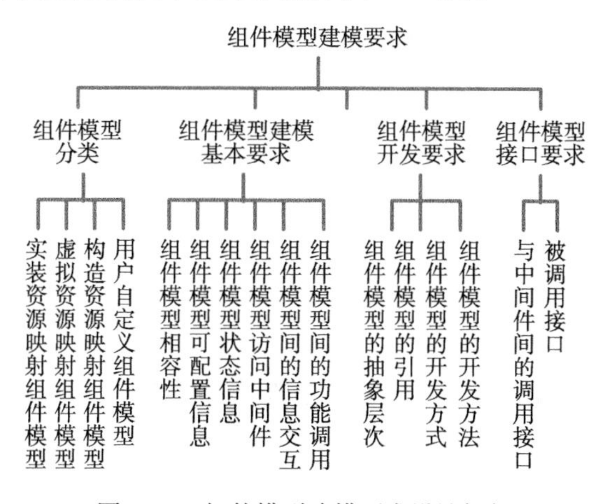

图 6.81 组件模型建模要求设计框架

6.3.1　组件模型分类

组件模型分为四类：

(1) 实装资源映射组件模型，实现对实装/实装模拟器的操控和状态观测，是可重用模型；

(2) 虚拟资源映射组件模型，是用半实物仿真资源等实现组件功能，按需要提供人机操控界面，达到一定的可信度，并对可信度的值进行表述，是可重用模型；

(3) 构造资源映射组件模型，是用数字模型仿真实现组件功能，达到一定的可信度，并对可信度的值进行表述，是可重用模型；

(4) 用户自定义组件模型，是用户为完成某项任务，按照需要构建的专有组件模型，支持个性化的应用需求，一般不具备广泛的可重用能力。

6.3.2　组件模型建模基本要求

组件模型建模基本要求如下。

1) 组件模型相容性

组件模型应在靶场公共体系结构软件环境下正常运行，并被该软件环境的相关工具管理和控制。

2) 组件模型可配置信息

组件模型各类初始化参数作为组件模型可配置信息，在组件模型运行前以文件的方式加载，文件名字与组件模型的名字相同，扩展名不同。组件内部应提供可配置信息的编辑能力和存储到文件的能力。

3) 组件模型状态信息

组件内部应提供组件的所有状态信息监测能力，并能在运行中由用户根据需要激活使用。组件模型状态信息应以组件属性的方式定义。组件突发的异常状态可使用消息按照预定的目的发布。消息的内容由组件生成。

4) 组件模型访问中间件

组件模型应使用中间件接口要求定义的 API 函数访问中间件。

5) 组件模型间的信息交互

组件模型间的信息交互方式包括：

(1) 发布/订购，通过中间件的 SDO 机制实现，交互的信息主要是组件模型的属性值；

(2) 消息，由中间件推送给指定的接收方，异常情况和作战指令等常采用消息模式；

(3) 流文件，组件模型利用中间件向指定的其他组件模型推送音视频信息。

6) 组件模型间的功能调用

采用发送指令请求服务方式实现组件模型之间的功能调用，指令请求和服务结果的传输可使用发布/订购、消息或流文件。

6.3.3 组件模型开发要求

组件模型开发要求有如下几方面。

1) 组件模型的抽象层次

以靶场可独立使用的实际资源为目标构建组件模型，如测量雷达、导弹、飞机、舰船、指控系统、信息显示系统等。一些被独立评价的武器单元也可作为构建目标，如导引头、战斗部等。

2) 组件模型的引用

组件模型所引用的对象模型应是标准对象模型。

3) 组件模型的开发方式

组件模型的开发由专用工具，即资源封装工具实现。为保证兼容性，不可直接采用代码级开发方式，但可在资源封装工具生成组件模板基础上进行二次代码开发。

4) 组件模型开发方法

组件模型开发可采用三种方法, 分别是基于协议的组件模型开发、基于组件模型模板的组件模型开发、基于 Simulink 模型的组件模型开发。

a. 基于协议的组件模型开发方法

利用基于协议的组件模型封装工具，对具备操控接口的设备进行封装。在硬件接口为以太网、RS422/485/232 等常用接口，且设备操控协议已知的情况下，支持基于数据交互协议的免编程封装。这种开发方法可满足大多数靶场资源的封装。具体开发步骤如下：

第一步，新建协议集。选择硬件传输类型，设置协议集名称；

第二步，添加协议。逐条新建协议集中的协议，并对协议进行编辑，包括协议名称、类型、帧头/帧尾、数据元素，以及对数据元素处理方式的编辑；

第三步，封装组件。编辑完所有协议，利用组件封装功能，配置协议输入/输出方向，设置组件名称、图标、存储位置等，生成组件模型。

b. 基于组件模型模板的组件模型开发方法

利用组件模板封装工具，自动生成资源组件模型框架功能，再根据特殊需求进行二次代码开发。具体开发步骤如下：

第一步，填写组件模型基本信息，包括组件名称、图标、存储位置等；

第二步，加载对象模型，配置对象模型的订购发布关系；

第三步，生成组件模型模板；

第四步，在组件模型模板中进行二次代码开发，生成组件模型。

c. 基于 Simulink 模型的组件模型开发方法

利用 Simulink 模型封装工具，对 Simulink 模型资源免编程封装。具体开发步骤如下：

第一步，建立 Simulink 模型，保存为 *.mdl 文件；

第二步，配置 Simulink 模型的步长，选择 RTW 编译参数，编译 Simulink 模型；

第三步，打开 Simulink 模型封装工具，填写组件模型基本信息，包括组件名称、图标、存储位置等，加载第二步编译生成的 Simulink 模型文件，生成组件模型。

6.3.4　组件模型接口要求

组件模型接口要求主要包括与中间件之间的调用接口技术要求和被调用接口技术要求。

1) 与中间件之间的调用接口技术要求

在组件模型建立时，中间件以标准 API 函数方式为组件模型提供调用接口，实现声明管理服务及对象管理服务。在靶场任务系统构建过程中，组件模型使用声明管理服务来声明要发送或接收信息的意图。声明管理服务 API 函数如表 6.2 所示；对象管理服务负责任务运行过程中任务数据及文件的传输及管理，包括对象生存期管理、对象属性管理服务、对象管理服务、对象事件管理服务、成员消息管理服务、文件数据流管理服务以及数据回调服务等，对象管理服务 API 函数如表 6.3 所示。

表 6.2 声明管理服务 API 函数列表

服务项	API 函数	服务说明
发布对象	Model_PublishObject	组件模型通过调用发布对象服务，向中间件发布一个对象，中间件接收到发布对象请求后，产生相应的信息并在整个任务系统建模过程中共享该信息
取消发布对象	Model_CancelPublishObject	组件模型取消该成员已经对外发布的某一对象，取消发布对象时，该对象中的全部发布属性和发布事件也同时取消对外发布
订购对象	Model_SubscribeObject	组件模型声明订购某一系统的某个对象。订购对象将整个对象作为一个整体 (包括全部发布属性) 进行订购。订购某一对象时，不需要该对象所在节点加入系统或在线，也不需要该对象所在成员已经发布该对象
取消订购对象	Model_CancelSubscribeObject	组件模型取消订购某一个已经订购的对象
订购对象属性	Model_SubscribeProperty	组件模型声明订购某一系统的某个对象属性。订购某一对象属性时，不需要该属性所属对象所在节点已经加入系统或在线，也不需要该属性所属对象所在成员已经发布该对象
订购对象事件	Model_SubscribeEvent	组件模型声明订购某一系统的某个对象事件。订购某一对象事件时，不需要该事件所属对象所在节点已经加入系统或在线，也不需要该事件所属对象所在成员已经发布该对象
取消订购对象事件	Model_CancelSubscribeEvent	组件模型取消订购某一个已经订购的对象事件
匿名订购对象模型	Model_AnonySubscribeObject	组件模型调用匿名订购对象模型接口向中间件主体发送匿名订购对象模型的请求，中间件接收到请求后，查询符合条件的已发布对象模型，添加到匿名订购对象模型列表
取消匿名订购对象模型	Model_CancelAnonySubscribeObject	组件模型取消匿名订购某一个已经匿名订购的对象模型

表 6.3 对象管理服务 API 函数列表

服务项	API 函数	服务说明
请求对象属性值更新	Model_RequestUpdatePropertyValue	组件模型调用此函数，中间件根据参数查询所订购的对象中相应属性的数据，由回调函数返回给成员
更新对象属性值	Model_UpdatePropertyValue	将对象的属性值提供给中间件，通过中间件发布其属性值 (属性之间已建立订购发布关系)
请求对象数据更新	Model_RequestUpdateEntityValue	组件模型调用此函数，中间件根据参数查询此对象订购的对象数据，由回调函数返回给成员
更新对象数据	Model_UpdateEntityValue	组件模型将对象的所有属性值提供给中间件，通过中间件发布整个对象 (对象之间已经建立订购发布关系)
发送对象事件	Model_SendEventData	组件模型向中间件发送一个已定义的对象事件 (对象事件之间已经建立订购发布关系)
发送消息	Model_SendMemberMessageData	组件模型向中间件发送一个已定义的消息 (成员消息之间已经建立订购发布关系)
文件数据流管理	Model_FileDataStreamTrans	组件模型发送或接收文件流数据

2) 被调用接口技术要求

组件模型以导出类的方式为任务规划工具和运行显示工具提供调用接口，对应的 API 函数列表如表 6.4 所示。

表 6.4 组件模型靶场资源接口 API 函数列表

服务项	API 函数	服务说明
获取组件名称	GetName	任务规划工具和运行显示工具调用此函数，获取组件模型的名称
设置组件名称	SetName	任务规划工具和运行显示工具调用此函数，设置组件模型的名称
获取组件类型	GetModelType	任务规划工具和运行显示工具调用此函数，获取组件模型的类型

续表

服务项	API 函数	服务说明
设置组件所属成员	SetMemberName	任务规划工具调用此函数，获取组件模型的类型
获取组件所属成员	GetMemberName	任务规划工具和运行显示工具调用此函数，获取组件模型所属的成员
重置组件尺寸	ResizeModel	任务规划工具调用此函数，设置组件在运行界面上的显示尺寸
获取组件 SDO 列表	GetSDOIDList	任务规划工具调用此函数，用于从组件读取其订购或发布的实体信息
添加一条订购/发布实体	AddIDList	任务规划工具调用此函数，用于向组件添加一条订购或发布实体
修改一条订购/发布实体	ReplaceIDSDOPair	任务规划工具调用此函数，用于修改一条订购或发布实体
清空一条订购/发布实体	ClearIDSDOList	任务规划工具调用此函数，用于清空组件的订购发布实体
为组件添加 SDO	AddOneObjectModel	任务规划工具调用此函数，为组件增加一项对象模型
通知平台订购/发布能力改变	OnSDOListChanged	组件模型利用此函数通知平台订购或发布能力改变
将组件信息写入试验方案	WriteParticipatorProperties	任务规划工具调用此函数，使组件向方案文件写入组件属性
从试验方案读取组件信息	ReadParticipatorProperties	任务规划工具调用此函数，使组件从方案文件中读出组件属性
更改组件工作模式	OnWorkingModeChanged	运行显示工具调用此函数，控制组件工作，包括运行、暂停、继续、初始化、停止等
设置组件运行模式	OnRuningModeChanged	运行监控软件调用此函数，控制组件工作在正常运行模式或者回放模式

6.4 中间件接口要求

中间件的目标是为试验训练的参与者提供一种相互通信的手段，并为逻辑靶场资源的协同操作提供统一的管理机制。中间件以标准 API 函数方式对外提供调

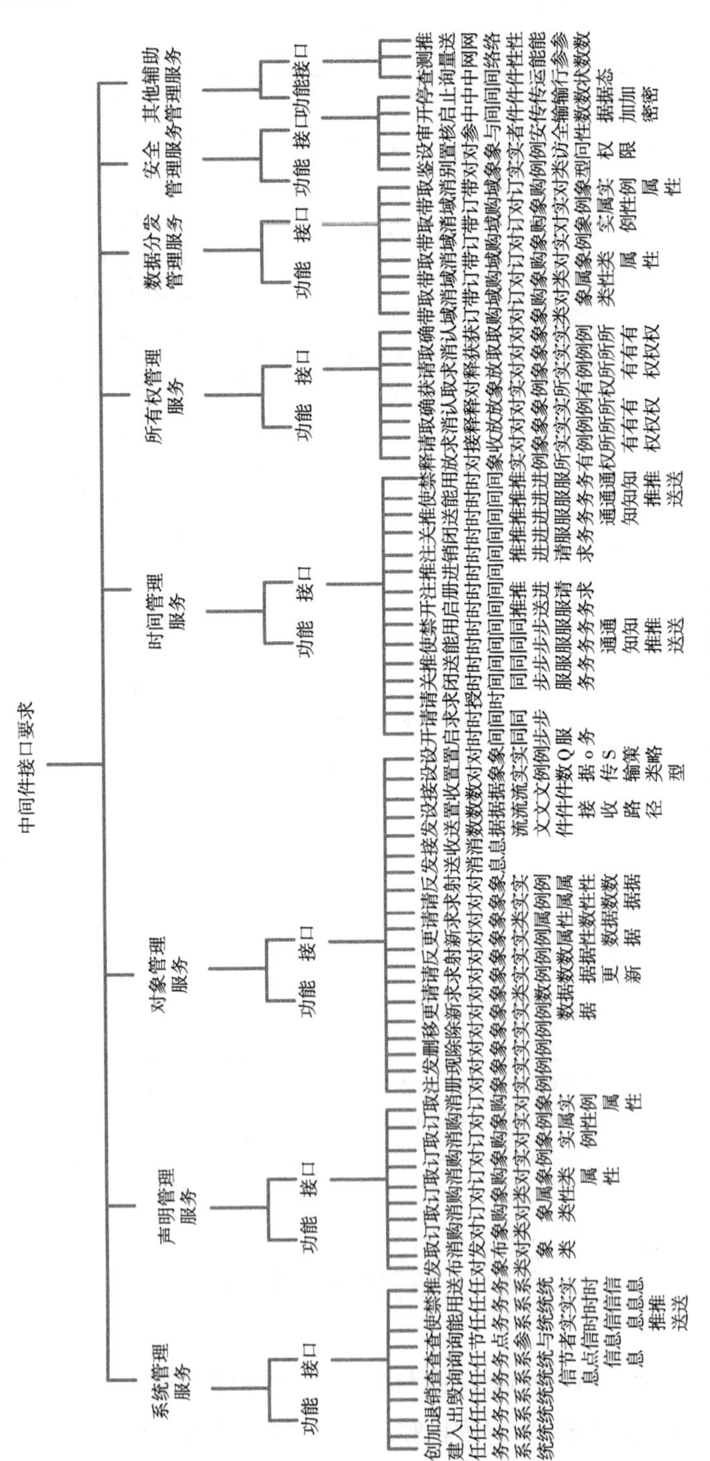

图 6.82　中间件接口要求设计框架

用接口，支持各类资源的快速高效集成，实现可互操作的、实时的、面向对象的分布式任务系统的建立。

中间件接口要求规定中间件服务功能需求和接口定义，适用于公共体系结构中间件的开发、运行和调用。中间件接口要求设计框架如图 6.82 所示。

6.4.1 中间件功能

中间件支持参与者使用系统管理服务、声明管理服务、对象管理服务、时间管理服务、所有权管理服务、数据分发管理服务、安全管理服务和其他辅助管理服务。中间件的具体功能如表 6.5 所示。

表 6.5 中间件功能

服务名称	功能概述
系统管理服务	实现靶场任务系统的创建、加入、退出、销毁和管理
声明管理服务	靶场资源阐述其想要发送或接收信息的意图
对象管理服务	处理靶场任务系统运行过程中的各种对象实例生存期管理 (注册、删除等)，实现数据交换
时间管理服务	提供靶场任务系统运行过程中的时间戳、时间同步和时间驱动机制
所有权管理服务	实现靶场任务系统运行过程中资源应用之间传递对象实例的所有权
数据分发管理服务	实现数据优化传输，减少发送与接收无关数据，提高数据交换的效率
安全管理服务	实现靶场任务系统运行期间的数据加密和访问控制
其他辅助管理服务	实现各个节点上中间件运行状态查询和网络性能参数 (丢包率与时延) 测量以及其他功能

6.4.2 系统管理服务

系统管理服务提供靶场任务系统的创建、加入、退出、销毁和管理等功能，仅在系统创建后才能调用其他服务进行信息交换。具体功能为：广域、异构网络环境下的大系统构建与运行；多系统多节点并行构建与运行；支持多节点资源共用机制，具备资源使用冲突时的安全保护机制；系统运行时资源与节点状态实时监视，基于中断触发模式的实时信息推送。

系统管理服务接口名称及功能见表 6.6。

1) 创建任务系统

接口定义如下：

a) 方法名称：void createSystem(std::wstring const & systemName，std::wstring const & systemFileName)；

b) 方法说明：参与者调用创建任务系统接口，表明所创建的每个任务系统独立于其他任务系统；

表 6.6 系统管理服务接口列表

接口名称	功能概述	备注
创建任务系统	参与者创建一个任务系统	
加入任务系统	参与者加入一个任务系统	
退出任务系统	参与者退出一个任务系统	
销毁任务系统	参与者销毁一个任务系统	
查询任务系统信息	参与者读取当前中间件中运行的所有任务系统名称	
查询任务系统节点信息	参与者读取一个任务系统所有节点的信息	
查询节点参与者信息	参与者读取一个任务系统所有参与者的名称	
使能任务系统实时信息推送	参与者开始接收来自中间件的任务系统实时信息	
禁用任务系统实时信息推送	参与者停止接收来自中间件的任务系统实时信息	
推送任务系统实时信息	中间件向参与者推送任务系统运行信息	回调

c) 输入参数：任务系统名称 (systemName) 和任务规划文件路径 (systemFileName)；

d) 返回的变量：无；

e) 前置条件：中间件已开启；

f) 后置条件：任务系统已存在；

g) 异常：任务系统不存在、任务规划文件不存在、任务规划文件无效或中间件内部错误。

2) 加入任务系统

接口定义如下：

a) 方法名称：void joinSystem(std::wstring const & systemName，std::wstring const & participantName，ParticipantServices * participantServicesPtr)；

b) 方法说明：参与者调用加入任务系统接口，表明其想要加入一个已存在的任务系统的意图；

c) 输入参数：任务系统名称 (systemName)、参与者名称 (participantName) 和参与者代理指针 (participantServicesPtr)；

d) 返回的变量：无；

e) 前置条件：中间件已开启；

f) 后置条件：无；

g) 异常：任务系统不存在、参与者已加入任务系统或中间件内部错误。

3) 退出任务系统

接口定义如下：

a) 方法名称：void resignSystem(void)；

b) 方法说明：参与者调用退出任务系统接口，表明其想要停止参与一个任务系统运行的意图；

c) 输入参数：无；

d) 返回的变量：无；

e) 前置条件：任务系统已存在；

f) 后置条件：无；

g) 异常：参与者未加入任务系统、参与者正在获取对象实例所有权、参与者尚拥有对象实例或中间件内部错误。

4) 销毁任务系统

接口定义如下：

a) 方法名称：void destroySystem(std::wstring const & systemName)；

b) 方法说明：参与者调用销毁任务系统接口，从中间件中删除一个已存在的任务系统；

c) 输入参数：任务系统名称 (systemName)；

d) 返回的变量：无；

e) 前置条件：中间件已开启；

f) 后置条件：无；

g) 异常：任务系统不存在、任务系统尚包含参与者或中间件内部错误。

5) 查询任务系统信息

接口定义如下：

a) 方法名称：void querySystemInformation(StringSet & systemNameList)；

b) 方法说明：参与者调用查询任务系统信息接口，用来查询中间件当前运行的所有任务系统；

c) 输入参数：无；

d) 返回的变量：任务系统名称集合 (systemNameList)；

e) 前置条件：中间件已开启；

f) 后置条件：无；

g) 异常：中间件内部错误。

6) 查询任务系统节点信息

接口定义如下：

a) 方法名称：void queryNodeInformation(std::wstring const & systemName，StringPairSet & nodeInformationList)；

b) 方法说明：参与者调用查询任务系统节点信息接口，用来查询一个任务系统中所涉及的所有节点，任务系统所涉及的节点是指该节点存在任务系统的参与者；

c) 输入参数：任务系统名称 (systemName)；

d) 返回的变量：任务系统节点信息 (IP 地址与节点名称) 集合 (nodeInformationList)；

e) 前置条件：中间件已开启；

f) 后置条件：无；

g) 异常：任务系统不存在或中间件内部错误。

7) 查询节点参与者信息

接口定义如下：

a) 方法名称：void queryParticipantInformation(std::wstring const & systemName，std::wstring const & nodeName, StringSet & participantNameList)；

b) 方法说明：查询节点参与者信息接口用来查询一个任务系统所涉及的节点上的所有参与者，任务系统所涉及的节点是指该节点中存在加入该任务系统的参与者；

c) 输入参数：任务系统名称 (systemName) 和节点名称 (nodeName)；

d) 返回的变量：节点参与者名称集合 (participantNameList)；

e) 前置条件：中间件已开启；

f) 后置条件：无；

g) 异常：任务系统不存在、节点不含有加入该任务系统的参与者或中间件内部错误。

8) 使能任务系统实时信息推送

接口定义如下：

a) 方法名称：void enableSystemInformationAdvisory(void)；

b) 方法说明：参与者调用使能任务系统实时信息推送接口，用来向中间件声明自己开始接收来自中间件的任务系统实时信息推送；

c) 输入参数：无；

d) 返回的变量：无；

e) 前置条件：中间件已开启；

f) 后置条件：参与者的任务系统实时信息推送开关已使能；

g) 异常：中间件内部错误。

9) 禁用任务系统实时信息推送

接口定义如下：

a) 方法名称：void disableSystemInformationAdvisory(void)；

b) 方法说明：参与者调用禁用任务系统实时信息推送接口，用来向中间件声明自己停止接收来自中间件的任务系统实时信息推送；

c) 输入参数：无；

d) 返回的变量：无；

e) 前置条件：中间件已开启；

f) 后置条件：参与者的任务系统实时信息推送开关已禁用；

异常：中间件内部错误。

10) 推送任务系统实时信息

接口定义如下：

a) 方法名称：virtual void systemInformationNotification(SystemInformation-TypeinformationType，std::wstring const & informationDetails)；

b) 方法说明：推送任务系统实时信息接口由中间件主动调用，用于实现向参与者提供系统管理服务执行过程中所产生的各种消息；

c) 输入参数：实时信息类型 (informationType) 和实时信息内容 (informationDetails)；

d) 返回的变量：无；

e) 前置条件：中间件已开启，参与者的任务系统实时信息推送开关已使能；

f) 后置条件：无；

g) 异常：中间件内部错误。

6.4.3　声明管理服务

声明管理服务提供靶场资源阐述其要发送或接收信息的意图。声明管理服务支持状态分布对象、消息和数据流的数据交换功能。具体功能为：基于发布/订购机制的信息交互；基于内容的发布/订购 (支持对象/属性/事件的显式发布/订购功能) 和基于主题的发布/订购；基于类型的隐式发布/订购；对象多重继承和聚合关系下的发布/订购；多资源多节点共享发布对象实例。

声明管理服务接口名称与功能见表 6.7。

表 6.7　声明管理服务接口名称与功能列表

接口名称	功能概述
发布对象类	参与者声明发布一个对象类
取消发布对象类	参与者声明取消发布一个对象类
订购对象类	参与者声明订购一个对象类
取消订购对象类	参与者声明取消订购一个对象类
订购对象类属性	参与者声明订购对象类的一组属性
取消订购对象类属性	参与者声明取消订购对象类的一组属性
订购对象实例	参与者声明订购对象类的一个实例
取消订购对象实例	参与者声明取消订购对象类的一个实例
订购对象实例属性	参与者声明订购对象类实例的一组属性
取消订购对象实例属性	参与者声明取消订购对象类实例的一组属性

1) 发布对象类

接口定义如下：

a) 方法名称：void publishObjectClass(std::wstring const & objectClassName);

b) 方法说明：发布对象类向任务系统声明参与者可以发布的一个对象类。参与者调用发布对象类接口后，可以开始注册该对象类的对象实例；

c) 输入参数：对象类名称 (objectClassName)；

d) 返回的变量：无；

e) 前置条件：任务系统已存在；

f) 后置条件：无；

g) 异常：参与者未加入任务系统、对象类未在任务规划文件中定义或中间件内部错误。

2) 取消发布对象类

接口定义如下：

a) 方法名称：void unPublishObjectClass(std::wstring const & objectClassName)；

b) 方法说明：取消发布对象类将向任务系统声明参与者不能够再为一个对象类注册对象实例；

c) 输入参数：对象类名称 (objectClassName)；

d) 返回的变量：无；

e) 前置条件：任务系统已存在；

f) 后置条件：无；

g) 异常：参与者未加入任务系统、对象类未在任务规划文件中定义、参与者未发布对象类、参与者正在获取对象实例所有权或中间件内部错误。

3) 订购对象类

接口定义如下：

a) 方法名称：void subscribeObjectClass(std::wstring const & objectClassName)；

b) 方法说明：订购对象类将向任务系统声明参与者所感兴趣的一个对象类，参与者在调用订购对象类接口之后，当任务系统中的其他参与者注册该对象类的对象实例时，中间件将向该参与者通知所注册的对象实例；

c) 输入参数：对象类名称 (objectClassName)；

d) 返回的变量：无；

e) 前置条件：任务系统已存在；

f) 后置条件：无；

g) 异常：参与者未加入任务系统、对象类未在任务规划文件中定义或中间件内部错误。

4) 取消订购对象类

接口定义如下：

a) 方法名称：void unSubscribeObjectClass(std::wstring const & objectClassName)；

b) 方法说明：取消订购对象类用来向任务系统声明取消订购一个对象类，参与者调用取消订购对象类接口后，中间件将停止向该参与者通知其他参与者所注册的该对象类的对象实例，并且该参与者不再接收该对象类的对象实例数据；

c) 输入参数：对象类名称 (objectClassName)；

d) 返回的变量：无；

e) 前置条件：任务系统已存在；

f) 后置条件：无；

g) 异常：参与者未加入任务系统、对象类未在任务规划文件中定义、参与者未订购对象类或中间件内部错误。

5) 订购对象类属性

接口定义如下：

a) 方法名称：void subscribeObjectClassAttributes(std::wstring const & objectClassName, StringSet const & attributeNameList)；

b) 方法说明：订购对象类属性将向任务系统声明参与者所感兴趣的对象类的一组属性，参与者在调用订购对象类属性接口之后，当任务系统中的其他参与者注册该对象类的对象实例时，中间件将向该参与者通知所注册的对象实例；

c) 输入参数：对象类名称 (objectClassName) 和对象类属性名称集合 (attributeNameList)；

d) 返回的变量：无；

e) 前置条件：任务系统已存在；

f) 后置条件：无；

g) 异常：参与者未加入任务系统、对象类未在任务规划文件中定义、属性未在对象类中定义或中间件内部错误。

6) 取消订购对象类属性

接口定义如下：

a) 方法名称：void unSubscribeObjectClassAttributes(std::wstring const & objectClassName，StringSet const & attributeNameList)；

b) 方法说明：取消订购对象类属性用来向任务系统声明取消订购对象类的一组属性，参与者调用取消订购对象类属性接口后，中间件将停止向该参与者通知其他参与者所注册的该对象类的对象实例，并且该参与者不再接收该对象类的对象实例属性数据；

c) 输入参数：对象类名称 (objectClassName) 和对象类属性名称集合 (attributeNameList)；

d) 返回的变量：无；

e) 前置条件：任务系统已存在；

f) 后置条件：无；

g) 异常：参与者未加入该任务系统、对象类未在任务规划文件中定义、属性未在对象类中定义、参与者未订购对象类属性或中间件内部错误。

7) 订购对象实例

接口定义如下：

a) 方法名称：void subscribeObjectInstances(std::wstring const & objectClassName，StringSet const & objectInstanceID)；

b) 方法说明：订购对象实例将向任务系统声明参与者所感兴趣的一个特定对象实例，参与者在调用订购对象实例接口之后，当任务系统中的其他参与者注册该特定对象实例时，中间件将向该参与者通知该对象实例已注册；

c) 输入参数：对象类名称 (objectClassName) 和对象实例 ID(objectInstanceID)；

d) 返回的变量：无；

e) 前置条件：任务系统已存在；

f) 后置条件：无；

g) 异常：参与者未加入任务系统、对象类未在任务规划文件中定义或中间件内部错误。

8) 取消订购对象实例

接口定义如下：

a) 方法名称：void unSubscribeObjectInstances(std::wstring const & objectClassName，StringSet const & objectInstanceIDList)；

b) 方法说明：取消订购对象实例用来向任务系统声明取消订购一个特定对象实例，参与者调用取消订购对象实例接口后，中间件将停止向该参与者通知其他参与者所注册的特定对象实例，并且该参与者不再接收特定对象实例数据；

c) 输入参数：对象类名称 (objectClassName) 和对象实例 ID(objectInstanceID)；

d) 返回的变量：无；

e) 前置条件：任务系统已存在；

f) 后置条件：无；

g) 异常：参与者未加入任务系统、对象类未在任务规划文件中定义、参与者未订购对象实例或中间件内部错误。

9) 订购对象实例属性

接口定义如下：

a) 方法名称：void subscribeObjectInstanceAttributes(std::wstring const & objectClassName，StringSet const & objectInstanceID，StringSet const & attributeNameList)；

b) 方法说明：订购对象实例属性将向任务系统声明参与者所感兴趣的特定对象实例的一组属性，参与者在调用订购对象实例属性接口之后，当任务系统中的其他参与者注册该特定对象实例时，中间件将向该参与者通知该对象实例已注册；

c) 输入参数：对象类名称 (objectClassName)、对象实例 ID(objectInstanceID) 和对象类属性名称集合 (attributeNameList)；

d) 返回的变量：无；

e) 前置条件：任务系统已存在；

f) 后置条件：无；

g) 异常：参与者未加入任务系统、对象类未在任务规划文件中定义、属性未在对象类中定义或中间件内部错误。

10) 取消订购对象实例属性

接口定义如下：

a) 方法名称：void unSubscribeObjectInstanceAttributes(std::wstring const & objectClassName，StringSet const & objectInstanceID，StringSet const & attributeNameList)；

b) 方法说明：取消订购对象实例属性用来向任务系统声明取消订购特定对象实例的一组属性，参与者调用取消订购对象实例属性接口后，中间件将停止向该参与者通知其他参与者所注册的特定对象实例，并且该参与者不再接收特定对象实例属性数据；

c) 输入参数：对象类名称 (objectClassName)、对象实例 ID(objectInstanceID) 和对象类属性名称集合 (attributeNameList)；

d) 返回的变量：无；

e) 前置条件：任务系统已存在；

f) 后置条件：无；

g) 异常：参与者未加入任务系统、对象类未在任务规划文件中定义、属性未在对象类中定义、参与者未订购对象实例属性或中间件内部错误。

6.4.4 对象管理服务

对象管理服务处理任务系统运行过程中各种对象实例 (状态分布对象 SDO、消息和数据流) 的生存期管理 (注册、删除等)、对象属性值发送和接收。对象管理服务包括 SDO 对象生存期管理、SDO 对象反射与更新、消息发送与接收、数据流发送与接收和对象管理辅助服务。具体功能为：各种对象实例的信息交换；基于发布/订购机制和突发机制的 SDO 对象/属性/事件交换；支持节点之间、资源之间的消息交互机制，消息通过 ID 进行标识并可携带数据；支持节点之间数据流传输，数据流需要指定信息接收方和数据流信息；各资源对象实例信息传输模式的动态配置；各节点之间信息传输的 QoS 策略配置；无中心节点下的点对点 (P2P) 互服务；单播网络环境下的并行数据分发。

对象管理服务接口名称与功能见表 6.8，某个参与者在加入任务系统后，可以使用对象管理服务实现与系统中其他参与者之间的信息交互。

表 6.8　对象管理服务接口列表

接口名称	功能概述	备注
注册对象实例	参与者注册对象类的一个对象实例	
发现对象实例	中间件向参与者通知发现一个已注册的对象实例	回调
删除对象实例	参与者删除对象类的一个对象实例	
移除对象实例	中间件向参与者通知一个已注册的对象实例被删除	回调
更新对象实例数据	参与者更新一个对象实例的当前值	
请求对象类数据	参与者请求对象类所有对象实例的当前值	
请求对象实例数据	参与者请求一个对象实例的当前值	
反射对象实例数据	中间件将一个对象实例的当前值提供给参与者	回调
更新对象实例属性数据	参与者更新对象实例一组属性的当前值	
请求对象类属性数据	参与者请求对象类所有对象实例一组属性的当前值	
请求对象实例属性数据	参与者请求对象实例一组属性的当前值	
反射对象实例属性数据	中间件将对象实例一组属性的当前值提供给参与者	回调
发送消息	参与者向其他参与者发送一个消息	
接收消息	中间件向参与者传递一个来自其他参与者的消息	回调
发送数据流文件	参与者向其他参与者发送一个数据流文件	
设置数据流文件接收路径	参与者指定接收数据流文件的路径	
接收数据流文件	中间件向参与者传递一个来自其他参与者的数据流文件	回调
设置对象实例数据传输类型	参与者设置一个对象实例的数据传输类型	
设置对象实例 QoS 策略	参与者设置一个对象实例的 QoS 传输策略	

1) 注册对象实例

接口定义如下：

a) 方法名称：void registerObjectInstance(std::wstring const & objectClassName, std::wstring const & objectInstanceID);

b) 方法说明：参与者调用注册对象实例接口，中间件将在任务系统中创建对象类的一个对象实例；

c) 输入参数：对象类名称 (objectClassName) 和对象实例 ID(objectInstanceID);

d) 返回的变量：无；

e) 前置条件：任务系统已存在；

f) 后置条件：无；

g) 异常：参与者未加入任务系统、参与者未发布对象类或中间件内部错误。

2) 发现对象实例

接口定义如下：

a) 方法名称：virtual void discoverObjectInstance(std::wstring const & objectClassName，std::wstring const & objectInstanceID)；

b) 方法说明：发现对象实例接口由中间件主动调用，用于向参与者通知发现一个已注册的对象实例；

c) 提供的参数：对象类名称 (objectClassName) 和对象实例 ID(objectInstanceID)；

d) 返回的变量：无；

e) 前置条件：任务系统已存在；参与者已加入任务系统；参与者不明确对象实例的存在；参与者满足下列条件之一，这些条件包括已订购对象类、已订购对象实例、已带域订购对象类、已带域订购对象实例、已订购对象类属性、已订购对象实例属性、已带域订购对象类属性、已带域订购对象实例属性；

f) 后置条件：参与者已明确对象实例的存在；

g) 异常：中间件内部错误。

3) 删除对象实例

接口定义如下：

a) 方法名称：void deleteObjectInstance(std::wstring const & objectInstanceID)；

b) 方法说明：参与者调用删除对象实例接口，中间件将在任务系统中删除一个具备删除权的对象实例，并通过使用移除对象实例接口，通知所有已知该对象实例的参与者该对象实例已被删除；

c) 输入参数：对象实例 ID(objectInstanceID)；

d) 返回的变量：无；

e) 前置条件：任务系统已存在；

f) 后置条件：无；

g) 异常：参与者未加入任务系统、对象实例不存在、参与者不拥有对象实例的所有权或中间件内部错误。

4) 移除对象实例

接口定义如下：

a) 方法名称：virtual void removeObjectInstance(std::wstring const & objectInstanceID)；

b) 方法说明：移除对象实例接口由中间件主动调用，用于向参与者通知一个对象实例已从任务系统中移除；

c) 输入参数：对象实例 ID(objectInstanceID)；

d) 返回的变量：无；

e) 前置条件：任务系统存在、参与者已加入任务系统和参与者已明确对象实例的存在；

f) 后置条件：无；

g) 异常：中间件内部错误。

5) 更新对象实例数据

接口定义如下：

a) 方法名称：void updateObjectInstanceValue(std::wstring const & objectInstanceID，AttributeValueSet const & allAttributeValues)；

b) 方法说明：参与者调用更新对象实例数据接口，将其拥有的对象实例当前值提供给中间件，本接口与反射对象实例数据接口构成中间件的基本数据交换机制；

c) 提供的参数：对象实例 ID(objectInstanceID) 和对象实例数据 (allAttributeValues)；

d) 返回的变量：无；

e) 前置条件：任务系统已存在；

f) 后置条件：无；

g) 异常：参与者未加入任务系统、对象实例不存在、参与者不拥有对象实例的所有权或中间件内部错误。

6) 请求对象类数据

接口定义如下：

a) 方法名称：void requestObjectClassValue(std::wstring const & objectClassName)；

b) 方法说明：参与者调用请求对象类数据接口，向中间件请求一个对象类所有对象实例的当前值，本接口用于加入任务系统的参与者获取对象类所有对象实例的当前值；

c) 输入参数：对象类名称 (objectClassName)；

d) 返回的变量：无；

e) 前置条件：任务系统已存在；

f) 后置条件：无；

g) 异常：参与者未加入任务系统、参与者未订购对象类、对象类不存在对象实例或中间件内部错误。

7) 请求对象实例数据更新

接口定义如下：

a) 方法名称：void requestObjectInstanceValue(std::wstring const & objectInstanceID)；

b) 方法说明：参与者调用请求对象实例数据接口，向中间件请求一个对象实例的当前值，本接口用于加入任务系统的参与者获取对象实例的当前值；

c) 输入参数：对象实例 ID(objectInstanceID)；

d) 返回的变量：无；

e) 前置条件：任务系统已存在；

f) 后置条件：无；

g) 异常：参与者未加入任务系统、对象实例不存在、参与者未订购对象实例、中间件内部错误。

8) 反射对象实例数据

接口定义如下：

a) 方法名称：virtual void reflectObjectInstanceValue(std::wstring const & objectInstanceID，AttributeValueSet const & allAttributeValues，TimeStamp const & timeStamp)；

b) 方法说明：反射对象实例接口由中间件主动调用，用于向参与者提供一个对象实例的当前值；

c) 输入参数：对象实例 ID(objectInstanceID)、对象实例数据 (allAttributeValues) 和时间戳 (timeStamp)；

d) 返回的变量：无；

e) 前置条件：任务系统已存在；参与者已加入任务系统；对象实例已存在；参与者需满足以下条件之一，这些条件包括已订购对象类、已订购对象实例、已带域订购对象类且满足数据域过滤条件、已带域订购对象实例且满足数据域过滤条件；

f) 后置条件：无；

g) 异常：中间件内部错误。

9) 更新对象实例属性数据

接口定义如下：

a) 方法名称：void updateObjectInstanceAttributeValues(std::wstring const & objectInstanceID，AttributeValueMap const & theAttributeValues)；

b) 方法说明：参与者调用更新对象实例属性数据接口，将其拥有的对象实例一组属性的当前值提供给中间件，本接口与反射对象实例属性数据接口构成中间件的基本数据交换机制；

c) 输入参数：对象实例 ID(objectInstanceID) 和对象类属性名称与当前值集合 (theAttributeValues)；

d) 返回的变量：无；

e) 前置条件：任务系统已存在；

f) 后置条件：无；

g) 异常：参与者未加入任务系统、对象实例不存在、参与者不拥有对象实例的所有权、属性未在对象类中定义或中间件内部错误。

10) 请求对象类属性数据

接口定义如下：

a) 方法名称：void requestObjectClassAttributeValues(std::wstring const & objectClassName，StringSet const & attributeNameList)；

b) 方法说明：参与者调用请求对象类属性数据接口，向中间件请求对象类所有对象实例一组属性的当前值，本接口用于加入任务系统的参与者获取对象类所有对象实例一组属性的当前值；

c) 输入参数：对象类名称 (objectClassName) 和对象类属性名称集合 (attributeNameList)；

d) 返回的变量：无；

e) 前置条件：任务系统已存在；

f) 后置条件：无；

g) 异常：参与者未加入任务系统、参与者未订购对象类属性、属性未在对象类中定义、对象类不存在对象实例或中间件内部错误。

11) 请求对象实例属性数据

接口定义如下：

a) 方法名称：void requestObjectInstanceAttributeValues(std::wstring const & objectInstanceID，StringSet const & attributeNameList)；

b) 方法说明：参与者调用请求对象实例属性数据更新接口，向中间件请求对象实例一组属性的当前值，本接口用于加入任务系统的参与者获取对象实例一组属性的当前值；

c) 输入参数：对象实例 ID(objectInstanceID) 和对象类属性名称集合 (attributeNameList)；

d) 返回的变量：无；

e) 前置条件：任务系统已存在；

f) 后置条件：无；

g) 异常：参与者未加入任务系统、对象实例不存在、参与者未订购对象实例属性、属性未在对象类中定义或中间件内部错误。

12) 反射对象实例属性数据

接口定义如下：

a) 方法名称：virtual void reflectObjectInstanceAttributeValues(std::wstring const & objectInstanceID, AttributeValueMap const & theAttributeValues, TimeStamp const & timeStamp)；

b) 方法说明：反射对象实例属性接口由中间件主动调用，用于向参与者提供对象实例一组属性的当前值；

c) 输入参数：对象实例 ID(objectInstanceID)、对象类属性名称与当前值集合 (theAttributeValues) 和时间戳 (timeStamp)；

d) 返回的变量：无；

e) 前置条件：任务系统已存在；参与者已加入任务系统；对象实例已存在；属

性在对象类中定义；参与者需满足以下条件之一，这些条件包括已订购对象类、已订购对象实例、已带域订购对象类且满足数据域过滤条件、已带域订购对象实例且满足数据域过滤条件；

f) 后置条件：无；

g) 异常：中间件内部错误。

13) 发送消息

接口定义如下：

a) 方法名称：void sendMessage(std::wstring const & messageID，std::wstring const & messageSender，std::wstring const & messageReceiver，unsigned long messageLength，void const * messageData，TransportationType transType，InvocationMode invocMode)；

b) 方法说明：参与者调用发送消息接口，将一个想要发送到其他参与者的消息推送给中间件；

c) 输入参数：ID(messageID)、发送者 (messageSender)、接收者 (messageReceiver)、长度 (messageLength)、内容 (messageData)、传输类型 (transType) 和调用模式 (invocMode)；

d) 返回的变量：无；

e) 前置条件：任务系统已存在；

f) 后置条件：无；

g) 异常：消息发送者未加入任务系统、消息接收者未加入任务系统、消息 ID 无效、消息长度无效、消息内容无效、传输类型无效、调用模式无效或中间件内部错误；

14) 接收消息

接口定义如下：

a) 方法名称：virtual void receiveMessage(std::wstring const & messageID，std::wstring const & messageSender，std::wstring const & messageReceiver，unsigned long messageLength，void const * messageData)；

b) 方法说明：接收消息接口由中间件主动调用，用于向参与者提供来自其他参与者的一个消息；

c) 输入参数：ID(messageID)、发送者 (messageSender)、接收者 (messageReceiver)、长度 (messageLength) 和内容 (messageData)；

d) 返回的变量：无；

e) 前置条件：任务系统已存在和参与者已加入任务系统；

f) 后置条件：无；

g) 异常：中间件内部错误。

15) 发送数据流文件

接口定义如下：

a) 方法名称：void sendStreamFile(std::wstring const & fullPathNameToTheStreamFile，std::wstring const & streamFileSender，std::wstring const & streamFileReceiver, TransportationType transType)；

b) 方法说明：参与者调用发送数据流文件接口，将一个数据流文件发送到其他参与者的数据流文件接收路径下；

c) 输入参数：数据流文件 (fullPathNameToTheStreamFile)、发送者 (streamFileSender)、接收者 (streamFileReceiver) 和传输类型 (transType)；

d) 返回的变量：无；

e) 前置条件：任务系统已存在；

f) 后置条件：无；

g) 异常：数据流文件发送者未加入任务系统、数据流文件接收者未加入任务系统、数据流文件不存在、传输类型无效或中间件内部错误。

16) 设置数据流文件接收路径

接口定义如下：

a) 方法名称：void setStreamFileReceiveFolderPath(std::wstring const & fullPathNameToTheStreamFileReceiveFolder)；

b) 方法说明：参与者调用设置数据流文件接收接口，将预存储接收数据流文件的位置提供给中间件；

c) 输入参数：数据流文件接收路径 (fullPathNameToTheStreamFileReceiveFolder)；

d) 返回的变量：无；

e) 前置条件：任务系统已存在；

f) 后置条件：无；

g) 异常：参与者未加入任务系统、数据流文件接收路径无效或者中间件内部错误。

17) 接收数据流文件

接口定义如下：

a) 方法名称：virtual void receiveStreamFile(std::wstring const & fullPathNameToTheStreamFile，std::wstring const & streamFileSender，std::wstring const & streamFileReceiver)；

b) 方法说明：接收数据流文件接口由中间件主动调用，用于向参与者提供来自其他参与者的一个数据流文件；

c) 输入参数：数据流文件 (fullPathNameToTheStreamFile)、发送者 (streamFileSender) 和接收者 (streamFileReceiver)；

d) 返回的变量：无；

e) 前置条件：任务系统已存在、参与者已加入任务系统；

f) 后置条件：无；

g) 异常：中间件内部错误。

18) 设置对象实例数据传输类型

接口定义如下：

a) 方法名称：void setObjectInstanceTransportationType(std::wstring const & objectInstanceID，TransportationType transType)；

b) 方法说明：参与者调用设置对象实例数据传输类型接口，改变一个对象实例的数据传输类型，中间件支持的数据传输类型包括 TCP 和 UDP；

c) 输入参数：对象实例 ID(objectInstanceID)、传输类型包括 TCP 和 UDP 单播 (transType)；

d) 返回的变量：无；

e) 前置条件：任务系统已存在；

f) 后置条件：无；

g) 异常：参与者未加入任务系统、对象实例不存在、参与者不拥有对象实例的所有权、传输类型无效或中间件内部错误。

19) 设置对象实例 QoS 策略

接口定义如下：

a) 方法名称：void setObjectInstanceQoSStrategy(std::wstring const & bjectInstanceID，QoSPairSet const & QoSStrategies)；

b) 方法说明：参与者调用设置对象实例 QoS 策略接口，改变一个对象实例传输过程中所采用的 QoS 策略，中间件支持的 QoS 策略包括生存期 (LIFESPAN)、传输优先级 (TRANSPORT_PRIORITY) 和最大延迟 (LATENCY_BUDGET)；

c) 输入参数：对象实例 ID(objectInstanceID)、QoS 策略类型及参数值 (QoSStrategies)；

d) 返回的变量：无；

e) 前置条件：任务系统已存在；

f) 后置条件：无；

g) 异常：参与者未加入任务系统、对象实例不存在、参与者不拥有对象实例的所有权、QoS 策略非法或中间件内部错误。

6.4.5 时间管理服务

时间管理服务用于提供任务系统运行过程中的时间戳功能、节点时间同步和时间驱动机制。时间戳服务提供靶场任务系统运行过程中的时间标识，节点时间同步功能提供靶场任务系统运行过程的时间一致性保证，时间驱动机制提供任务系统运行过程中的时间推进模式。具体功能为：有基于客户端/服务器的时间同步；支持多服务器下的时间同步模式，可动态配置客户端与服务器的关系；支持软授时；支持多时钟模式下的任务系统时间推进模式，提供基于中断触发模式的时钟节拍推送。

中间件时间管理服务接口名称与功能见表 6.9，某个参与者在加入任务系统后，可以使用时间管理服务实现时间同步、授时和时间推进等功能。

1) 开启时间同步服务

接口定义如下：

表 6.9　时间管理服务接口列表

接口名称	功能概述	备注
开启时间同步服务	参与者启动一个时间同步服务	
请求时间同步	参与者请求所在客户端与时间同步服务器进行同步	
请求授时	参与者请求时间同步服务器对所在客户端进行授时	
关闭时间同步服务	参与者关闭一个时间同步服务器	
推送时间同步服务通知	中间件向参与者推送时间同步服务通知信息	回调
使能时间同步服务通知推送	参与者开始接收来自中间件的时间同步服务通知信息	
禁用时间同步服务通知推送	参与者停止接收来自中间件的时间同步服务通知信息	
开启时间推进服务	参与者启动一个时间推进服务器	
注册时间推进请求	参与者向一个时间推进服务器申请推进请求	
推进时间	中间件向参与者传递时间推进节拍	回调
注销时间推进请求	参与者向一个时间推进服务器取消申请推进请求	
关闭时间推进服务	参与者关闭一个时间推进服务器	
推送时间推进服务通知	中间件向参与者推送时间推进服务通知信息	回调
使能时间推进服务通知推送	参与者开始接收来自中间件的时间推进服务通知信息	
禁用时间推进服务通知推送	参与者停止接收来自中间件的时间推进服务通知信息	

a) 方法名称：void startTimeSynchronizationService(void)；

b) 方法说明：参与者调用开启时间同步服务接口，中间件将在任务系统中开启参与者所在节点的时间同步服务；

c) 输入参数：无；

d) 返回的变量：无；

e) 前置条件：任务系统已存在；

f) 后置条件：无；

g) 异常：参与者未加入任务系统、所在节点时间同步服务已开启或中间件内部错误。

2) 请求时间同步

接口定义如下：

a) 方法名称：void requestTimeSynchronizing(std::wstring const & timeSynchronizationServerID，TimeOffset & timeOffset)；

b) 方法说明：参与者调用请求时间同步接口，中间件将参与者所在节点的时间与指定的时间同步服务器进行时间同步；

c) 输入参数：时间同步服务器 ID(timeSynchronizationServerID)；

d) 返回的变量：与时间同步服务器的时间偏差 (timeOffset)；

e) 前置条件：任务系统已存在；

f) 后置条件：无；

g) 异常：参与者未加入任务系统、指定的时间同步服务未开启或中间件内部错误。

3) 请求授时

接口定义如下：

a) 方法名称：void requestTimeGiving(std::wstring const & timeSynchronizationServerID)；

b) 方法说明：参与者调用请求授时接口，中间件根据指定的时间同步服务器修改参与者所在节点的时间；

c) 输入参数：时间同步服务器 ID(timeSynchronizationServerID)；

d) 返回的变量：无；

e) 前置条件：任务系统已存在；

f) 后置条件：无；

g) 异常：参与者未加入任务系统、指定的时间同步服务未开启或中间件内部错误。

4) 关闭时间同步服务

接口定义如下：

a) 方法名称：void stopTimeSynchronizationService(void)；

b) 方法说明：参与者调用关闭时间同步服务接口，中间件将在任务系统中关闭参与者所在节点的时间同步服务；

c) 输入参数：无；

d) 返回的变量：无；

e) 前置条件：任务系统已存在；

f) 后置条件：无；

g) 异常：参与者未加入任务系统、指定的时间同步服务未开启或中间件内部错误。

5) 推送时间同步服务通知

接口定义如下：

a) 方法名称：virtual void timeSynchronizationServiceInformationNotification (TimeSynchronizationServiceInformationType informationType，std::wstring const & timeSynchronizationServerID)；

b) 方法说明：推送时间同步服务通知接口由中间件主动调用，用于实现向参与者提供开启时间同步服务和关闭时间同步服务的消息。

c) 输入参数：信息类型 (informationType) 和时间同步服务器 ID(timeSynch-ronizationServerID)；

d) 返回的变量：无；

e) 前置条件：中间件已开启、参与者的时间同步服务通知推送开关已使能；

f) 后置条件：无；

g) 异常：中间件内部错误。

6) 使能时间同步服务通知推送

接口定义如下：

a) 方法名称：void enableTimeSynchronizationServiceInformationAdvisory(void)；

b) 方法说明：参与者调用使能时间同步服务通知推送接口，用于向中间件声明自己开始接收来自中间件的时间同步服务通知推送；

c) 输入参数：无；

d) 返回的变量：无；

e) 前置条件：中间件已开启；

f) 后置条件：参与者的时间同步服务通知推送开关已使能；

g) 异常：中间件内部错误。

7) 禁用时间同步服务通知推送

接口定义如下：

a) 方法名称：void disableTimeSynchronizationServiceInformationAdvisory(void)；

b) 方法说明：参与者调用禁用时间同步服务通知推送接口，用于向中间件声明自己停止接收来自中间件的时间同步服务通知推送；

c) 输入参数：无；

d) 返回的变量：无；

e) 前置条件：中间件已开启；

f) 后置条件：参与者的时间同步服务通知推送开关已禁用；

g) 异常：中间件内部错误。

8) 开启时间推进服务

接口定义如下：

a) 方法名称：void startTimePushService(unsigned long timePushPeriod);

b) 方法说明：参与者调用开启时间同步服务接口，中间件将在任务系统中开启参与者的时间推进服务；

c) 输入参数：推进周期 (timePushPeriod)；

d) 返回的变量：无；

e) 前置条件：任务系统已存在；

f) 后置条件：无；

g) 异常：参与者未加入任务系统、参与者时间推进服务已开启、推进周期无效或中间件内部错误。

9) 注册时间推进请求

接口定义如下：

a) 方法名称：void registerTimePushRequest(std::wstring const & timePushServerID);

b) 方法说明：参与者调用注册时间推进请求接口，申请加入一个已存在的时间推进服务；

c) 输入参数：时间推进服务器 ID(timePushServerID)；

d) 返回的变量：无；

e) 前置条件：任务系统已存在；

f) 后置条件：无；

g) 异常：参与者未加入任务系统、指定的时间推进服务未开启或中间件内部错误。

10) 推进时间

接口定义如下：

a) 方法名称：virtual void pushTime(std::wstring const & timePushServerID, unsigned longticks)；

b) 方法说明：推送时间同步服务通知接口由中间件主动调用，用于实现向参与者提供时间推进节拍；

c) 输入参数：时间同步服务器 ID(timePushServerID) 和当前节拍 (ticks)；

d) 返回的变量：无；

e) 前置条件：任务系统已存在；

f) 后置条件：无；

g) 异常：中间件内部错误。

11) 注销时间推进请求

接口定义如下：

a) 方法名称：void unregisterTimePushRequest(std::wstring const & timePushServerID)；

b) 方法说明：参与者调用注销时间推进请求接口，申请退出一个已加入的时间推进服务；

c) 输入参数：时间推进服务器 ID(timePushServerID)；

d) 返回的变量：无；

e) 前置条件：任务系统已存在；

f) 后置条件：无；

g) 异常：参与者未加入任务系统、指定的时间推进服务未开启、参与者不是指定时间推进服务的推进目标或中间件内部错误。

12) 关闭时间推进服务

接口定义如下：

a) 方法名称：void stopTimePushService(void)；

b) 方法说明：参与者调用关闭时间推进服务接口，中间件将在任务系统中关闭参与者的时间推进服务；

c) 输入参数：无；

d) 返回的变量：无；

e) 前置条件：任务系统已存在；

f) 后置条件：无；

g) 异常：参与者未加入任务系统、指定的时间推进服务未开启或中间件内部错误。

13) 推送时间推进服务通知

接口定义如下：

a) 方法名称：virtual void timePushServiceInformationNotification(TimePush-ServiceInformationType informationType, std::wstring const & timePush-ServerID)；

b) 方法说明：推送时间推进服务通知接口由中间件主动调用，用于实现向参与者提供开启时间推进服务和关闭时间推进服务的消息；

c) 输入参数：信息类型 (informationType)(包括时间推进服务器开启和时间推进服务器关闭) 和时间推进服务器 ID(timePushServerID)；

d) 返回的变量：无；

e) 前置条件：中间件已开启和参与者的时间推进服务通知推送开关已使能；

f) 后置条件：无；

g) 异常：中间件内部错误。

14) 使能时间推进服务通知推送

接口定义如下：

a) 方法名称：void enableTimePushServiceInformationAdvisory(void)；

b) 方法说明：参与者调用使能时间推进服务通知推送接口，用于向中间件声明自己开始接收来自中间件的时间推进服务通知推送；

c) 输入参数：无；

d) 返回的变量：无；

e) 前置条件：中间件已开启；

f) 后置条件：参与者的时间推进服务通知推送开关已使能；

g) 异常：中间件内部错误。

15) 禁用时间推进服务通知推送

接口定义如下：

a) 方法名称：void disableTimePushServiceInformationAdvisory(void)；

b) 方法说明：参与者调用禁用时间推进服务通知推送接口，用于向中间件声明自己停止接收来自中间件的时间推进服务通知推送；

c) 输入参数：无；

d) 返回的变量：无；

e) 前置条件：中间件已开启；

f) 后置条件：参与者的时间推进服务通知推送开关已禁用；

g) 异常：中间件内部错误。

6.4.6 所有权管理服务

所有权管理服务用于实现靶场任务系统运行中节点成员之间传递实例属性的所有权，在成员之间传递实例属性所有权的能力可用于支持系统中给定对象实例的共享。具体功能为：对象实例的多级优先级配置；多资源共享对象实例时的所有权管理；多节点共享对象实例时的所有权管理；“推”模式和“拉”模式下的所有权仲裁。

中间件所有权管理服务接口名称与功能见表 6.10。

1) 释放对象实例所有权

接口定义如下：

a) 方法名称：void releaseObjectInstanceOwnership(std::wstring const & objectInstanceID)；

b) 方法说明：参与者调用释放对象实例所有权接口，通知中间件准备释放其所拥有的一个对象实例的所有权；

c) 输入参数：对象实例 ID(objectInstanceID)；

d) 返回的变量：无；

e) 前置条件：任务系统已存在；

f) 后置条件：无；

g) 异常：参与者未加入任务系统、对象实例不存在、参与者不拥有对象实例的所有权、任务系统不存在可以接收对象实例所有权的参与者、对象实例访问权限不允许所有权转移、已申请释放对象实例所有权或中间件内部错误。

表 6.10　所有权管理服务接口列表

接口名称	功能概述	备注
释放对象实例所有权	参与者释放一个对象实例的所有权	
请求接收对象实例所有权	中间件向参与者通知接收一个对象实例的所有权	回调
取消释放对象实例所有权	参与者取消释放一个对象实例的所有权	
确认释放对象实例所有权	中间件向参与者通知一个对象实例所有权已释放	回调
获取对象实例所有权	参与者请求获取一个对象实例的所有权	
请求释放对象实例所有权	中间件向参与者通知释放一个对象实例的所有权	回调
取消获取对象实例所有权	参与者取消获取一个对象实例的所有权	
确认获取对象实例所有权	中间件向参与者通知已获取一个对象实例的所有权	回调

2) 请求接收对象实例所有权

接口定义如下：

a) 方法名称：virtual void requestObjectInstanceOwnership Assumption(std::wstring const & objectInstanceID)；

b) 方法说明：当参与者调用释放对象实例所有权接口释放其所拥有的一个对象实例的所有权时，中间件主动调用请求接收对象实例所有权接口，用于通知其他参与者可以获取该对象实例的所有权；

c) 输入参数：对象实例 ID(objectInstanceID)；

d) 返回的变量：无；

e) 前置条件：任务系统已存在、参与者已加入任务系统、对象实例已存在、对象实例访问权限为共享和参与者已发布对象类；

f) 后置条件：无；

g) 异常：中间件内部错误。

3) 取消释放对象实例所有权

接口定义如下：

a) 方法名称：void cancelObjectInstanceOwnershipRelease(std::wstring const & objectInstanceID)；

b) 方法说明：参与者调用取消释放对象实例所有权接口，通知中间件取消释放其所拥有的一个对象实例的所有权；

c) 输入参数：对象实例 ID(objectInstanceID)；

d) 返回的变量：无；

e) 前置条件：任务系统已存在；

f) 后置条件：无；

g) 异常：参与者未加入任务系统、对象实例不存在、参与者不拥有对象实例的所有权、对象实例访问权限不允许所有权转移、未申请释放对象实例所有权、存在未处理的对象实例所有权申请或中间件内部错误。

4) 确认释放对象实例所有权

接口定义如下：

a) 方法名称：virtual void confirmObjectInstanceOwnershipRelease(std::wstring const & objectInstanceID)；

b) 方法说明：当中间件准备将一个对象实例的所有权从拥有其的参与者转让给其他参与者时，中间件主动调用确认释放对象实例所有权接口，用于通知当前拥有该对象实例所有权的参与者该对象实例的所有权已被成功释放；

c) 输入参数：对象实例 ID(objectInstanceID)；

d) 返回的变量：无；

e) 前置条件：任务系统已存在、参与者已加入任务系统、对象实例已存在、对象实例访问权限为共享和参与者已发布对象类；

f) 后置条件：无；

g) 异常：中间件内部错误。

5) 获取对象实例所有权

接口定义如下：

a) 方法名称：void acquireObjectInstanceOwnership(std::wstring const & objectInstanceID，unsigned long owenershipLevel)；

b) 方法说明：参与者调用获取对象实例所有权接口，向中间件申请一个对象实例的所有权；

c) 输入参数：对象实例 ID(objectInstanceID) 和所有权级别 (owenershipLevel)；

d) 返回的变量：无；

e) 前置条件：任务系统已存在；

f) 后置条件：无；

g) 异常：参与者未加入任务系统、对象实例不存在、参与者不能接收对象实例所有权、对象实例访问权限不允许所有权转移或中间件内部错误。

6) 请求释放对象实例所有权

接口定义如下：

a) 方法名称：virtual void requestObjectInstanceOwnershipRelease(std::wstring const & objectInstanceID)；

b) 方法说明：当参与者调用获取对象实例所有权接口，申请一个对象实例的所有权时，中间件主动调用请求释放对象实例所有权接口，用于通知拥有该对象实例所有权的参与者可以释放该对象实例的所有权；

c) 输入参数：对象实例 ID(objectInstanceID)；

d) 返回的变量：无；

e) 前置条件：任务系统已存在、参与者已加入任务系统、对象实例已存在、对象实例访问权限为共享和参与者已发布对象类；

f) 后置条件：无；

g) 异常：中间件内部错误。

7) 取消获取对象实例所有权

接口定义如下：

a) 方法名称：void cancelObjectInstanceOwnershipAcquisition(std::wstring const & objectInstanceID)；

b) 方法说明：参与者调用取消获取对象实例所有权接口，通知中间件取消获取一个之前申请的对象实例的所有权；

c) 输入参数：对象实例 ID(objectInstanceID)；

d) 返回的变量：无；

e) 前置条件：任务系统已存在；

f) 后置条件：无；

g) 异常：参与者未加入任务系统、对象实例不存在、对象实例访问权限不允许所有权转移、参与者未申请对象实例所有权或中间件内部错误。

8) 确认获取对象实例所有权

接口定义如下：

a) 方法名称：virtual void confirmObjectInstanceOwnershipAcquisition(std::wstring const & objectInstanceID)；

b) 方法说明：当中间件准备将一个对象实例的所有权从拥有其的参与者转让给其他参与者时，中间件主动调用确认获取对象实例所有权接口，用于通知该被转让的参与者已经成功获取该对象实例的所有权；

c) 输入参数：对象实例 ID(objectInstanceID)；

d) 返回的变量：无；

e) 前置条件：任务系统已存在、参与者已加入任务系统、对象实例已存在、对象实例访问权限为共享和参与者已发布对象类；

f) 后置条件：无；

g) 异常：中间件内部错误。

6.4.7 数据分发管理服务

数据分发管理服务用于实现批量数据的传输，减少发送与接收无关数据，提高靶场任务系统运行过程中数据交换的效率。数据分发管理服务包括数据域管理、属性与数据域操作管理。具体功能为：在订购端与发布端提供基于值的数据过滤机制；提供数据域的数据分发机制，数据域中可包含多个对象实例或对象实例属性；支持数据域的动态配置，配置后的数据域可直接加载入中间件使用；支持多维度表模式的数据值区间过滤模式；支持各种逻辑运算下的数据过滤模式。

中间件数据分发管理服务接口名称与功能见表 6.11。

1) 带域订购对象类

接口定义如下：

a) 方法名称：void subscribeObjectClassWithRegion(std::wstring const & objectClassName，std::wstring const & filteringConstraints)；

b) 方法说明：参与者调用带域订购对象类接口，用于向中间件声明按照域过

滤条件订购一个对象类;

c) 输入参数: 对象类名称 (objectClassName) 和域过滤条件 (filteringConstraints);

d) 返回的变量: 无;

e) 前置条件: 任务系统已存在;

f) 后置条件: 无;

g) 异常: 参与者未加入任务系统、对象类未在任务规划文件中定义、域过滤条件非法或中间件内部错误。

表 6.11 数据分发管理服务接口列表

接口名称	功能概述
带域订购对象类	参与者声明根据数据域过滤条件订购一个对象类
取消带域订购对象类	参与者声明取消根据数据域过滤条件订购一个对象类
带域订购对象类属性	参与者声明根据数据域过滤条件订购对象类的一组属性
取消带域订购对象类属性	参与者声明取消根据数据域过滤条件订购对象类的一组属性
带域订购对象实例	参与者声明根据数据域过滤条件订购对象类的一个实例
取消带域订购对象实例	参与者声明取消根据数据域过滤条件订购对象类的一个实例
带域订购对象实例属性	参与者声明根据数据域过滤条件订购对象实例的一组属性
取消带域订购对象实例属性	参与者声明取消根据数据域过滤条件订购对象实例的一组属性

2) 取消带域订购对象类

接口定义如下:

a) 方法名称: void unSubscribeObjectClassWithRegion(std::wstring const & objectClassName, std::wstring const & filteringConstraints);

b) 方法说明: 参与者调用取消带域订购对象类接口, 用于向中间件声明取消按照域过滤条件订购整个对象类;

c) 输入参数: 对象类名称 (objectClassName) 和域过滤条件 (filteringConstraints);

d) 返回的变量: 无;

e) 前置条件: 任务系统已存在;

f) 后置条件: 无;

g) 异常: 参与者未加入任务系统、对象类未在任务规划文件中定义、域过滤条件非法、参与者未带域订购对象类或中间件内部错误。

3) 带域订购对象类属性

接口定义如下：

a) 方法名称：void subscribeObjectClassAttributesWithRegion(std::wstring const & objectClassName，StringSet const & attributeNameList，std::wstring const & filteringConstraints)；

b) 方法说明：参与者调用带域订购对象类属性，用于向中间件声明按照域过滤条件订购所感兴趣的对象类的一组属性；

c) 输入参数：对象类名称 (objectClassName)、对象类属性名称集合 (attributeNameList) 和域过滤条件 (filteringConstraints)；

d) 返回的变量：无；

e) 前置条件：任务系统已存在；

f) 后置条件：无；

g) 异常：参与者未加入任务系统、对象类未在任务规划文件中定义、属性未在对象类中定义、域过滤条件非法或中间件内部错误。

4) 取消带域订购对象类属性

接口定义如下：

a) 方法名称：void unSubscribeObjectClassAttributesWithRegion(std::wstring const & objectClassName，StringSet const & attributeNameList，std::wstring const & filteringConstraints)；

b) 方法说明：参与者调用取消带域订购对象类属性接口，用于向中间件声明取消按照域过滤条件订购对象类属性；

c) 输入参数：对象类名称 (objectClassName)、对象类属性名称集合 (attributeNameList) 和域过滤条件 (filteringConstraints)；

d) 返回的变量：无；

e) 前置条件：任务系统已存在；

f) 后置条件：无；

g) 异常：参与者未加入任务系统、对象类未在任务规划文件中定义、属性未在对象类中定义、域过滤条件非法、参与者未带域订购对象类属性或中间件内部错误。

5) 带域订购对象实例

接口定义如下：

a) 方法名称：void subscribeObjectInstancesWithRegion(std::wstring const & objectClassName，StringSet const & objectInstanceID，std::wstring const & filteringConstraints)；

b) 方法说明：参与者调用带域订购对象实例接口，用于向中间件声明按照域过滤条件订购一个特定对象实例；

c) 输入参数：对象类名称 (objectClassName)、对象实例 ID(objectInstanceID) 和域过滤条件 (filteringConstraints)；

d) 返回的变量：无；

e) 前置条件：任务系统已存在；

f) 后置条件：无；

g) 异常：参与者未加入任务系统、对象类未在任务规划文件中定义、域过滤条件非法或中间件内部错误。

6) 取消带域订购对象实例

接口定义如下：

a) 方法名称：void unSubscribeObjectInstancesWithRegion(std::wstring const & objectClassName，StringSet const & objectInstanceID，std::wstring const & filteringConstraints)；

b) 方法说明：参与者调用取消带域订购对象实例接口，用于向中间件声明取消按照域过滤条件订购一个特定对象实例；

c) 输入参数：对象类名称 (objectClassName)、对象实例 ID(objectInstanceID) 和域过滤条件 (filteringConstraints)；

d) 返回的变量：无；

e) 前置条件：任务系统已存在；

f) 后置条件：无；

g) 异常：参与者未加入任务系统、对象类未在任务规划文件中定义、域过滤条件非法、参与者未带域订购对象实例或中间件内部错误。

7) 带域订购对象实例属性

接口定义如下：

a) 方法名称：void subscribeObjectInstanceAttributesWithRegion(std::wstring const & objectClassName，StringSet const & objectInstanceID，StringSet const & attributeName，std::wstring const & filteringConstraints)；

b) 方法说明：参与者调用带域订购对象实例属性接口，用于向中间件声明按照域过滤条件订购特定对象实例的一组属性；

c) 输入参数：对象类名称 (objectClassName)、对象实例 ID(objectInstanceID)、对象类属性名称集合 (attributeNameList) 和域过滤条件 (filteringConstraints)；

d) 返回的变量：无；

e) 前置条件：任务系统已存在；

f) 后置条件：无；

g) 异常：参与者未加入任务系统、对象类未在任务规划文件中定义、属性未在对象类中定义、域过滤条件非法或中间件内部错误。

8) 取消带域订购对象实例属性

接口定义如下：

a) 方法名称：void unSubscribeObjectInstanceAttributesWithRegion(std::wstring const & objectClassName，StringSet const & objectInstanceID，StringSet const & attributeNameList，std::wstring const & filtering-Constraints)；

b) 方法说明：参与者调用取消带域订购对象实例属性接口，用于向中间件声明取消按照域过滤条件订购特定对象实例的一组属性；

c) 输入参数：对象类名称 (objectClassName)、对象实例 ID(objectInstanceID)、对象类属性名称集合 (attributeNameList) 和域过滤条件 (filteringConstraints)；

d) 返回的变量：无；

e) 前置条件：任务系统已存在；

f) 后置条件：无；

g) 异常：参与者未加入任务系统、对象类未在任务规划文件中定义、属性未在对象类中定义、域过滤条件非法、参与者未带域订购对象实例属性或者中间件内部错误。

6.4.8 安全管理服务

安全管理服务主要包括主体鉴别服务、特权委托服务、访问控制服务、安全审核服务、通信加密服务等。安全管理服务可根据需要进行安全配置。具体功能为：提供以对象实例为主体的鉴别能力；支持多级授权下的对象实例服务管理和访问控制；支持系统运行过程中对靶场资源的安全审核；实现中间件底层通信数据的加密处理。

安全管理服务接口名称及功能见表 6.12。

表 6.12 安全管理服务接口列表

接口名称	功能概述
鉴别对象实例类型	参与者请求鉴别一个对象实例的类型
设置对象实例访问权限	参与者设置一个对象实例的访问权限
审核参与者安全性	参与者请求审核自身的安全性
开启中间件传输数据加密	参与者启动对中间件底层传输数据的加密处理
停止中间件传输数据加密	参与者停止对中间件底层传输数据的加密处理

1) 鉴别对象实例类型

接口定义如下：

a) 方法名称：void identifyObjectInstanceType(std::wstring const & objectInstanceID，std::wstring & objectClassName)；

b) 方法说明：参与者调用鉴别对象实例类型接口，用于向中间件申请鉴别一个对象实例所属的对象类；

c) 输入参数：对象实例 ID(objectInstanceID) 和对象类名称 (objectClassName)；

d) 返回的变量：对象类名称；

e) 前置条件：任务系统已存在；

f) 后置条件：无；

g) 异常：参与者未加入任务系统、对象实例不存在或中间件内部错误。

2) 设置对象实例访问权限

接口定义如下：

a) 方法名称：void setObjectInstanceAccessPolicy(std::wstring const & objectInstanceID，AccessPolicy accessPolicy)；

b) 方法说明：参与者调用设置对象实例访问权限接口，来修改一个对象实例的访问权限，中间件支持的访问权限包括独占和共享；

c) 输入参数：对象实例 ID(objectInstanceID) 和访问权限 (accessPolicy)(包括独占和共享)；

d) 返回的变量：无；

e) 前置条件：任务系统已存在；

f) 后置条件：无；

g) 异常：参与者未加入任务系统、对象实例不存在、访问权限非法或中间件内部错误。

3) 审核参与者安全性

接口定义如下：

a) 方法名称：void evaluateParticipantSecurity(std::wstring const & participantName，double & securityIndicate)；

b) 方法说明：参与者调用审核参与者安全性接口，用于向中间件申请对任务系统中指定的一个参与者的安全性评价；

c) 输入参数：参与者名称 (participantName) 和安全性指数 (securityIndicate)；

d) 返回的变量：安全性指数；

e) 前置条件：任务系统已存在；

f) 后置条件：无；

g) 异常：参与者未加入任务系统、待审核的参与者未加入任务系统或中间件内部错误。

4) 开启中间件传输数据加密

接口定义如下：

a) 方法名称：void startDataTransportationEncryption(void)；

b) 方法说明：参与者调用开启中间件传输数据加密接口，用于开启中间件对底层所传输数据的加密过程；

c) 输入参数：无；

d) 返回的变量：无；

e) 前置条件：中间件已开启；

f) 后置条件：无；

g) 异常：中间件内部错误。

5) 停止中间件传输数据加密

接口定义如下：

a) 方法名称：void stopDataTransportationEncryption(void)；

b) 方法说明：参与者调用开启中间件传输数据加密接口，用于停止中间件对底层所传输数据的加密过程；

c) 输入参数：无；

d) 返回的变量：无；

e) 前置条件：中间件已开启；

f) 后置条件：无；

g) 异常：中间件内部错误。

6.4.9 其他辅助管理服务

其他辅助管理服务主要指能够被其他外部软件监测运行状态以及提供网络延迟和丢包率的测量服务。接口名称与功能见表 6.13。

1) 查询中间件运行状态

接口定义如下：

a) 方法名称：void queryWorkingStatus(void)；

表 6.13 其他辅助管理服务接口列表

接口名称	功能概述	备注
查询中间件运行状态	参与者查询当前中间件运行状态	
测量网络性能参数	参与者获取节点之间的网络性能参数 (时延和丢包率)	
推送网络性能参数	中间件向参与者提供网络性能参数的测量值	回调

b) 方法说明：参与者调用查询中间件运行状态接口，用于获取中间件正常心跳响应；

c) 输入参数：无；

d) 返回的变量：无；

e) 前置条件：中间件已开启；

f) 后置条件：无；

g) 异常：中间件内部错误。

2) 测量网络性能参数

接口定义如下：

a) 方法名称：void measureNetworkPerformanceParameter(StringPair const & measuredNodeNamePair，NetworkPerformanceParameterType nppType)；

b) 方法说明：参与者调用测量网络性能参数接口，向中间件请求测量两个节点之间的网络性能参数，中间件支持的网络性能参数包括时延与丢包率；

c) 输入参数：待测量节点名称 (measuredNodeNamePair) 和待测量网络性能参数 (nppType)；

d) 返回的变量：无；

e) 前置条件：中间件已开启；

f) 后置条件：无；

g) 异常：待测量节点未启动中间件、待测量网络性能参数非法或中间件内部错误。

3) 推送网络性能参数

接口定义如下：

a) 方法名称：virtual void networkPerformanceParameterValueNotification (StringPair const & measuredNodeNamePair，NetworkPerformanceParameterType nppType，double nppValue)；

b) 方法说明：推送网络性能参数接口由中间件主动调用，用于实现向参与者提供测量得到的网络性能参数当前值；

c) 输入参数：待测量节点名称 (measuredNodeNamePair)、待测量网络性能参数 (nppType)、待测量网络性能参数的当前值 (nppValue)；

d) 返回的变量：无；

e) 前置条件：中间件已开启；

f) 后置条件：无；

g) 异常：中间件内部错误。

6.5 数据档案库访问接口要求

数据档案库是一个存储靶场任务相关信息的、地理分布逻辑集中的数据库，为任务系统正常运行提供必要的数据支持。

数据档案库访问接口要求主要规定公共体系结构中的数据档案库访问接口定义，适用于外部程序或软件对数据档案库的访问及第三方数据档案库访问接口的开发。数据档案库访问接口要求设计框架如图 6.83 所示。

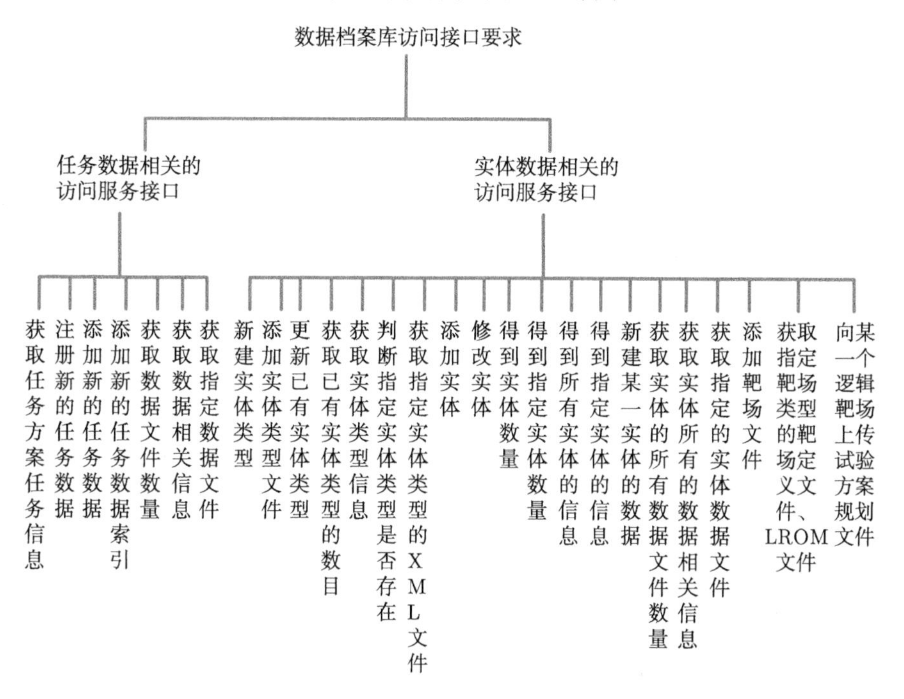

图 6.83 数据档案库访问接口要求设计框架

6.5.1 任务数据相关的访问服务接口

1) 获取任务方案任务信息

接口定义如下：

a) 方法名称：String GetAllTest(String USERNAME，String PASSWORD，String DB_ID，String ProjectID)；

b) 方法说明：得到某一任务方案所有任务的信息；

c) 输入参数: 用户名 (USERNAME)、密码 (PASSWORD)、分库 (DB_ID)、任务方案 ID(ProjectID);

d) 返回数据: json 类型字符串，格式为{result: “返回结果”, error: “返回的错误信息”, array: []}, 其中数组 array 以 json 字符串保存任务信息，格式为{test_id:“任务 id”, test_name: “任务名称”, test_time: “测试时间”, test_type: “任务类型”, dept_name: “部门名称”, op_name: “任务人员”, save_time: “保存时间”, remarks: “备注”};

2) 注册新的任务数据

接口定义如下:

a) 方法名称: String RegisterTestData(String USERNAME, String PASSWORD, String DB_ID, String jsonTem);

b) 方法说明: 注册新的任务数据 (在任务数据列表中新加一行);

c) 输入参数: 用户名 (USERNAME)、密码 (PASSWORD)、分库 (DB_ID)、json 类型字符串，格式为{test_id: “任务 id”, data_type: “数据类型”, DataLocation: “数据位置”, remarkes: “备注”, dept_id: “部门 id”, test_data_name: “数据表或数据文件名称”};

d) 返回数据: json 类型字符串，格式为{result: “返回结果”, error: “返回的错误信息”}。

3) 添加新的任务数据

接口定义如下:

a) 方法名称: String AddTestData(String USERNAME, String PASSWORD, String DB_ID, StringjsonTem);

b) 方法说明: 添加新的任务数据，被本地数据采集器或数据采集组件调用，将采集的二进制数据文件和元数据文件 (XML) 存入任务数据表 (在任务数据列表中新加一行);

c) 输入参数: 用户名 (USERNAME)、密码 (PASSWORD)、分库 (DB_ID)、json 类型字符串，格式为{test_id: “任务 id”, data_type: “数据类型”, remarkes: “备注”, dept_id: “部门 id”, test_data_name: “数据表或数据文件名称”, test_time: “测试时间 (‘yyyy-MM-dd’)”, DataFileBuffer: “十六进制文件指针”, FileName: “文

件名称”，MateData-FileBuffer(StringBuffer.toString())：“十六进制 XML 文件指针”，XMLFileName：“XML 文件名称”}；

d) 返回数据：json 字符串，格式为{result：“返回结果”，error：“返回的错误信息”}。

4) 添加新的任务数据索引

接口定义如下：

a) 方法名称：String AddTestDataIndex(String USERNAME，String PASSWORD，String DB_ID，String jsonTem)；

b) 方法说明：添加新的任务数据索引，被公共数据采集工具调用，并将采集生成的数据表的名称存入任务数据表 (在任务数据列表中新加一行)；

c) 输入参数：用户名 (USERNAME)、密码 (PASSWORD)、分库 (DB_ID)、json 类型字符串，格式为{test_id：“任务 id”，data_type：“数据类型”，remarkes：“备注”，dept_id：“部门 id”，test_time：“测试时间 (‘yyyy-MM-dd’)”，test_data_name：“数据表或数据文件名称”}；

d) 返回数据：json 类型字符串，格式为{result：“返回结果”，error：“返回的错误信息”}。

5) 获取数据文件数量

接口定义如下：

a) 方法名称：String GetTestDataNum(String USERNAME，String PASSWORD，String DB_ID，String TestID)；

b) 方法说明：得到某一任务信息下的所有数据文件数量；

c) 输入参数：用户名 (USERNAME)、密码 (PASSWORD)、分库 (DB_ID)、任务 id(TestID)；

d) 返回数据：json 类型字符串，格式为{result：“返回结果”，error：“返回的错误信息”，total：“数据数量”}。

6) 获取数据相关信息

接口定义如下：

a) 方法名称：String GetAllTestData(String USERNAME，String PASSWORD，String DB_ID，String TestID)；

b) 方法说明：得到某一任务信息下的所有数据相关信息；

c) 输入参数：用户名 (USERNAME)、密码 (PASSWORD)、分库 (DB_ID)、任务 id(TestID)；

d) 返回数据：json 类型字符串，格式为{result：“返回结果”，error：“返回的错误信息”，array：[]}，其中数组 array 以 json 字符串保存数据相关信息，格式为{test_data_id：“任务数据 id”，test_data_name：“数据表或数据文件名称”，test_id：“任务 id”，test_time：“测试时间 (‘yyyy-MM-dd’)”，data_type：“数据类型”，dept_name：“部门名称”，save_time：“保存时间”，remarks：“备注”}。

7) 获取指定数据文件

接口定义如下：

a) 方法名称：String GetFileOfTestData(String USERNAME，String PASSWORD，String DB_ID，String TestDataID)；

b) 方法说明：获取指定的数据文件，并返回是否获取成功；

c) 输入参数：用户名 (USERNAME)、密码 (PASSWORD)、分库 (DB_ID)、任务数据 id (TestDataID)；

d) 返回数据：json 类型字符串，格式为{result：“返回结果”，error：“返回的错误信息”，array：[]}，其中数组 array 以 json 字符串保存数据相关信息，格式为：{FileName：“文件名”，FileLength：“文件长度”，buffer：“十六进制文件流”}。

6.5.2 实体数据相关的访问服务接口

1) 新建实体类型

接口定义如下：

a) 方法名称：String NewEntityType(String USERNAME，String PASSWORD，String DB_ID，String EntityTypeInfo)；

b) 方法说明：添加实体类型 (在实体类型列表中新加一行)；

c) 输入参数：用户名 (USERNAME)、密码 (PASSWORD)、分库 (DB_ID)、json 类型字符串，格式为{entity_type_name：“实体类型名称”，entity_type：“实体类型”，dept_id：“部门 id”，op_name：“操作人员”，remarks：“备注”}；

d) 返回数据：json 类型字符串，格式为{result：“返回结果”，error：“返回的错误信息"，EntityTypeID："新增的实体类型 id"}。

2) 添加实体类型文件

接口定义如下：

a) 方法名称：String AddEntityTypeFile(String USERNAME, String PASSWORD, String DB_ID，String jsonTem)；

b) 方法说明：添加实体类型文件 (XML 文件)；

c) 输入参数：用户名 (USERNAME)、密码 (PASSWORD)、分库 (DB_ID)、json 类型字符串，格式为{entity_type_id:"实体类型 ID"，FileName:"文件名称"，FileBuffer: "(十六进制 StringBuffer.toString())"}；

d) 返回数据：json 类型字符串，格式为{result："返回结果"，error："返回的错误信息"}。

3) 更新已有实体类型

接口定义如下：

a) 方法名称：String ModifyEntityType(String USERNAME，String PASSWORD，String DB_ID，String JsonTem)；

b) 方法说明：更新已有的实体类型 (覆盖实体类型列表中的某一行)，并返回是否更新成功；

c) 输入参数：用户名 (USERNAME)、密码 (PASSWORD)、分库 (DB_ID)、json 类型字符串，格式为{entity_type_id:"实体类型 ID"，entity_type_name:"实体类型名称"，entity_type："实体类型"，dept_id："部门 id"，op_name："操作人员"，remarks："备注"}；

d) 返回数据：json 类型字符串，格式为{result："返回结果"，error："返回的错误信息"，id："更新的实体信息 id"}。

4) 获取已有实体类型的数目

接口定义如下：

a) 方法名称：int GetNumOfEntityType(String USERNAME，String PASSWORD，String DB_ID)；

b) 方法说明：获取已有实体类型的数目；

c) 输入参数：用户名 (USERNAME)、密码 (PASSWORD)、分库 (DB_ID)；

d) 返回数据：已有实体类型数目 total(int)。

5) 获取实体类型信息

接口定义如下：

a) 方法名称：String GetAllOfEntityType (String USERNAME，String PASSWORD，String DB_ID)；

b) 方法说明：获取已有的所有实体类型的信息，并返回；

c) 输入参数：用户名 (USERNAME)、密码 (PASSWORD)、分库 (DB_ID)；

d) 返回数据：json 类型字符串，格式为{result：“返回结果”，error：“返回的错误信息”，array：[]}，其中数组 array 以 json 字符串保存任务信息，格式为{entity_type_id：“实体类型 ID”,entity_type_name:“实体类型名称”，entity_type：“实体类型”，dept_name：“部门名称”，op_name：“操作人员”，save_time：“保存时间”，remarks：“备注”}；

6) 判断指定实体类型是否存在

接口定义如下：

a) 方法名称 String intIsEntityTypeExist(String USERNAME，String PASSWORD，String DB_ID，String EntityTypeName)；

b) 方法说明：判断指定名称的实体类型是否已经存在，并返回该名称的实体类型的数量及其信息；

c) 输入参数：用户名 (USERNAME)、密码 (PASSWORD)、分库 (DB_ID)、任务方案名称 (EntityTypeName)；

d) 返回数据：json 类型字符串，格式为：{result：“返回结果”，error：“返回的错误信息”，total：“实体类型数量”，array：[]}，其中数组 array 是以 json 字符串保存所有该实体类型名称的信息 (0 条或多条)，格式为：{entity_type_id：“实体类型id”，entity_type：“实体类型”，entity_type_name：“实体类型名称”，dept_name：“部门名称”，op_name：“操作人员”，save_time：“保存时间”，remarks：“备注”}。

7) 获取指定实体类型的 XML 文件

接口定义如下：

a) 方法名称：String GetFileOfEntityType(String USERNAME，String PASSWORD，String DB_ID，String EntityTypeID)；

b) 方法说明：获取指定名称的实体类型的 XML 描述文档文件，并返回是否获取成功；

c) 输入参数：用户名 (USERNAME)、密码 (PASSWORD)、分库 (DB_ID)、实体类型 ID(EntityTypeID)；

d) 返回数据：json 类型字符串，格式为{result：“返回结果”，error：“返回的错误信息”，total：“实体类型数量”，array：[]}，其中数组 array 以 json 字符串保存所有 XML 文档的信息 (0 条或多条)，格式为：{FileName：“文件名称”，FileLength：“文件长度”，buffer：“十六进制文件流”}。

8) 添加实体

接口定义如下：

a) 方法名称：NewEntity(String USERNAME，String PASSWORD，String DB_ID，String EntityTypeInfo)；

b) 方法说明：针对某一实体类型，添加实体 (在实体列表中新加一行)；

c) 输入参数：用户名 (USERNAME)、密码 (PASSWORD)、分库 (DB_ID)、json 类型字符串，格式为{entity_type_id：“实体类型 id”，entity_name：“实体名称”，entity_type：“实体类型”，dept_id：“部门 id”，op_name：“操作人员”，test_time：“测试时间 (‘yyyy-MM-dd’)”，remarks：“备注”}；

d) 返回数据:json 类型字符串，格式为{result：“返回结果”，error：“返回的错误信息”，id：“新生成的实体 id”}。

9) 修改实体

接口定义如下：

a) 方法名称：String ModifyEntity(String USERNAME，String PASSWORD，String DB_ID，String EntityInfo)；

b) 方法说明：修改实体；

c) 输入参数：用户名 (USERNAME)、密码 (PASSWORD)、分库 (DB_ID)、json 类型字符串，格式为{entity_id：“实体 id”，entity_type_id：“实体类型 id”，entity_name：“实体名称”，entity_status：“实体类型”，dept_id：“部门 id”，op_name：“操作人员”，test_time：“测试时间 (‘yyyy-MM-dd’)”，remarks：“备注”}；

d) 返回数据：json 类型字符串，格式为{result：“返回结果”，error：“返回的错误信息”，id：“被更新的实体 id”}。

10) 得到实体数量

接口定义如下：

a) 方法名称：int GetAllEntityNum(String USERNAME，String PASSWORD，String DB_ID)；

b) 方法说明：得到所有的实体数量；

c) 输入参数：用户名 (USERNAME)、密码 (PASSWORD)、分库 (DB_ID)；

d) 返回数据：实体数量 total(int)。

11) 得到指定实体数量

接口定义如下：

a) 方法名称：int GetEntityNum(String USERNAME，String PASSWORD，String DB_ID，String EntityTypeID)；

b) 方法说明：得到某一实体类型的实体数量；

c) 输入参数：用户名 (USERNAME)、密码 (PASSWORD)、分库 (DB_ID)、实体类型 id(EntityTypeID)；

d) 返回数据：实体数量 total(int)。

12) 得到所有实体的信息

接口定义如下：

a) 方法名称：String GetAllEntityInfo(String USERNAME，String PASSWORD，String DB_ID，String EntityTypeID)；

b) 方法说明：得到某一实体类型的所有实体的信息；

c) 输入参数：用户名 (USERNAME)、密码 (PASSWORD)、分库 (DB_ID)、实体类型 id (EntityTypeID)；

d) 返回数据：json 类型字符串，格式为{result：“返回结果”，error：“返回的错误信息”，array：[]}，其中数组 array 以 json 字符串保存该实体类型下的所有实体信息 (0 条或多条)，格式为：{entity_id：“实体 id”，entity_name：“实体名称”，entity_status：“实体类型”，dept_name：“部门名称”，op_name：“操作人员”，test_time：“测试时间 (‘yyyy-MM-dd’)”，save_time：“保存时间”，remarks：“备注”}。

13) 得到指定实体的信息

接口定义如下：

a) 方法名称：String GetEntityInfo(String USERNAME，String PASSWORD，String DB_ID，String EntityID)；

b) 方法说明：得到某一实体的信息；

c) 输入参数：用户名 (USERNAME)、密码 (PASSWORD)、分库 (DB_ID)、实体 id(EntityID)；

d) 返回数据：json 类型字符串，格式为{result：“返回结果”，error：“返回的错误信息”}，其中数组 array 以 json 字符串保存该实体类型下的所有实体信息 (0 条或多条)，格式为{entity_id：“实体 id”，entity_name：“实体名称”，entity_status：“实体类型”，dept_name：“部门名称”，op_name：“操作人员”，test_time：“测试时间 (‘yyyy-MM-dd’)”，save_time：“保存时间”，remarks：“备注”}。

14) 新建某一实体的数据

接口定义如下：

a) 方法名称：String NewEntityData(String USERNAME，String PASSWORD，String DB_ID，String JsonTem)；

b) 方法说明：新建某一实体的数据 (在实体历史数据列表中添加一行)；

c) 输入参数：用户名 (USERNAME)、密码 (PASSWORD)、分库 (DB_ID)、json 类型字符串，格式为{entity_id：“实体 id”，entity_type_id：“实体类型 id”，dept_id：“部门 id”，test_time：“测试时间 (‘yyyy-MM-dd’)”，save_time：“保存时间 (‘yyyy-MM-dd’)”，remarks：“备注”，FileBuffer：“十六进制文件流”，FileName：“文件名称”}；

d) 返回数据：json 类型字符串，格式为{result：“返回结果”，error：“返回的错误信息”，entity_test_id：“新增的实体数据 id”}。

15) 获取实体的所有数据文件数量

接口定义如下：

a) 方法名称：int GetEntityDataNum(String USERNAME，String PASSWORD，String DB_ID，String EntityID)；

b) 方法说明：得到某一实体的所有数据文件数量；

c) 输入参数：用户名 (USERNAME)、密码 (PASSWORD)、分库 (DB_ID)、实

体 id (EntityID)；

d) 返回数据：实体数据数量 total(int)。

16) 获取实体所有的数据相关信息

接口定义如下：

a) 方法名称：String GetAllEntityData(String USERNAME，String PASSWORD，String DB_ID，String EntityID)；

b) 方法说明：得到某一实体所有的数据相关信息；

c) 输入参数：用户名 (USERNAME)、密码 (PASSWORD)、分库 (DB_ID)、实体 id(EntityID)；

d) 返回数据：json 类型字符串，格式为{result：“返回结果”，error：“返回的错误信息”，array：[]}，其中数组 array 以 json 字符串保存该实体下的所有实体数据信息 (0 条或多条)，格式为{entity_test_id：“实体数据 id”，entity_id：“实体 id”，dept_id：“部门 id”，entity_type_id：“实体类型 id”，dept_name：“部门名称”，save_time：“保存时间”，cssj：“测试时间”，entity_name：“实体名称”，entity_type_name：“实体类型名称”，remarks：“备注”}。

17) 获取指定的实体数据文件

接口定义如下：

a) 方法名称：String GetFileOfEntityData(String USERNAME，String PASSWORD，String DB_ID，String EntityDataID)；

b) 方法说明：获取指定的实体数据文件，并返回是否获取成功；

c) 输入参数：用户名 (USERNAME)、密码 (PASSWORD)、分库 (DB_ID)、实体数据 id(EntityDataID)；

d) 返回数据：json 类型字符串，格式为{result：“返回结果”，error：“返回的错误信息”，array：[]}，其中数组 array 是以 json 字符串保存该实体数据下的所有实体数据文件 (0 条或多条)，格式为{FileName：“文件名称”，FileLength：“文件长度”，buffer：“十六进制文件流”}。

18) 添加靶场文件

接口定义如下：

a) 方法名称：String AddLogicalRangeFile(String USERNAME，String PASSWORD，String DB_ID，String json)；

b) 方法说明：添加靶场文件 (靶场定义文件、LROM 文件)；

c) 输入参数：用户名 (USERNAME)、密码 (PASSWORD)、分库 (DB_ID)、json 类型字符串，格式为{logical_range_id:“靶场 ID”，FileName：“文件名称”，FileBuffer：“(十六进制 StringBuffer.toString())”}；

d) 返回数据：json 类型字符串，格式为{result：“返回结果”，error：“返回的错误信息”}。

19) 获取指定靶场类型的靶场定义文件、LROM 文件

接口定义如下：

a) 方法名称：String GetFileOfLogicalRangeType(String USERNAME，String PASSWORD，String DB_ID，String LogicalRangeID)；

b) 方法说明：获取指定名称的靶场类型的靶场定义文件、LROM 文件，并返回是否获取成功；

c) 输入参数：用户名 (USERNAME)、密码 (PASSWORD)、分库 (DB_ID)、靶场 ID(logical_range_id)；

d) 返回数据：json 类型字符串，格式为{result：“返回结果”，error：“返回的错误信息”，total：“靶场类型数量”，array：[]}，其中数组 array 中是以 json 字符串保存所有靶场定义文件、逻辑靶场 LROM 文件的信息 (0 条或多条)，格式为{FileName：“文件名称”，FileLength：“文件长度”，buffer：“十六进制文件流”}。

20) 向某一个逻辑靶场上传试验方案规划文件

接口定义如下：

a) 方法名称：String NewProject(String USERNAME，String PASSWORD，String DB_ID，StringjsonTem)；

b) 方法说明：上传试验方案；

c) 输入参数：用户名 (USERNAME)、密码 (PASSWORD)、分库 (DB_ID)、json 类型字符串，格式为{USERNAME：“用户名”，PASSWORD：“密码”，logical_range_id：“靶场 ID”，project_name：“试验方案名称”，project_type：“试验方案类型”，dept_id：“部门 ID”，试验人员 ID，remarks：“备注”}；

d) 返回数据：json 类型字符串，格式为{result：“返回结果”，error：“返回的错误信息”，project_id：“返回的试验方案 id”}。

6.6 资源仓库访问接口要求

资源仓库是存储靶场资源相关信息的、地理分布逻辑集中的数据库，在资源仓库管理工具的管理下可以为用户提供完善的资源管理服务。

资源仓库访问接口要求主要规定公共体系结构中的资源仓库访问接口定义，适用于外部程序或软件对资源仓库的访问及第三方资源仓库访问接口的开发。资源仓库访问接口要求设计框架如图 6.84 所示。

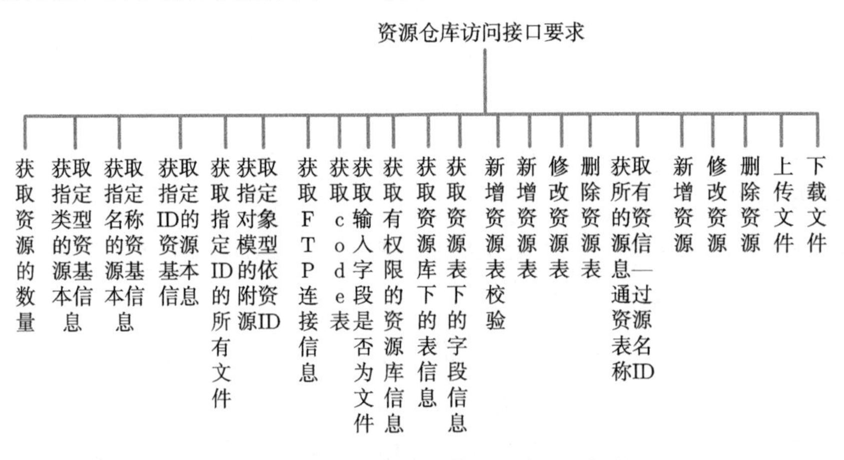

图 6.84 资源仓库访问接口要求设计框架

1) 获取资源的数量

接口定义如下：

a) 方法名称：GetNum(String USERNAME，String PASSWORD，String RESOURCES_TYPE)；

b) 方法说明：得到某一类资源类型下的资源数量，当类型为空时查询所有资源数量；

c) 输入参数：用户名 (USERNAME)、密码 (PASSWORD)、资源类型 (RESOURCES_TYPE)，当查询对象模型时，RESOURCES_TYPE 输入 objmodel，当查询任务资源时，RESOURCES_TYPE 输入 testsource，当查询软件资源时，

RESOURCES_TYPE 输入 softsource，当查询场景数据时，RESOURCES_TYPE 输入 plotsource，当 RESOURCES_TYPE 输入为空时为查询所有类型资源；

d) 返回数据：执行结果 (rs：1-成功；−1-失败)，错误码 (err)，结果数量 (num)，列表 (value，备注：列表为空)。

2) 获取指定类型的资源基本信息

接口定义如下：

a) 方法名称：GetInfoOfAll(String USERNAME，String PASSWORD，String RESOURCES_TYPE)；

b) 方法说明：得到某一资源类型下的资源的基本信息，当类型为空时查询所有资源的基本信息；

c) 输入参数：用户名 (USERNAME)、密码 (PASSWORD)、资源类型 (RESOURCES_TYPE)，当查询对象模型时，RESOURCES_TYPE 输入 objmodel，当查询任务资源时，RESOURCES_TYPE 输入 testsource，当查询软件资源时，RESOURCES_TYPE 输入 softsource，当查询场景数据时，RESOURCES_TYPE 输入 plotsource，当 RESOURCES_TYPE 输入为空时为查询所有类型资源；

d) 返回数据：执行结果 (rs：1-成功，−1-失败)，错误码 (err)，结果数量 (num)，列表 (value)；

e) 列表数据：所属库 ID(DB_ID)、资源类型 (RESOURCES_TYPE)、资源 ID (RESOURCES_ID)、资源名称 (RESOURCES_NAME)、版本 (RESOURCES_EDITION)、用途类型 (RESOURCES_USE_TYPE)、所属单位 (DEPARTMENT_NAME)、负责人 (USERFULLNAME)。

3) 获取指定名称的资源基本信息

接口定义如下：

a) 方法名称：GetInfoOfSelect(String USERNAME，String PASSWORD，String RESOURCES_TYPE，String RESOURCES_NAME)；

b) 方法说明：通过名称查询得到某一类资源类型下的资源基本信息，当类型为空时查询通过名称匹配资源的基本信息；

c) 输入参数：用户名 (USERNAME)、密码 (PASSWORD)、资源类型 (RESOURCES_TYPE)、资源名称 (RESOURCES_NAME)，当查询对象模型时，

RESOURCES_TYPE 输入 objmodel，当查询任务资源时，RESOURCES_TYPE 输入 testsource，当查询软件资源时，RESOURCES_TYPE 输入 softsource，当查询场景数据时，RESOURCES_TYPE 输入 plotsource，当 RESOURCES_TYPE 输入为空时为查询所有类型资源；

d) 返回数据：执行结果 (rs：1-成功，−1-失败)，错误码 (err)，结果数量 (num)，列表 (value)；

e) 列表数据：所属库 ID(DB_ID)、资源类型 (RESOURCES_TYPE)、资源 ID (RESOURCES_ID)、资源名称 (RESOURCES_NAME)、版本 (RESOURCES_EDITION)、用途类型 (RESOURCES_USE_TYPE)、所属单位 (DEPARTMENT_NAME)、负责人 (USERFULLNAME)。

4) 获取指定 ID 的资源基本信息

接口定义如下：

a) 方法名称：GetInfoOfSelectID(String USERNAME，String PASSWORD，String RESOURCES_TYPE，String RESOURCES_ID)；

b) 方法说明：通过资源 ID 查询得到某一类资源类型下的资源基本信息，当类型为空时查询通过资源 ID 匹配资源的基本信息；

c) 输入参数：用户名 (USERNAME)、密码 (PASSWORD)、资源类型 (RESOURCES_TYPE)、资源 ID(RESOURCES_ID)，当查询对象模型时，RESOURCES_TYPE 输入 objmodel，当查询任务资源时，RESOURCES_TYPE 输入 testsource，当查询软件资源时，RESOURCES_TYPE 输入 softsource，当查询场景数据时，RESOURCES_TYPE 输入 plotsource，当 RESOURCES_TYPE 输入为空时为查询所有类型资源；

d) 返回数据：执行结果 (rs：1-成功，−1-失败)，错误码 (err)，结果数量 (num)，列表 (value)；

e) 列表数据：所属库 ID(DB_ID)、资源类型 (RESOURCES_TYPE)、资源 ID(RESOURCES_ID)、资源名称 (RESOURCES_NAME)、版本 (RESOURCES_EDITION)、用途类型 (RESOURCES_USE_TYPE)、所属单位 (DEPARTMENT_NAME)、负责人 (USERFULLNAME)。

5) 获取指定 ID 的所有文件

接口定义如下：

a) 方法名称：GetAllFiles(String USERNAME，String PASSWORD，String RESOURCES_ID)；

b) 方法说明：查询通过资源 ID 匹配资源的所有文件的 FTP 文件地址；

c) 输入参数：用户名 (USERNAME)、密码 (PASSWORD)、资源 ID(RESOURCES_ID)；

d) 返回数据：执行结果 (rs：1-成功，−1-失败)，错误码 (err)，结果数量 (num)，列表 (value)；

e) 列表数据：ftp 文件路径 (path)。

6) 获取指定对象模型的依附资源 ID

接口定义如下：

a) 方法名称：GetDependID(String USERNAME，String PASSWORD，String RESOURCES_TYPE，String RESOURCES_ID)；

b) 方法说明：查询通过资源 ID 匹配资源的所有依附资源的 ID；

c) 输入参数：用户名 (USERNAME)、密码 (PASSWORD)、资源类型 (RESOURCES_TYPE)、资源 ID(RESOURCES_ID)；

d) 返回数据：执行结果 (rs：1-成功，−1-失败)、错误码 (err)、结果数量 (num)、列表 (value)；

e) 列表数据：依赖资源 id(RELY_ID)。

7) 获取 FTP 连接信息

接口定义如下：

a) 方法名称：GetFTPinfoSOFT；

b) 方法说明：获取所有资源库的 Ftp 服务器连接信息；

c) 输入参数：空；

d) 返回数据：执行结果 (rs：1-成功，−1-失败)，错误码 (err)，结果数量 (num)，列表 (value)；

e) 列表数据：FTP 地址 (FTP_PATH)、FTP 端口 (FTP_PORT)、FTP 用户名 (FTP_USER)、FTP 密码 (FTP_PWD)、所属库 ID(DB_ID)。

8) 获取 code 表

接口定义如下：

a) 方法名称：getcode(String USERNAME，String PASSWORD)；

b) 方法说明：获取 Code 表所有数据信息，包括 code 类型、code 值与说明；

c) 输入参数：用户名 (USERNAME)、密码 (PASSWORD)；

d) 返回数据：执行结果 (rs：1-成功，–1-失败)，错误码 (err)，结果数量 (num)，列表 (value)；

e) 列表数据：code 类型 (code_type)、code 值 (code_val)、code 描述 (code_des1)。

9) 获取输入字段是否为文件

接口定义如下：

a) 方法名称：UniGet(String USERNAME，String PASSWORD，String RESOURCES_ID，StringCOL_NAME)；

b) 方法说明：通过返回的 isfile 字段判断输入的字段是否是文件，是返回 0，不是返回 1；

c) 输入参数：用户名 (USERNAME)、密码 (PASSWORD)、资源 ID(RESOURCES_ID)、列名 (COL_NAME)；

d) 返回数据：执行结果 (rs：1-成功，–1-失败)，错误码 (err)，结果数量 (num)，列表 (value)；

e) 列表数据：是否是文件 (isfile)(0-是文件，1-不是文件)，字段值 (value)。

10) 获取 (资源维护管理员) 有权限的资源库信息

接口定义如下：

a) 方法名称：GetManagerPowerList(String USERNAME，String PASSWORD)；

b) 方法说明：通过用户名密码获取维护管理员有权限的资源库信息；

c) 输入参数：用户名 (USERNAME)、密码 (PASSWORD)；

d) 返回数据：执行结果 (rs：1-成功，–1-失败)，错误码 (err)，结果数量 (num)，列表 (value)；

e) 列表数据：资源库 ID(DBID)、资源库名称 (DB_NAME)、资源库 IP 地址 (SERVER_IP)。

11) 获取资源库下的表信息

接口定义如下：

a) 方法名称：GetTables(String USERNAME，String PASSWORD，String DBID)；

b) 方法说明：获取资源库下表的信息，包括资源库 ID 及表的名称及说明；

c) 输入参数：用户名 (USERNAME)、密码 (PASSWORD)、资源库 ID(DBID)；

d) 返回数据：执行结果 (rs：1-成功，−1-失败)，错误码 (err)，结果数量 (num)，列表 (value)；

e) 列表数据：资源表名称 ID(RESOURCES_NAME_ID)、资源表名称 (RESOURCES_NAME)、数据库表名称 (TABLE_NAME)，其中资源表名称为要创建表的说明名称，数据库表名称为要创建表在数据库中实际的表名称。

12) 获取资源表下的字段信息

接口定义如下：

a) 方法名称：GetCols(String USERNAME，String PASSWORD，String DBID，String RESOURCES_NAME_ID)；

b) 方法说明：通过资源表的 ID 获取资源表里有哪些字段及字段的基本属性；

c) 输入参数：用户名 (USERNAME)、密码 (PASSWORD)、资源库 ID(DBID)、资源表名称 ID(RESOURCES_NAME_ID)；

d) 返回数据：执行结果 (rs：1-成功，−1-失败)，错误码 (err)，结果数量 (num)，列表 (value)；

e) 列表数据：字段名 (COL_NAME)、字段描述 (COL_DES)、是否可空 (IS_NULL)、字段类型 (COL_TYPE)、是否为文件 (IS_FILE)。

13) 新增资源表校验

接口定义如下：

a) 方法名称：AddTableVali(String USERNAME，String PASSWORD，String DBID，String RESOURCES_NAME，String TABLE_NAME)；

b) 方法说明：建表前校验输入的表名及描述是否有重复，校验通过才可以建表；

c) 输入参数：用户名 (USERNAME)、密码 (PASSWORD)、资源库 ID(DBID)、

资源表名称 (RESOURCES_NAME)、数据库表名称 (TABLE_NAME)，其中资源表名称为要创建表的说明名称，数据库表名称为要创建表在数据库中实际的表名称；

d) 返回数据：执行结果 (rs：1-成功，−1-失败)，错误码 (err)，资源表名称 ID(RESOURCES_NAME_ID)。

14) 新增资源表

接口定义如下：

a) 方法名称：AddTable(String USERNAME，String PASSWORD，String DBID，String RESOURCES_NAME_ID，String TABLE_NAME，String COLS)；

b) 方法说明：通过新增资源表校验后，通过返回的资源表名称 ID、输入表名及表字段进行建表操作；

c) 输入参数：用户名 (USERNAME)、密码 (PASSWORD)、资源库 ID(DBID)、资源表名称 ID(RESOURCES_NAME_ID)、数据库表名称 (TABLE_NAME)、数据库字段信息 (COLS)，其中资源表名称 ID 由 AddTableVali() 接口校验成功后返回，数据库表名称为要创建表在数据库中实际的表名称，数据库字段信息 (COLS) 为 json 类型的字符串，格式为{array：[]}，数组 array 以 json 字符串保存各字段信息 (1 条或多条)，格式为{COL_NAME:"字段名"，COL_DES："字段描述"，IS_NULL："是否可空"，COL_TYPE："字段类型"，IS_FILE："是否为文件"}；

d) 返回数据：执行结果 (rs：1-成功，−1-失败)，错误码 (err)。

15) 修改资源表

接口定义如下：

a) 方法名称：EditTable(String USERNAME，String PASSWORD，String DBID，String RESOURCES_NAME_ID，String COLS)；

b) 方法说明：通过资源表名称 ID 及要修改的字段数据进行修改表操作；

c) 输入参数：用户名 (USERNAME)、密码 (PASSWORD)、资源库 ID(DBID)、资源表名称 ID(RESOURCES_NAME_ID)、数据库表名称 (TABLE_NAME)、数据库字段信息 (COLS)，其中数据库字段信息 (COLS) 为 json 类型的字符串，格式为{array：[]}，数组 array 以 json 字符串保存各字段信息 (1 条或多条)，格式为{COL_NAME:"字段名"，COL_DES："字段描述"，IS_NULL："是否可空"，COL_TYPE："字段类型"，IS_FILE："是否为文件"}；

d) 返回数据：执行结果 (rs：1-成功，−1-失败)，错误码 (err)。

16) 删除资源表

接口定义如下：

a) 方法名称：DeleteTable(String USERNAME，String PASSWORD，String DBID，String RESOURCES_NAME_ID)；

b) 方法说明：通过资源表名称 ID 进行删除表操作；

c) 输入参数：用户名 (USERNAME)、密码 (PASSWORD)、资源库 ID(DBID)、资源表名称 ID(RESOURCES_NAME_ID)；

d) 返回数据：执行结果 (rs：1-成功，−1-失败)，错误码 (err)。

17) 获取所有的资源信息 —— 通过资源表名称 ID

接口定义如下：

a) 方法名称：GetInfoOfAllByID(String USERNAME，String PASSWORD，String DBID，StringRESOURCES_NAME_ID)；

b) 方法说明：通过资源表名称 ID 获取此表下的所有资源信息；

c) 输入参数：用户名 (USERNAME)、密码 (PASSWORD)、数据库 (DBID)、资源表名称 ID(RESOURCES_NAME_ID)，当 RESOURCES_NAME_ID 传入空字符时获取所有资源表的资源；

d) 返回数据：执行结果 (rs：1-成功, −1-失败)，错误码 (err)，结果数量 (num)，列表 (value)；

e) 列表数据：资源 ID(resources_id)、资源信息列表 (datas)；

f) 资源信息列表数据: 字段名 (colname)、字段描述 (coldes)、字段值 (colvalue)。

18) 新增资源

接口定义如下：

a) 方法名称：AddResource(String USERNAME，String PASSWORD，String DBID，String RESOURCES_NAME_ID，String DATAS)；

b) 方法说明：通过资源表名称 ID 及要添加的数据信息，进行新增资源操作；

c) 输入参数: 用户名 (USERNAME)、密码 (PASSWORD)、资源库 ID(DBID)、资源表名称 ID(RESOURCES_NAME_ID)，资源信息 (DATAS)，其中 DATAS 为 json 类型的字符串，格式为{array：[]}, 数组 array 以 json 字符串保存各字段信息

(1 条或多条)，格式为{COL_NAME:“字段名”，COL_VALUE：“字段值”}；

d) 返回数据：执行结果 (rs：1-成功，−1-失败)，错误码 (err)。

19) 修改资源

接口定义如下：

a) 方法名称：UpdateResource(String USERNAME，String PASSWORD，String DBID，String RESOURCES_ID，String DATAS)；

b) 方法说明：通过资源 ID 及要修改的数据信息，进行修改资源操作；

c) 输入参数：用户名 (USERNAME)，密码 (PASSWORD)，资源库 ID(DBID)，资源 ID(RESOURCES_ID)，资源信息 (DATAS)，其中 DATAS 为 json 类型的字符串，格式为{array：[]}，数组 array 以 json 字符串保存各字段信息 (1 条或多条)，格式为{COL_NAME:“字段名”，COL_VALUE：“字段值”}；

d) 返回数据：执行结果 (rs：1-成功，−1-失败)，错误码 (err)。

20) 删除资源

接口定义如下：

a) 方法名称：DeleteResource(String USERNAME，String PASSWORD，String DBID，String RESOURCES_ID)；

b) 方法说明：通过资源 ID，进行删除资源操作；

c) 输入参数：用户名 (USERNAME)、密码 (PASSWORD)、资源库 ID(DBID)、资源 ID(RESOURCES_ID)；

d) 返回数据：执行结果 (rs：1-成功，−1-失败)，错误码 (err)。

21) 上传文件

接口定义如下：

a) 方法名称：UploadFile(String USERNAME，String PASSWORD，String DBID，String File-Buffer)；

b) 方法说明：通过传入二进制文件流生成文件传入资源库，返回传入文件在 ftp 服务器里的地址；

c) 输入参数：用户名 (USERNAME)、密码 (PASSWORD)、资源库 ID(DBID)、文件的二进制数组字符串 (FileBuffer)；

d) 返回数据：执行结果 (rs：1-成功，−1-失败)，错误码 (err)，文件路径 (filepath)。

22) 下载文件

接口定义如下：

a) 方法名称：DownloadFile(String USERNAME，String PASSWORD，String DBID，String File-path)；

b) 方法说明：通过传入文件在 ftp 服务器里的地址，返回二进制文件流；

c) 输入参数：用户名 (USERNAME)、密码 (PASSWORD)、资源库 ID(DBID)，文件路径 (Filepath)；

d) 返回数据：执行结果 (rs：1-成功，−1-失败)，错误码 (err)，文件的二进制数组字符串 (fileBuffer)。

6.7 资源接入要求

按接入方式进行分类，将接入公共体系结构的资源分为协议式资源和驱动程序式资源。这两类资源接入要求如下：

1) 协议式资源

协议式资源又分为具备独立对外信息接口的资源和不具备独立对外信息接口的资源。

具备独立对外信息接口的资源能够通过独立的对外信息接口与外部其他资源直接进行信息交互。此类资源采用前面提到的组件模型建模要求中的“基于协议的组件模型开发方法”，直接将对外信息接口以组件方式封装后接入公共体系结构，接入方式如图 6.85 所示。采用此方式应明确两点：一是必须明确对外信息接口的物理通信方式；二是必须明确资源对外接口的通信协议。

不具备独立对外信息接口的资源是指资源相对封闭，不能与外部其他资源直接进行信息交互。此类资源应通过组件方式封装其内部子系统或部件，进而间接将整个资源接入公共体系结构，接入方式如图 6.86 所示。采用此方式应明确两点：一是资源内部各子系统或部件的物理通信方式；二是资源内部各子系统或部件通过总线进行信息交互的通信协议。

2) 驱动程序式资源

此类资源以驱动程序方式实现对其完全访问与控制，以组件方式封装其驱动程序后接入公共体系结构，采用此方式应明确两点：一是对资源具有完全操控能力的驱动程序；二是驱动程序说明文档。

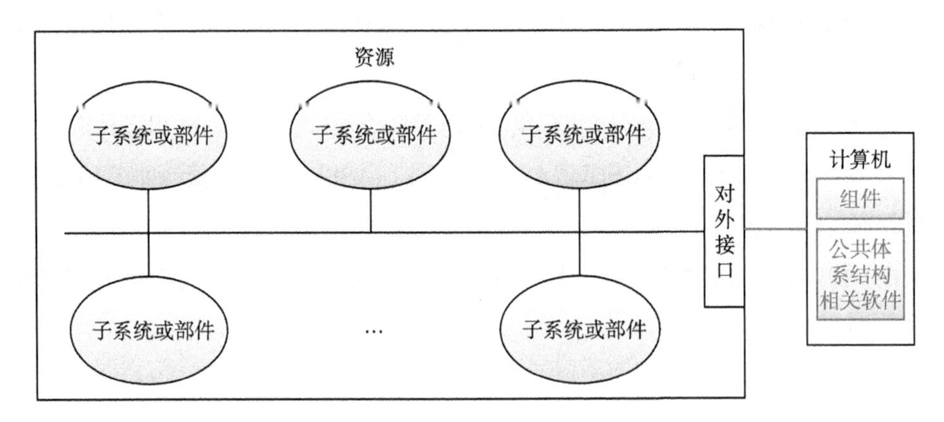

图 6.85　具备独立对外信息接口的资源接入方式

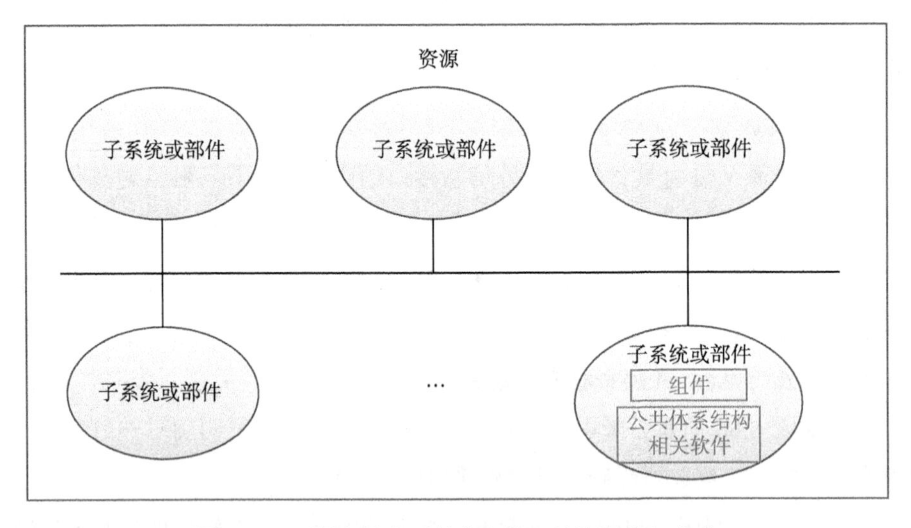

图 6.86　不具备独立对外信息接口的资源接入方式

6.8　任务相关要求

任务相关要求主要包括数据采集和存储要求、任务过程控制要求、任务指挥显示要求以及资源的开放属性要求。

1) 数据采集和存储要求

数据采集方式分为网络传输数据的采集和资源自身数据的采集。前者通过数据的订购发布机制实现实时采集；后者是在任务过程中，资源记录其自身的相关数据，并在任务结束后，通过网络或其他传输方式统一上传到数据档案库。

数据存储要求数据结构为开放式，支持多种访问方式，并能够转换成其他多种文件格式。数据存储文件分为任务数据文件和数据自描述文件。任务数据文件存储任务过程中录取的原始数据，宜以任务时间命名。该文件应具有自描述功能，数据列自身应提供该列的类型、长度等基本信息，推荐采用数据库结构。数据自描述文件包括任务过程说明和任务数据说明两部分，任务过程说明描述任务基本信息，包括任务起止时间、参与任务的资源名称和任务结果等，任务数据说明是描述数据的基本信息，包括数据名称、编号、数据类型、数据长度、信源、信宿、生成时间、物理意义和传输方式等。

2) 任务过程控制要求

任务过程应独立描述、不依赖程序开发者，由操控人员独立实时修改并运行任务。任务过程控制要求主要包括任务过程控制功能要求和任务过程描述方式。

任务过程控制功能的具体要求为：执行任务过程的初始化工作，分别进行任务系统配置、任务装备初始化、系统对时和倒计时操作；支持顺序、分支、条件判断、循环、定时、延时等操作；可调用相应的控制指令，下发到各任务装备，并接收装备的状态或数据；提供通用任务装备控制指令，如复位、对时、初始化、自检、启动工作、暂停工作、停止工作，并预留控制指令扩展接口；提供读取任务设备工作状态及工作数据接口，并判断任务设备工作是否正常，任务数据是否正常；当指挥人员参与任务过程控制时，应能按照指挥人员要求动态配置控制指令，完成指挥人员指定的任务过程。

任务过程描述方式采用 XML、表格化语言和代码三种方式。各种描述方式应具备手动单步操作、暂停任务流程、动态配置控制指令功能，以实现随时接收指挥人员指令和操控任务设备。

a. XML 描述方式

XML 描述方式规定任务流程采用的关键字及流程框架的格式。

关键字内容具体如表 6.14 所示。

表 6.14 任务流程关键字说明

序号	名称	说明
1	任务名称 Test	本次任务的名称
2	任务流程名称 Test Course	任务流程的名称
3	控制参数 ParameterID	与控制指令组合成唯一的标识
4	控制指令 Command	即指令类型，它与控制参数组合成唯一的标识，通过该标识索引到相应的控制命令，完成指定的操作；控制指令可按不同作用分为不同的类型，控制指令的类型见表 6.15，可根据用户需求不断扩充完善
5	目标设备 TargetDevice	该控制项的目标设备
6	超时设置 TimeOut	格式为 NsNn，其中 N 为数值，s 为秒，n 为次
7	标准值 Standard	对 IN 回读函数有效，用于判断回读值是否符合标准，符合则置该控制结果为 “pass”，否则置 “fail”
8	上限 UpLimit、 下限 DownLimit	对 IN 回读函数有效，用于判断回读值是否在有效范围之内，若是则置控制结果为 “pass”，否则置 “fail”。上、下限的优先级低于标准值
9	单步执行标志 StepFlag	此标志为 TRUE 时，该条控制指令的执行需用户触发

流程框架规定任务流程关键字的组合顺序、关键字的书写方式及流程的填写格式。举例如下：

a) 流程分 4 层描述：第 1 层描述任务名称，第 2 层描述任务流程名称，第 3 层描述控制命令，第 4 层描述控制参数、目标设备、超时设置、标准值、上限、下限；

b) 每个关键字应有对应的起始标识和结束标识，结束标识为在关键字前加反斜杠；

c) 关键字放在尖括号内部，流程的第 1~3 层，关键字后接等号、双引号，双引号内部由用户输入流程内容；流程的第 4 层，在关键字起始标识和结束标识之间由用户填写流程内容，如某项无须填写，用 “空” 标示。

b. 表格化语言描述方式

表格化语言描述方式是用户在支持流程描述的标准化表格内，按照规定的字段及指令格式填写任务控制流程。指令格式如表 6.15 所示，字段内容及说明如表 6.16 所示。

表 6.15　控制指令类型

序号	控制指令类型	作用
1	WRITE	更新参数
2	READ	回读参数
3	START	开始工作
4	PAUSE	暂停工作
5	STOP	停止工作
6	SELFCHK	自检
7	IF	条件判断
8	FOR	循环
9	SWITCH	分支
10	TIMER	定时
11	DELAY	延时
12	RESET	复位
13	MESSAGE	提示信息
14	PROMPT	状态信息
15	SETTIME	系统对时
16	SYNC	同步

表 6.16　字段内容及说明

序号	字段	说明
1	控制指令说明 Command	用来说明本流程控制项的作用
2	控制指令类型 CmdType	与控制指令名称组合成唯一的标识，进程控制时，通过该标识索引到相应的控制命令，完成指定的操作
3	控制指令名称 CmdName	与控制指令类型相同
4	目标设备 TargetDevice	该控制项的目标设备
5	超时设置 TimeOut	格式为 NsNn，其中 N 为数值，s 为秒，n 为次
6	标准值 Standard	对 IN 回读函数有效，用于判断回读值是否符合标准，符合则置该控制结果为 “pass”，否则置 “fail”
7	上限 UpLimit、下限 DownLimit	对 IN 回读函数有效，用于判断回读值是否在有效范围之内，在则置控制结果为 “pass”，否则置 “fail”。上、下限的优先级低于标准值
8	单步执行标志 StepFlag	此标志为 TRUE 时，该条控制指令的执行需用户触发

c. 代码描述方式

软件开发者应以源文件的方式提供任务流程代码，在任务流程代码段给出详尽的注释，说明流程如何编写、添加、修改、删除，并说明如何重新编译生成可编译代码，使用户能脱离软件开发者独立修改任务流程。

3) 任务指挥显示要求

显示资源应提供标准的软件接口，支持多种协议数据格式，显示内容可根据用户的要求进行定义。

显示资源由基本显示资源、二维显示资源和三维显示资源构成，可根据需要扩充。其中基本显示资源负责显示指挥人员所关心的信息和数据，主要包括单值显示、趋势显示和表格显示等类型；二维显示资源用于显示任务过程的二维态势，其中要求二维数字地图的数据格式符合国际通用的地图显示格式 (矢量地图和标量地图)，采用军用标准格式地图，地图的数据、元数据、显示有关要求应符合 GJB 5603—2006、GJB 1840A—2007 和 GJB 8023—2013 规定，地图的标注，采用标准的军标符号；三维显示资源，用于显示任务过程的三维态势，其中的三维地图，包括地形高程文件、地形表面的纹理文件和标示不同位置的地表特征的属性特征文件等三部分，生成的三维地图精度应满足任务要求，三维模型应具有与真实资源相同的运动自由度信息、表面纹理信息等。

显示数据接收方式应支持消息触发和定时刷新两类。

4) 资源的开放属性要求

资源开放属性可分为基本属性、位置/姿态属性、运动速度属性、环境属性、工作属性、专有属性、外观属性共七大类，如表 6.17 所示。

表 6.17　资源部分开放属性

属性类型	名称	说明
基本属性	设备标识	在整个靶场中的唯一标识
	设备名称	名称
	设备型号	具体型号
	序列号	生产序列号
	生产厂家	厂家
	出厂时间	出厂时间
	维修记录	维修过程信息

续表

属性类型	名称	说明
位置/姿态属性	经度	设备当前所处的经度
	纬度	设备当前所处的纬度
	高度	设备当前所处的高度
	方位	设备当前的方位角
	俯仰	设备当前的俯仰角
	横滚	设备当前的横滚角
运动速度属性	东向速度	设备当前的东向速度
	北向速度	设备当前的北向速度
	垂向速度	设备当前的垂向速度
环境属性	反射特性	设备对可见光的反射系数
	折射特性	设备对可见光的折射系数
	透射特性	设备对可见光的透射系数
	红外辐射强度	设备的红外辐射强度
	电磁辐射强度	设备的电磁辐射强度
	风阻系数	设备的正面风阻系数
工作属性	工作模式	设备当前的工作模式
	工作状态	设备当前的工作状态
	工作命令	设备当前执行的操作命令
	初始化参数	设备的初始化参数
专有属性	工作参数	设备的工作参数
	输入参数	设备的输入参数
	输出参数	设备的输出参数
外观属性	形状	设备的外观形状
	尺寸	设备的外观尺寸
	材料	设备的主要材料
	颜色	设备的颜色
	3D 外观	设备在 3D 显示中的模型
	2D 外观	设备在 2D 显示中的模型

第 7 章　逻辑靶场公共体系结构运行视图

系统视图、软件视图和技术视图对逻辑靶场公共体系结构的技术构建和遵循的技术标准进行了描述。而靶场按照任务需求建立起来的任务系统如何在公共体系结构框架下进行有效运行是运行视图设计的内容。

7.1　运行视图总体描述

逻辑靶场公共体系结构从顶层上来说是逻辑靶场建设、试验鉴定体系构建所遵循的总体规划和技术标准，从功能上来说是实现众多地理分散的靶场资源的综合集成，实现资源间互联、互通、互操作的平台，是构建一个集成各种 LVC 资源的复杂、逼真而又灵活的联合任务试验环境的基础平台。在该平台上运行的任务系统的运行模式与传统的运行模式有所不同。运行视图为任务系统，特别是联合任务系统或体系提供明确的运行程序、方法和流程。

以联合试验为例，任务运行分为预先准备、试验准备、试验实施和试验评估四个阶段，如图 7.1 所示。

1) 预先准备阶段

预先准备阶段是试验准备阶段的输入，主要有拟制试验总体方案、分析联合试验任务、拟制试验大纲等几个步骤，在此阶段产出的文书主要有试验总体方案、任务分析报告、联合试验方法 (包含试验模式报告、评估/评价需求、置信度评价方法等)、联合试验大纲等。

2) 试验准备阶段

依据预先准备阶段的成果，进行规划试验、构建联合试验环境、制定规划文件、联调预演几个步骤。规划试验就是按照试验大纲详细设计试验方案，制定试验计划，并对参试的内场仿真模型进行置信度评价。

根据试验方案要求搜索选择合适的试验资源；如果现有资源不能满足试验环

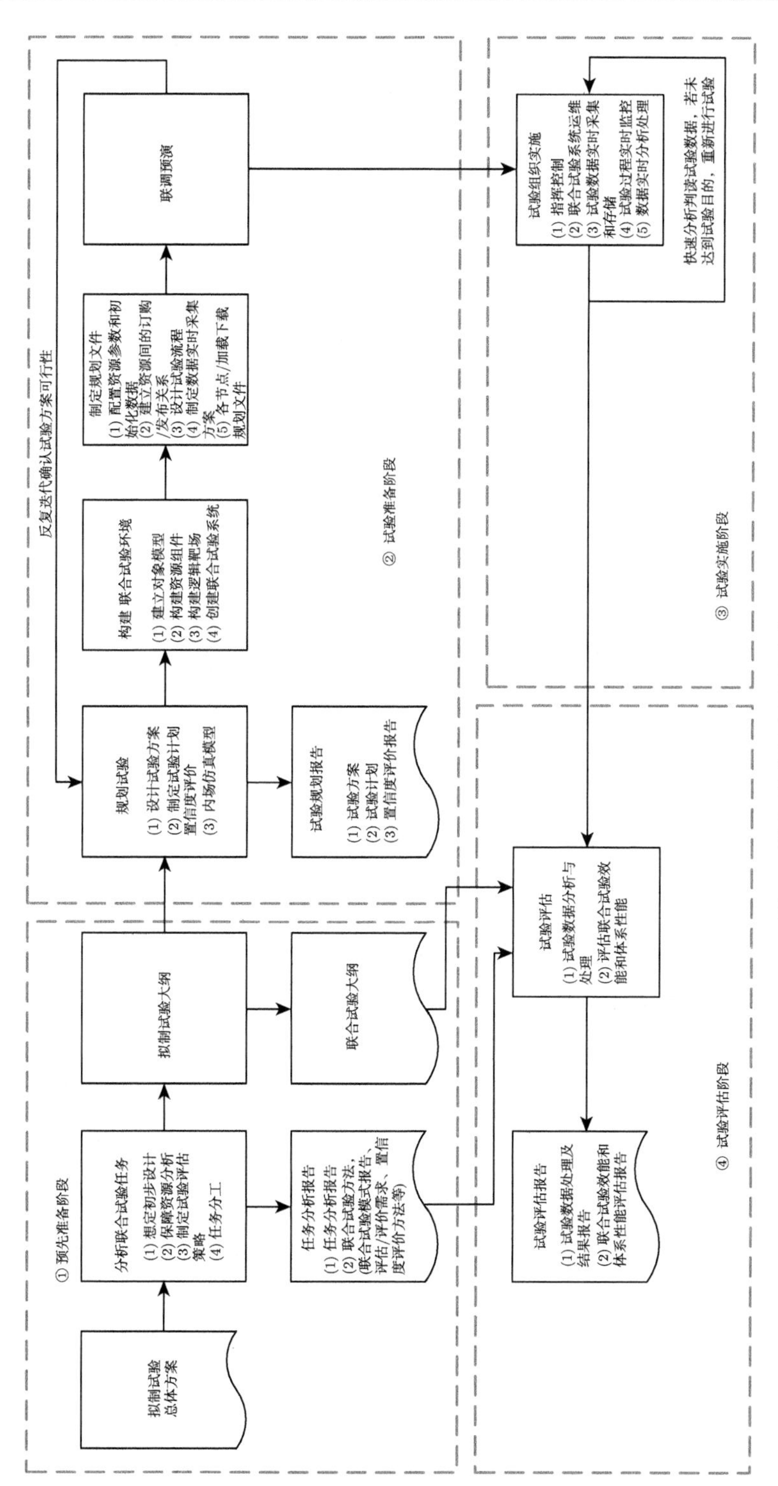

图7.1 联合试验任务运行流程

境构建要求，则通过外协获取或研制新的试验资源；提出 LVC 资源环境校验需求，并结合校验需求和靶场条件，规划实装对抗试验方案和数据采集方案。

其中，试验资源的搜索选取主要借助模型校验与管理系统提供的查询分析工具，从模型库调取仿真模型及靶场资源的说明材料和校验测试数据，辅助试验环境构建人员判断资源的适用性。标准规范主要用于指导和约束试验资源的设计与开发，试验准备阶段如图 7.2 所示。

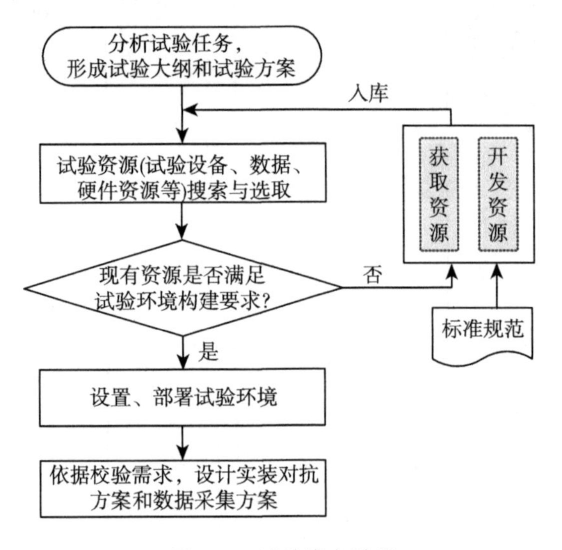

图 7.2　试验准备阶段

试验准备的重要工作还有 LVC 资源试验环境校验。仿真是一种基于模型的活动，仿真结果不可能完全精确地代表真实对象。在利用 LVC 资源环境开展武器装备试验之前，必须对试验环境进行校验。模型是仿真的核心，LVC 资源试验环境校验的主要工作是对试验所需模型进行校核和验证 (V&V)。

模型校核、验证与确认 (VV&A) 是降低仿真的风险，提高仿真可信度的有效方法和机制。现有的用于模型校验的技术方法可分为非正规法、静态法、动态法和正规法等。由于各种方法都有其局限性和各自的适用条件，都只能从不同的角度和层次来对模型有效性做近似性的结论，所以应尽量使用多种方法，从多个侧面、多个层次校验模型。对于 LVC 资源试验环境中的关键模型，还可开展典型条件下的实装对抗试验，取得试验环境、装备性能、装备效能的基础数据，进行更细致的校验。利用实装对抗试验数据校验关键模型工作可分为实装对抗试验和环境校验两个阶段。在实装对抗试验阶段，被试装备与配试作战对象按照试验方案在野外展开对抗试验，并按照数据采集方案全面采集试验环境、装备工作状态、行为及对抗效果数据；在环境校验阶段，利用被试装备实装和待校验的仿真模型构建仿真试验环境，复现实装对抗试验过程。对仿真试验与实装对抗试验数据进行对比分析，调校 LVC 资源试验环境中的关键仿真模型，通过多次试验和调校，达到最大程度地提升关键仿真模型逼真度的目的。仿真模型的校验测试结果及校验过程数据通过模型校验与管理系统进行入库存储。

试验准备阶段还需要进行作战分析与试验方案设计，如图 7.3 所示。开展战情想定和红蓝作战方案设计，利用作战分析仿真平台进行全数字仿真推演，对红蓝作战方案和战术战法进行优化。该阶段形成的成果是多套作战想定，以及同一作战想定下红蓝双方多套作战方案和战术战法，阶段成果存入试验资源库，供试验实施阶段调取使用。想定设计和作战方案、战术战法设计需要支持系统提供的情报资料的支持。

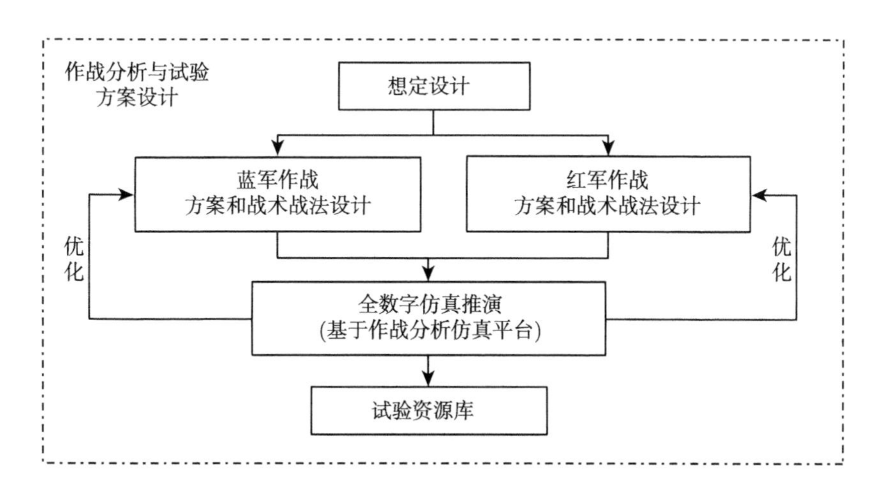

图 7.3 作战分析与试验方案设计

还包括红蓝军作战体系构建。作战体系构建工作可与试验方案设计同步展开，通过 LVC 资源运行平台综合集成作战体系模拟系统的数学模型、半实物模拟装备和实体装备，构建虚实结合的红蓝军作战体系，如图 7.4 所示。

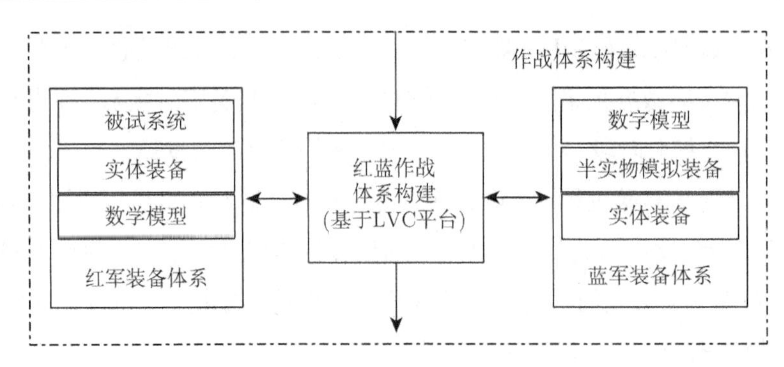

图 7.4　作战体系构建

3) 试验实施阶段

在 LVC 资源运行平台的统一控制下，红军作战体系和蓝军作战体系按照各自的作战方案，在双方指挥员和操作人员的控制下进行对抗；白方通过 LVC 资源运行平台对红蓝双方作战过程进行监视和控制，并根据作战想定进行战场环境要素的生成与发布，提供在线公共计算服务，对战场对抗客观态势进行多维多层显示，进行在线评判及记录，如图 7.5 所示。

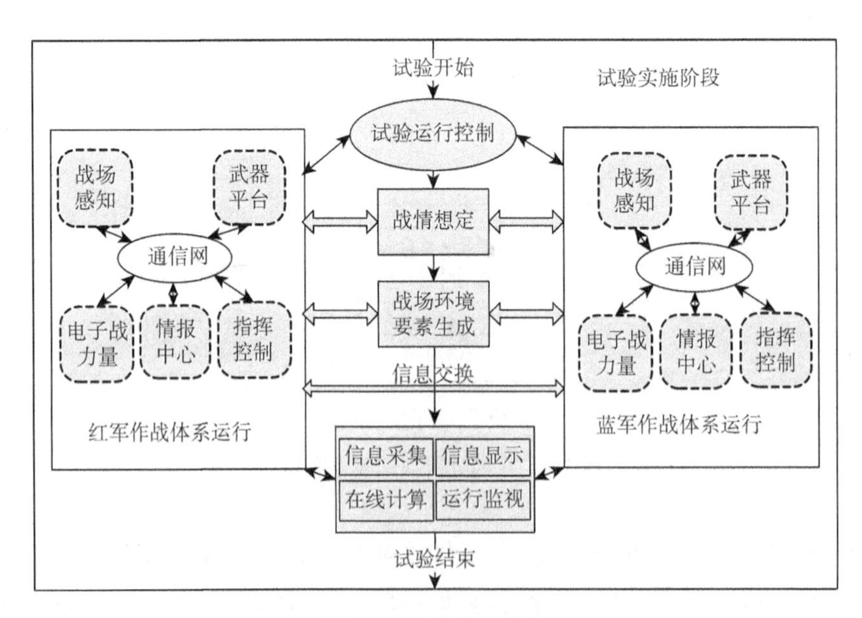

图 7.5　试验实施阶段

4) 试验评估阶段

试验评估主要是整理试验数据，存入作战试验资源库；在对抗效果评估工具的支持下，对被试装备作战效能、作战适用性、体系贡献率等指标进行评估，形成试验报告；在试验可信度评估工具支持下，对体系试验结果的可信度进行分析评估，形成试验可信度分析报告；在试验过程回放工具支持下，对体系试验过程进行回放分析，如图 7.6 所示。

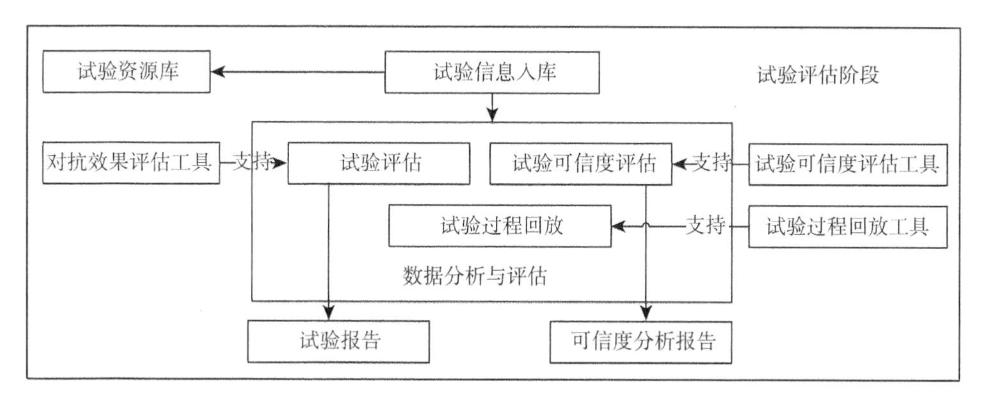

图 7.6　试验评估阶段

7.2　预先准备阶段

预先准备阶段主要完成联合试验总体方案的拟制、任务分析以及试验大纲的制定。

7.2.1　联合试验总体方案拟制

联合试验总体方案拟制要素包括任务概述、被试装备的主要能力及指标体系、试验方案和安排、试验资源保障、试验风险评估与防范等。

7.2.1.1　任务概述

描述被试装备承担的作战使命任务；装备的主要实现途径和采取的主要技术体制以及能力增长；装备主要组成及功能用途；描述装备编配的适用部队、预期列装规模和装备编制/建制规模、装备研制计划安排等。

7.2.1.2 被试装备的主要能力及指标体系

主要基于装备作战任务和能力需求，论证生成试验鉴定考核指标体系，通常按照“主要作战使命任务 → 典型任务 → 能力/功能 → 分层的指标体系”的顺序逐级分解。生成的指标项应可试可测，可定量评估，该项工作至关重要，指标体系的科学性、合理性直接影响试验鉴定的有效性。

1) 典型作战样式及任务剖面

主要描述该型装备参与的典型作战样式、承担的任务样式 (或作战任务)、任务剖面及其他相关内容。

2) 装备能力/功能清单

描述装备完成规定的作战任务应具备的主要能力和功能。

3) 装备性能指标体系

论证建立可有效评价装备的性能指标体系。

4) 装备效能指标体系

论证建立可科学评价装备作战效能、保障效能及作战适用性的指标体系。

5) 体系贡献率指标体系

论证建立可科学评价装备体系贡献率的指标体系。体系贡献率内涵可从体系维度、作战维度、效费维度和层级维度几个方面进行把握。其中体系维度主要评判单项装备系统对装备体系的“融入度”(有机融入装备体系的程度) 及其对体系效能的贡献度，即从体系对抗角度去审视单项装备系统；作战维度衡量单项装备系统的体系贡献率，主要依据它们对完成作战任务的贡献 (可主要依靠作战效能、保障效能、部队适用性和经济性等指标来衡量)，需将军事需求从联合作战全局角度层层分解，直至精细到单项装备系统具体承担的“作战任务剖面”，然后按此“作战任务剖面”去衡量分析单项装备系统对完成制定作战任务的贡献程度；效费维度是指体系贡献率不仅表现为对综合作战效能的“增量”，还表现在为了获得这种“增量”而不得不付出的代价 (“减量”)，这个代价不仅表现为经济性，还表现为对各类保障的需求、对作战效率和作战体系脆弱性的影响、对部队编成及部署调整的需求、对部队战斗力形成和保持的影响等，只有综合权衡增量与减量，才能对体系贡献率进行科学分析与评估；层级维度是指无论作战体系还是装备体系，都有大体系、分体系/子体系等不同层级，因此不仅单项装备系统存在体系贡献率问题，由某些装备系统构成的装备子体系也存在体系贡献率问题，相对而言立足全军联合作战大体系来分析评估单项装备系统或装备子体系的体系贡献率最为理想、最为科学，但实施起来难度很大，立足子体系来分析单项装备、立足大体系来分析子体系的体系贡献率，应较为现实可行。

6) 其他考核要求

根据装备和使用等特点，提出与被试装备相关的专项或特殊考核要求 (如融入体系要求、信息网络安全防护要求等)。

7.2.1.3 试验方案和安排

主要明确试验总体策略，并从试验进入条件、试验主要内容、试验限制与风险、组织管理分工等方面，明确试验总体方案。

1) 试验总体策略

针对试验鉴定类别、技术、研制订购方式等特点，论证提出试验所采取的主要策略和总体工作要求。

(1) 论证试验采取的主要方式，如按照性能试验、作战试验、在役考核三类试验采用接续进行的方式，或按照相互结合的方式进行；

(2) 装备指标在各阶段试验中的迭代验证的策略和验前结果的采信要求 (部分采信原有考核结论，避免重复试验)；

(3) 仿真、模拟及实装试验在整个试验中所占比重的初步策划；

(4) 其他须明确的内容要求等。

2) 性能试验

性能试验分为性能验证试验和性能鉴定试验两个阶段。

a. 性能验证试验阶段的数据采集方案

制定数据采集策略 (包括数据采集类型、手段等)，采集数据有效性准则，并明确责任单位。

b. 性能鉴定试验进入条件

主要包括性能验证试验完成程度、型号关键技术风险化解程度等要求，性能鉴定试验样机准备程度、配试资源及试验保障条件准备程度和技术文件等要求以及必要的验收和审查要求。

c. 典型或标准条件下的性能鉴定试验

根据主要能力/功能和性能指标体系，以及相关标准规范，论证提出为考核上述功能性能在典型或标准条件下的达标度须开展的试验项目类别，以及采用的主要试验方法；确定试验总体实施方案以及对试验数据的获取需求。

d. 复杂及边界条件下的性能鉴定试验

论证提出为充分摸清装备在复杂电磁环境、复杂气象、复杂自然环境等近似实战条件下的性能底数所需的试验环境构设初步方案；论证提出影响装备主要战技性能的边界条件设置初步方案；论证提出对复杂及边界使用条件较为敏感的装备指标项，以及相应的初步试验方案和对试验数据的获取需求。

e. 性能鉴定试验限制与风险

论证提出由于受试验资源、试验技术、安全性考虑等条件制约，部分性能鉴定试验科目无法充分开展的影响和采取的措施；论证提出识别可能阻止或推迟试验、影响试验结果可信度的风险源，提出相应的处理原则、规避措施或解决方案。

f. 性能鉴定试验组织管理分工

明确装备开展性能鉴定试验的各级试验鉴定管理机构、为确保试验任务开展成立的临时试验指挥组织、其他相关管理机构及其主要职责；明确试验数据生成、采集、管理单位，以及其在试验数据传递、适用和管理以及知识产权保护等方面的责任要求。

3) 作战试验

围绕装备作战使命任务，从实战化考核角度论证对作战试验想定的要求，提出确保作战试验充分性、质量可控性、结论可信性、实施安全性的主要方法或原则；提出对性能试验阶段数据、论证使用的采信策略；研究制定作战试验初步方案。

a. 中期作战评估

论证提出开展中期作战评估的初步方案。

b. 作战试验进入条件

通过状态鉴定完成小批试生产、质量及验收交付、承试人员培训等要求；试验保障资源程度和技术文件要求；初期作战试验评估结论对作战试验的有关要求。

c. 作战试验想定要求

根据装备作战使命任务及可能承担的典型作战任务，提出对应的作战试验想定要求，重点是作战任务内容、参试装备体系构成、复杂战场环境描述、对抗威胁条件设置等。

d. 作战试验需求

分析通过作战试验重点考核的能力类型和相关指标，提出相应评价方法或准则，以及对试验数据的获取需求。

e. 作战试验项目安排

根据作战试验想定要求和作战试验需求，提出主要试验项目、试验方法，确定初步试验方案。

f. 复杂战场环境和对抗条件构设方案

论证提出各试验项目复杂战场环境和对抗条件构设的初步方案。

g. 小批量生产数量

根据作战试验方案，初步提出装备小批量生产数量需求。

h. 作战试验限制与风险

主要分析预计受试验规模、实战环境构建、试验技术、安全保密、参试单位任务安排等，作战试验无法充分开展的影响，识别可能阻止或推迟试验、影响试验结果可信度的风险源，并提出相应的处理原则、规避措施或解决方案。

i. 作战试验组织管理分工

主要明确该装备开展作战试验的各级试验鉴定管理机构、为确保试验任务开展成立的临时试验指挥组织、其他相关管理机构及其主要职责；明确试验数据生成、采集、管理单位，以及其在试验数据传递、使用和管理以及知识产权等方面的责任要求。

4) 在役考核

在役考核重点突出装备满足新的军事需求和装备技术发展的适应性，从考核时机与周期的适当性、组织方式的合理性、数据采集的充分性、分析评估的科学性等角度论述在役考核的要求，并统筹性能试验和作战试验方案，合理设计在役考核内容和方法。

a. 在役考核进入条件

主要包括装备通过列装定型、装备规模、编配部队的培训程度和训练水平、试验保障资源和技术文件，以及在役考核所需测试测量设备等要求。

b. 在役考核主要内容

论证提出在役考核组织实施方式；构建包括装备作战和保障效能、部队适编性和适配性、服役期经济性以及性能试验和作战试验中难以考核内容等的评估指标体系，提出数据采集需求，确定评估方式方法。

c. 在役考核限制与风险

主要分析由于受训练任务安排、保障资源配套、人员训练水平及数据采集的充分性、评估方法的合理性等可能对在役考核产生的不利影响，识别可能阻止或推迟试验、影响试验结果可信度的风险源，提出相应的处理原则、规避措施或解决方案。

d. 在役考核组织管理分工

主要明确该装备开展在役考核的各级管理机构、为确保任务顺利开展成立的临时指挥组织、其他相关管理机构及其主要职责；明确数据生成、采集、管理单位，以及其在数据传递、使用和管理以及知识产权等方面的责任要求。

7.2.1.4　试验资源保障

主要明确试验资源、试验保障和装备模型需求；分析现有试验资源对不同阶段试验的满足程度，提出为保障不同阶段试验所需开展的试验技术方法研究和试验保障条件建设等相关内容。

7.2.1.5　试验风险评估与防范

主要明确防范试验风险、确保试验安全和保密的措施要求。

7.2.2　联合试验任务分析

联合试验任务分析是对总案的深化，形成联合试验任务分析报告。任务分析最重要的一环是对作战试验环境构设研究。需要研究试验环境分类和集成。

7.2.2.1　试验环境分类

1) 对抗环境

装备体系是为完成一定的任务使命，由若干个互相联系的武器装备构成的有机整体。在装备体系内，各武器装备从功能上又可分为进攻性装备、防御性装备与支援性装备，这几种装备协同运行，为整个装备体系发挥总体作战效能提供保障。

作战活动的基本特征就是武装集团之间的激烈对抗。开展装备体系试验必须设置恰当的对抗环境。对抗环境对于装备效能的发挥具有直接的影响，例如，如果对手的火力压制很猛，那么武器系统很可能无法保持正常的冲击速度，也无法正常发挥火力，这说明猛烈的炮火环境限制了装备的机动效能和打击效能。因此，装备体系试验要准确地验证考核被试系统或体系的作战效能、战场适应性，就必须逼真地模仿对手，营造逼真的对抗环境。

对抗环境既包括假想敌的，也包括己方武器装备的。作战对手环境，诸如假想敌兵力、兵器的种类与数量，假想敌常用的战术战法等。己方武器装备受研制单位、研制进度等诸多因素的制约，通常也难以成体系地参与试验。例如，指控系统试验时，同期进场参加试验的装备可能缺少传感器，也可能缺少火力单元、上下级指挥所等。构建指控系统的体系试验环境时，除构建假想敌的装备体系外，还需要利用指挥所、传感器、火力单元等装备或模拟器构建指控系统本身的体系运行环境，以在体系对抗条件下对武器装备进行考核评估。

为了构建逼真的对抗环境，必须满足装备体系内部各武器装备之间的物理互联、信息互通和功能互操作等技术要求。物理互联是基础，通过短波、超短波、微波、数据链、卫星等无线和有线通信手段，建立装备体系内各武器装备之间信息传输交换的物理链路。信息互通是手段，装备体系内各武器装备作为公共战场信息空间内的节点，共同实现战场信息的获取、传输、处理和应用，相互提供信息支持。功能互操作是目的，装备体系内各武器装备在功能上相互补充，在任务上相互支持，协同实现共同的作战目标，达成预期的作战效果。

2) 电磁环境

随着电子信息技术的迅猛发展和在军事领域的广泛应用，数量庞大、体制复杂、种类繁多、功能多样、功率强大的各种信息化武器装备广泛应用于现代战场，构成复杂多样的电磁辐射体，人为与自然、敌方与我方、对抗和非对抗的各种电磁信号交织于战场，形成了一个综合复杂、快速流动、爆炸增长的新空间——“电磁空间”。相对于机械化战争“物理战场”而言，“电磁战场”“电磁空间”对信息化作战成败更具有决定性。这是因为，信息化条件下的联合作战要求陆、海、空、天战场诸军兵种的侦察探测、指挥控制和火力打击系统有机融合、全向互通，以快捷、灵敏、高效的信息优势达成决策和行动优势。而能够实现融合的“路径”，正是在各个战场空间无处不在，却又无影无形的密集电磁信号。电磁环境已经成为信息化战场区别于传统战场的最突出标志。

战场电磁环境在影响信息化武器装备效能发挥的同时，又刺激着人们对电磁环境的深度开发。信息的无限发展与电磁空间有限容量间的矛盾将电磁环境引向复杂。在相对有限的战场空间中，电磁环境的复杂程度逐渐增加：在空间域上，电磁信号遍布地面、海上、空中和太空，辐射源的作用距离从几十米到几万千米；在时间域上，电磁信号时隐时现，时密时疏，在特定时域内呈现高度密集状态；在频率域上，电磁信号在一定频谱内跳跃不定，各种电磁辐射源产生的电磁信号所占频谱越来越宽，几乎覆盖了全部电磁信号频段；在能量域上，电磁信号的功率或强或弱，跌宕起伏。电磁环境的复杂性已经成为现代信息化战场的一个重要特征。

信息化武器装备的效能主要表现在全维、全谱、全天候的战场空间感知能力，实时、准确的指挥控制能力，立体、多维的精确打击能力，以及实时、高效的协同 (联合) 作战能力等方面。现代信息化战争是在复杂多变的电磁环境中进行的，战场的电磁环境效应直接影响着信息化武器装备效能的发挥，决定其战场的生存能力。从作用机理上看，电磁环境主要通过电磁能量的热效应、强电场效应、电磁干扰效应和磁效应等影响着信息化武器装备的战术、技术性能，从而导致信息化武器装备在战场感知、指挥控制、精确打击以及协同 (联合) 作战等能力方面受到重大影响。

(1) 各种电磁信号密集重叠，预警探测、情报侦察装备难以及时、准确地获取情报信息，战场感知能力下降。现代战场上，交战双方为了提高战场感知的准确性，大量使用雷达、光电、无线电导航定位和敌我识别等电子信息装备，提高了战场感知能力，但这些电子信息装备都要依靠电磁活动来实现其功能，同时也不可避免地受到战场电磁环境的影响。这样，观测与感知战场的过程实质上就是从复杂电磁环境中筛选出有用或者说有价值的电磁信号的过程。一旦敌方电子干扰强烈，或己方管控措施不力，就会引起战场电磁环境混乱，陷入战场感知错乱的被动境地，无法获取真实可靠的目标情报，进而影响到各级指挥员和作战人员判断决策的准确性。

(2) 电子干扰愈来愈强，制导打击武器系统难以正常工作，精确打击能力大幅下降。精确制导武器以其高的命中率和作战效能成为信息化作战的主要作战兵器，是信息化战争实施精确打击的主要手段。精确制导武器要实现对目标的精确打击，必须经过目标探测、识别、定位和攻击引导几个环节，关键在于电子信息设备的可靠工作。电磁环境可能会引起精确制导武器系统电子信息设备受到干扰，各种敏感电子部件受到摧毁或损伤，使得探测不到目标，或是探测到的目标不清晰、不稳定，无法正确识别等；对目标的定位能力下降，甚至出现定位错误，无法准确引导武器有效攻击目标，从而使精确制导武器"打不出、打不准"，命中精度受到严重影响。

(3) 电磁信号自扰互扰交错，通信与指控装备难以可靠运行，指挥控制能力下降。信息化战场上，电磁环境日趋复杂，通信与指控装备都会受到严重影响。一方面，通信与指控装备难以高效顺畅运行；另一方面，通信与指控装备隐蔽极其困难。现代电子侦察能力的空前提高使诸多通信与指控装备、设施容易被敌方及时侦察、识别和定位。各种通信手段的技术性能、战术性能会被敌方迅速查清判明而难以隐形。随着信息技术的发展，战场指挥控制以 C4ISR 系统为主，而 C4ISR 系统无不以电子信息装备为基础，对其中重点部位和环节进行的电磁破坏势必将对整个系统造成影响。通信装备在参与形成战场电磁环境的同时也将受到电磁环境的严重影响，进而影响到指挥控制系统的稳定性，如传统的短波、超短波组网通信装备在受到来自敌方或我方的电磁环境干扰时容易出现数据中断；或者即使不能完全中断通信联系，也常常带来误码率的增加，造成传递信息的失真，进而可能导致决策者对战场情况的误判，做出错误的决策。

基于信息系统体系作战的特征集中表现在侦察探测的全维化、指挥控制的网络化、作战力量的一体化、武器装备的信息化。而电磁环境恰恰对信息网络的通畅造成影响，降低了基于网络支撑的力量融合能力；对指挥控制的效率产生影响，削弱了基于信息系统的分布指挥能力；对战场信息的感知产生影响，制约了基于多维感知的信息共享；对制导武器产生影响，降低了精确火力打击的能力；增加了作战保障的难度，阻碍了基于信息系统的要素联动能力的发挥，进而对以通信、指挥、控制、计算机、情报、火力、侦察与探测为一体的体系作战能力产生影响。

3) 自然环境

典型的战场自然环境一般可分为地表环境、气象环境、水文环境、空中环境、太空环境等。其中，地表环境又可分为高原环境、山地环境、丘陵环境、盆地环境、草原环境、沙漠环境、水网环境、冰盖环境等；气象环境又可分为温度环境、湿度环境、气流环境、光照环境、能见度环境、降水环境、云层环境等；水文环境又可以分为水温环境、水流环境、潮汐环境、浪涌环境、水体环境、腐蚀环境、能见度环境、水底环境等；空中环境又可以分为低空环境、中空环境和高空环境等；太空环境则是现代战争缔造的新的争夺领域，其对武器装备的要求和影响有待进一步深入研究。

战场自然环境是一个复杂的、具有明显层次和关联性的庞大体系，它对武器装备的影响是多方面的、复合性的。如地形起伏情况、地表土壤和植被情况、地面断绝地物和遮障情况等，会对武器装备的机动、射击、通信产生影响；气象条件会影响装备使用，如雨雪天气会使得部分飞行装备无法使用，在低温严寒环境中，部分装甲装备需要加温预热才能使用。

7.2.2.2　试验环境集成

在装备试验与鉴定领域，可用的仿真资源包括真实仿真、虚拟仿真和构造仿真，把它们集成应用是解决体系试验与鉴定问题的一种方案。

由于装备体系的复杂性，单纯依靠真实仿真、虚拟仿真或构造仿真难以满足装备体系试验的需要。实际应用时，通常通过各种真实的、虚拟的和构造的 (LVC) 资源按需集成，构建合成的、分布式的试验环境，进行虚实结合、实时、分布式的试验。图 7.7 描述了各种资源按需综合集成构成具体 LVC 资源试验环境的典型视图。试验时，根据试验想定和试验目标构建的试验环境是分布式的，数据采集、处理、信息表现以及试验的运行控制也是分布式的，但从功能上看，这些分布式的功能系统之间通过互联、互通、互操作而实时协同工作。

LVC 资源实现各种异构试验资源的按需集成，其技术特点可归纳为以下几个方面：① LVC 资源是由真实仿真 (L)、虚拟仿真 (V) 和构造仿真 (C) 互联、互通、互操作组成的分布式仿真；② LVC 资源是跨 L、V、C 领域的分布式仿真，而不是单纯的 L、V 或 C 领域的分布式仿真；③ LVC 资源是用于试验评估的分布式仿真，试验数据的采集、处理，试验态势的综合显示、评估，以及试验的指挥与控制等功能，应由各种试验资源协同完成；④ 各种 L、V 和 C 仿真资源的互联、互通、互操作是 LVC 资源的关键。

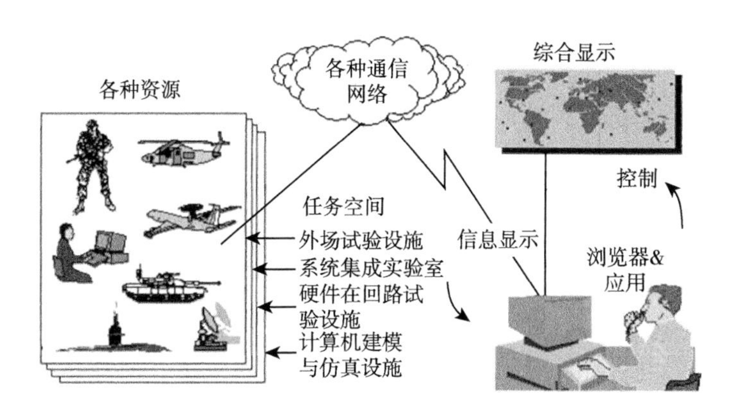

图 7.7 LVC 资源试验环境的典型视图

通过 LVC 资源集成方法，综合运用计算机建模与仿真设施、测量设施、系统集成试验室、硬件在回路试验设施、系统装机试验设施、野外靶场中的各种资源(包括数学仿真模型、虚拟仿真装备和实体装备等)，构成一种合成试验环境，支持武器装备全寿命周期的试验评估。基于 LVC 资源集成开展试验能够克服传统试验的局限性，具有重要价值：

(1) 克服试验资源的数量和种类不足；

(2) 解决试验事件、长度和可重复性不够，分析评价不及时问题；

(3) 有效支持武器装备系统开发；

(4) 增加试验环境的稳健性，具有“端到端”试验及试验后评估能力。

多种因素影响着 LVC 资源集成在装备体系试验环境构建方面的效用。最顶层的影响因素是试验评估的层次。对于工程级、系统平台级、任务级、战役级的试验评估而言，LVC 资源集成的效用是各不相同的。对于工程级的试验评估，LVC 资源集成的效用相对较小；对于系统平台级的试验评估，LVC 资源集成的效用相对较大；对于任务级和战役级的试验评估，LVC 资源集成的效用最大。在任务级和战役级的试验评估中，为了保证试验结果逼真可信，通常要在试验战情中包含成百上千，甚至上万的战场实体。采用 LVC 资源集成方法，这些众多的战场实体中的一部分可以采用真实仿真或虚拟仿真来表示，其他大部分战场实体则可由构造仿真来表示。然而，存在的问题是，即使对各个战场实体采用不同的逼真度构造其仿真模型，由于信息传输网络的延迟、带宽和数据存储等能力常常会存在一定限制，难以支持这么多数量的战场实体模型的运行，因此，通常需要对战场实体的构造仿真模型进行高逼真度、动态的聚合与解聚。

另一类重要的影响因素是战场实体之间交互的类别和交互的类型。交互的类别包括通信、感知和毁伤。交互的类型包括单向 (开环) 或双向 (闭环)。大多数的通信交互是双向交互，通信双方都对通信消息进行响应。感知交互可以是双向交互，也可以是单向交互。大多数的射频 (RF) 传感器产生双向交互，大多数的红外或被动传感器产生单向交互。大多数毁伤交互都跟爆炸事件相关，遭受毁伤的战场实体通常没有时间进行反应，因此被认为是产生单向交互，但定向能毁伤例外，因为定向能毁伤需要持续一段时间，这段时间内可以发生双向交互。双向交互的数量越大，LVC 资源集成的效用就越大。例如，LVC 资源集成用于手持式手榴弹试验的效用较小，而对于通过对抗综合防空系统为空袭编队提供掩护的伴随式干扰机试验的效用较高。

7.2.3　联合试验大纲的制定

联合试验大纲的制定主要考虑两方面，一是明确试验原则，二是明确方法步骤。一般按照全面系统、合理可行、贴近实战、安全规范的原则开展联合试验。同时按照明确作战试验任务、编写作战试验想定、筹划联合试验评估、设计试验科目、明确数据采集要求、提出资源需求与分工等方法步骤对联合试验提出具体要求。

7.3　试验准备阶段

7.3.1　规划联合试验

(1) 决定任务所需资源。正式列出为完成靶场任务所需的资源。资源包括参与人员、计算机、软件、网络、靶场资源应用、被试系统和/或受训人员。基于前面活动中确定的需求选择能产生需要的模拟效果以及收集到需要的具有必要分辨率和精确度数据的资源很重要。该步必须考虑资源限制，包括可得性、费用、安全限制、真实性和逼真度、品质、风险管理。这种决定的一部分工作就是盘点现有靶场公共体系结构兼容的靶场资源应用，因为它们可设计可从一个任务重用到另一个任务重用。

(2) 制定详细的任务日程计划。开发详细的靶场任务的日程计划。如果任务只发生在单个靶场，日程计划的过程可能就像今天靶场的情形一样进行。如果任务是一个多靶场参与的任务，则任务必须在所有的靶场资源所有者之间进行协作安排。互相可接受的时间周期必须协调好，包括检查和校验资源的时间、网络和组件集成及测试、任务预演，还有实际任务运行的时间。任务规划工具套件中的日程计划工具可用在该步中辅助逻辑靶场开发人员建立日程安排。

(3) 研究以前的任务信息。每个以前的靶场任务可能有对于建立新的靶场任务有用的信息 (比如方案信息、收集的数据或获得的经验)。这种信息包含在资源仓库中，应该使得新的逻辑靶场任务的计划过程更高效。

(4) 开发详细方案。在前面的活动中已经定义了一个总体方案。规划活动中的该步产生一个对方案的所有方面详细的描述，包括军事兵力和作战概念，组成更大的试验和/或训练任务的任务时间表，任何正在使用的靶场资源的角色。任务规划工具套件中的工具可用在该步中辅助逻辑靶场开发人员建立方案。

(5) 分配功能。决定在整个任务过程中哪些资源产生数据和/或收集数据。该步迭代执行并与前面的步骤和下一步并发执行。

(6) 分析逻辑靶场概念并定义详细的逻辑靶场描述。该步骤中，逻辑靶场开发人员对他们的逻辑靶场概念进行一个完整的分析。这种分析还被称为“任务原型化”或“逻辑靶场的仿真”。这种分析的重要特征是逻辑靶场的“信息化体系结构”——对靶场资源应用作为信息提供者和消费者角色的详细描述的开发和仿真，以及与某个给定的逻辑靶场配置相关的物理网络。这种分析保证所希望的配置在以上定义的方案指定的假设和需求下是技术可行的。当前，这种类型的分析是随意进行的。靶场公共体系结构提供的特定的实用程序及逻辑靶场规划实用程序使得这种信息化体系结构分析过程自动化。该步骤迭代进行，也可以与前两步中的方案开发和功能分配共同进行。

(7) 建立详细的任务程序和计划。最终确定所有与某个任务相关的详细计划，包括安全程序 (物理的和网络)、通信协议、接口控制文档、靶场安全计划、操作程序、详细的测试程序或训练的作战命令、资源协议备忘录、配置管理计划、环境影响分析、最终的任务人员配置计划、最终的任务分析计划。

7.3.2 构建联合试验环境

构建联合试验环境的主要步骤是建立逻辑靶场对象模型，通过资源封装构建资源组件，再按照规划方案构建逻辑靶场，最后创建联合试验系统。方法在前面已有描述，这里不再赘述。这里重点强调建立逻辑靶场对象模型。

(1) 定义逻辑靶场对象模型。该步定义本次任务中将会用到的逻辑靶场对象模型。该逻辑靶场对象模型可能全部重用以前任务，也可能对以前任务进行轻微改变，或者基于新需求开发全新的。该步中，逻辑靶场开发人员确定他们的信息需求并使用仓库浏览器实用程序搜索资源仓库寻找能满足他们需要的对象定义。开发逻辑靶场对象模型不是每次都 “从头开发”。在前面的活动中选定的靶场资源应用可能已经与某些对象定义一起工作过，这些现有的对象定义可作为开发逻辑靶场对象模型的起点。互相不兼容的对象定义之间的任何冲突必须得到解决，因此必须统一定义逻辑靶场对象模型。当解决了所有冲突后，应优先选择某个对象定义的更标准的版本，因为靶场公共体系结构的目标是朝着使整个靶场界使用一套标准的对象定义发展的。非标准的对象应只用于没有能满足逻辑靶场信息需要的标准对象定义存在的情况。逻辑靶场对象模型实用程序套件设计用来辅助逻辑靶场开发人员建立逻辑靶场对象模型。

(2) 实现升级。虽然可能出现不需要改变任何靶场资源仍可运行逻辑靶场的情况，但有时却可能需要对靶场资源进行改造或升级。这些升级的目的可能是增加新的功能、升级算法或与新的靶场硬件集成。升级还可能是由于逻辑靶场对象模型中所描述的新的对象定义而集成任何必须的改变。

7.3.3 制定规划文件

(1) 建立初始化数据 (方案、环境)。每个靶场资源应用都需要某些信息才能成功启动。这种信息可能包括方案信息、综合环境信息、运行参数等。每个应用会需要不同的初始化信息，这依它的具体需要而定。所有的信息必须在任务开始之前建立并存储在逻辑靶场数据档案中。逻辑靶场数据档案不必是一个单一集成的数据存储，而可能是共享某个公共接口并与中间件集成的多个分离的数据存储组成的分布式系统。靶场公共体系结构在任务规划工具套件中提供了大量可重用的工具，可辅助逻辑靶场开发人员建立某些初始化数据。其他的初始化数据必须使用靶场资源按照特定的应用进行建立，这些初始化数据可作为逻辑靶场数据档案的一部分。

(2) 设置并测试逻辑靶场。该步中，组成逻辑靶场的硬件、软件、数据库、网络被集成为一个系统并进行测试，以保证它们能如愿进行通信和运行。通常，逻辑靶场的一部分在整个逻辑靶场集成起来之前进行设置并测试，以便对该部分在进行全面的系统测试之前能工作很有信心。该步包括对任何仪器仪表的校准。

7.3.4 联调预演

在试验任务前，要进行各种程度的预演，其中某些方面 (比如被试系统) 可用仿真来代替。训练任务也可进行各种逼真度和范围的预演。预演这一步非常类似于上述步骤描述的逻辑靶场的测试，实际上两者可能完全重叠。预演还非常像任务运行本身 (下一个活动)，因此明确划分任务预演对应于任务运行和分析活动中的哪些子过程是很难实现的。这样的明确划分也不必要，因为逻辑靶场运行概念本意不是作为建立逻辑靶场的一个非常详细的蓝图，而是为建立一个逻辑靶场时发生的各种类型的活动提供整体指导。

7.4 试验实施阶段

7.4.1 组织程序

试验实施是从装备体系现场试验开始至试验实施计划中规定的所有试验项目组织实施完毕的整个过程，也是装备体系试验系统整体实际运行的阶段，是试验鉴定最关键的阶段，关系到能否获取评价装备体系所需的最鲜活的第一手资料。

装备体系试验实施过程涉及面最大、不确定因素最多、技术要求较强，因此，应根据试验大纲、试验总体技术方案和试验实施计划，严格控制试验条件，按照试验规程操作，确保试验安全、顺利进行。试验实施主要包括试验操作和试验观测与测量以及相关的组织指挥和管理等工作。需要协调各参试单位以及人员、协调试验系统运行的次序与节奏，确保测试分系统得到可靠可信的测试数据。分为实施前准备、试验项目具体实施、数据采集等主要活动。

1) 实施前准备

实施前准备，是指各参试单位和人员了解其在试验中所承担的任务和具体工作，进行相关的物资与技术准备，对体系试验准备工作中存在的问题及时协调。例如，新装备使用训练和被试装备体系的协同运用训练，体系试验环境中各测试仪器的检查、校准和调试，熟悉现场试验的程序与口令及现场需要采集的数据和采集方式等。

随着高新技术的发展和运用，装备体系的功能与能力越来越强，科技含量越来越高，操作被试体系中的新装备必须提前对参试人员进行训练，理解其工作原理，熟悉其技术性能，掌握新装备以及测试装备的操作技能，为试验开展奠定基础。此外，装备体系试验更注重体系组分装备之间的协同使用和操作训练，体现体系的运用方法。

2) 试验项目具体实施

试验项目的具体实施就是要把试验人员和试验设备合理地组织起来，充分调动人员的积极性并充分发挥试验设备的能力，按照试验计划的要求，努力获得足够可信的试验数据。试验能否达到试验设计和试验计划所预期的目标，不仅取决于试验的组织实施，试验指挥员的指挥运筹能力、试验保障能力和参试人员的技术水平，还取决于试验计划是否彻底实现和试验系统能否有效运行。装备体系试验由于涉及的参试人员、参试装备通常较多，各种参试兵力、参试人员、参试设备在较长的试验时间和广阔的试验空间中充当着不同角色，可以说是一项复杂的、规模较大的军事装备作战运用行动，传统的组织指挥模式和流程可能已不能适应装备体系试验的需要，需要根据装备体系试验的特点和要求进行改进和构建。

试验组织指挥模式是试验组织指挥的一种范例和形式，包括机构设置、职能分配、指挥关系、指挥程序等。根据装备体系的种类、试验内容、试验规模等，装备体系试验实施形式主要有以下三种：

(1) 以一个靶场为主，其他靶场试验力量配属该靶场形成的配属关系；

(2) 两个以上靶场联合形成支援关系；

(3) 多个靶场联合形成协同关系。

从这三种形式来看，无论哪种形式，都涉及联合试验指挥的问题，因此，构建组织指挥机构设置必须注重联合，这是装备体系试验组织指挥的一个特点。

7.4.2 实施模式

1) 独立实施模式

传统试验一般采用以外场试验为主的独立试验模式，其基本特征主要依靠外场真实试验检验被试装备性能，若试验发现了问题，修改后再次试验进行验证。经过若干次研制性试验后，认为技术状态能够满足设计定型要求，则将技术状态固化，开始进行设计定型试验，设计定型试验的结果基本依靠外场真实试验所确定的成功子样数量来评价。随着武器装备的发展进步，特别是装备体系被认知和不断扩展，传统的独立试验模式逐渐显现出试验子样数量难以满足要求、消耗成本 (时间和经费) 大、可信度低等诸多弊端，为解决这些问题，完成对武器装备体系试验充分试验和鉴定，需要破除传统思想束缚，从试验理念、试验技术等方面寻求突破，构建与体系试验相适应的试验模式。

2) 联合实施模式

联合试验是在联合试验指挥机构的统一指挥下，按照统一的计划，共享试验资源，共同实施的整体试验，具有跨部分靶场和设施边界，跨科研、试验、训练演练和作战使用边界，多个靶场和设施联合等特点。联合试验的本质是以信息技术为主导，优化组合试验要素，充分共享试验资源，共同感知试验态势，高度融合试验单元，实现试验职能的最大化和试验行动的协同化。

联合试验能够把分布在其他地域的试验训练资源连接起来，突破传统物理靶场的地理范畴，实现各物理靶场及虚拟靶场相结合。试验过程中可以利用各种地形地貌、海空资源、外场试验设备资源、仿真资源，以及各种人力资源、数据信息资源；还可联合各参加单位的训练资源、指挥控制资源，以及战略、战术、政策等无形资源；随着靶场信息化、数字化发展，分布式交互仿真 (DIS)、高层体系结构 (HLA) 和试验训练使能体系结构 (TENA) 等先进仿真技术也将成为靶场联合试验的重要共享资源。联合试验是强调 C4ISR 和 “网络中心战” 性质的分布式武器系统试验，它在完成试验、装备研究等基本任务的基础上，也强化部队训练、战术研究以及作战效能评估等内容。

3) 平行试验模式

平行试验是为适应装备体系效能试验的需要而提出的，是对武器装备体系试验的一个探索，是复杂性科学理论、系统工程理论和方法、计算机仿真技术和武器装备试验技术相结合的产物。

平行试验的基本途径是物理试验和计算试验的结合。物理试验是在现实靶场空间和环境中进行的武器装备实际运行和测试，由于受靶场试验条件的限制，主要进行武器装备技术性能和战技指标的测试。大型复杂武器系统的试验消耗十分昂贵，物理试验的次数和规模严格受限。计算试验是基于物理试验状态和结果，在人工靶场内进行的装备体系虚拟运行与测试。由于人工靶场的空间和环境可以按需构造，试验仅仅消耗计算资源，因而可以针对装备体系的复杂状态和影响因素进行大规模试验。物理试验和计算试验在线同步进行，可以给出装备体系作战效能的一个确定的试验结果，这就为武器装备整体效能试验提供了一种方法。由于装备体系试验的复杂性远远高于现实靶场中的单纯物理试验，而且对大型复杂武器装备系统来说，现实靶场中的物理试验十分昂贵，但可以根据一次物理试验的结果，在人工靶场中进行全武器系统、装备体系的多种状态和影响因素试验，可为装备体系效能评估提供一个样本足够丰富、资源可以承受的试验途径。

7.4.3　数据采集

装备试验的根本目的就是通过试验的实施，获得足够可信的数据资料，支持被试装备和装备体系的评价，所以，试验数据收集是试验活动中至关重要的问题。数据采集的主要工作是获取和记录原始试验数据，并把收集的记录数据存到规定的地方。由于装备体系试验会产生大量的数据，必须进行有效的数据管理。在制定装备体系试验实施计划时，应特别关注试验数据的采集计划制定和协调，明确数据格式和数据定义，统一试验单位和采集粒度，确定各分布系统要收集的数据、现场数据处理及存储，将数据传送到分析中心的要求等。试验数据采集的最终目标是要为装备体系试验提供相关定性与定量的试验数据，包括试验过程中产生的各项试验数据、试验环境数据、仿真数据等。

(1) 任务初始化。该过程中，所有逻辑靶场资源从逻辑靶场数据档案中读取各自的初始化信息，并进入各自完全运行的状态。

(2) 控制和监测靶场资源。任务期间每个靶场资源应用必须能够被控制和监测以便能充分执行其功能，在该过程中可以探测到任何应用的失败，并得到解决或改进。

(3) 运行方案。依据计划执行方案，每个军事单元或系统，作为某个试验或训练演练的一部分，都依据试验或训练演练的计划或来自演练指挥人员的反馈进行动作。

(4) 获取数据并存档。基于数据收集计划 (是更广的分析计划的一部分) 获取所有相关数据，将数据收集在逻辑靶场数据档案中。

(5) 管理和监测逻辑靶场。对逻辑靶场作为一个整体进行管理、监测、调整以保证它能满足顾客的要求，靶场公共体系结构工具，比如任务管理器和任务监测工具设计来辅助任务指挥人员执行这些任务。

(6) 评价正在进行的任务。在下面的分析和报告活动中对基于任务的数据进行分析，而这里则是对任务进行评估，因为评估是基于实时分析进行的，同时还关注着任务的改变过程以保证它不会出现问题或失败，并保证能满足顾客的要求。

7.5 试验评估阶段

7.5.1 评估内容

装备体系试验评估的基本出发点是根据装备体系的使命任务、显著特点或进步点，提出关键作战使用问题，确定装备体系的效能指标集，分析体系作战运用过程中影响效能的因素，将每个效能指标分解成一系列性能指标，这些性能指标可以确定试验过程中需要测量的数据元素需求。通过体系试验设计与试验实施，获取体系试验信息，最后综合各种试验数据，对装备体系进行综合评估。

与传统的装备试验评估相比，装备体系试验评估将更加注重体系的整体性能，以及体系在联合任务中的综合效能。同时，还将给出新系统在特定装备体系中的适应性和贡献率的评估结论。

因此，装备体系试验评估的主要任务，可归纳为：通过前期开展的体系试验设计，利用试验实施获得的试验信息，综合其他来源数据，基于特定的方法和模型，对装备体系的整体性能、体系集成度或融合度 (或称网络化效能)、体系对抗效能、新系统在体系中的适应性、新系统对体系的贡献率等进行综合评估。它是装备体系试验最终目标的集中体现，能为武器装备体系各分系统的研制、改进、生产、调整、设计定型，为装备体系的组织编配、结构优化，以及为部队使用提供结论与建议。

7.5.2 关键环节

装备体系作战试验评估的关键环节主要有如下几点。

1) 建立评估指标体系

通常需要运用树状图分析法，按照自顶向下、逐步细化的方法，从分析作战想定中的各项任务入手，分析任务与武器装备之间的关系，将关键作战问题分解为效能指标和适用性指标，然后再分解为性能指标，选定影响任务完成的可观察或可测量的性能指标，构建作战效能的评估指标体系，并通过试验前分析给出预测结果和期望结果。

2) 建立评估模型

通过性能指标的评估、指标权重的确定，建立体系试验评估模型，综合运用层次分析法、专家评价法、模糊综合法、修正熵权法、ADC 及其扩展方法、灰色系统理论等方法得到试验评估结果。

3) 体系贡献率评估方法

通过作战资源损耗交换比、作战资源交换比、相对损耗比等指标评估装备体系在某一作战任务中达成目标的作战资源损耗情况，利用作战资源损耗情况评估作战任务成功程度。单个装备或装备系统对对抗双方作战资源损耗情况的正反两个方面的影响即为该装备的体系贡献率。

4) 实时在线评估方法

通过分析试验得出的数据对作战效能、作战适应性和体系贡献率等各项指标进行评估是整个试验系统价值的集中体现。实践中，评估通常滞后于试验甚至在试验结束后才进行，这会导致数据质量问题或被试装备达不到指标要求时需要进行大量的重复工作。实时在线评估旨在减少这种滞后，一旦得到数据，要及时评估以确定数据的质量及其有效性，减小系统风险。

5) 体系试验可信度分析方法

由于基于 LVC 资源集成的体系试验环境与真实作战环境存在一定差异，在武器装备作战效能的评估指标体系及评估准则的选取、评估数据源的采集与可信度检验、评估方法等方面也存在一定的风险因素，所以在降低这些风险的同时需要对体系试验可信度进行分析，给出试验可信度分析报告。

7.5.3 数据需求

1) 整体性能评估的数据需求

根据试验层次不同，装备体系整体性能各个层次试验的内容也有差异，主要试验内容为：侦察监视、通信联通、指挥控制、协同打击、机动部署、整体防护、综合保障等战技性能试验和可靠性、维修性、保障性等使用性能试验。其中，主要的评估项目有模拟实战条件下通信联通性能、信息化条件下指挥控制性能、一体化条件下协同打击性能、综合集成条件下使用性能等。根据不同的试验项目和考核指标，需要收集不同的性能数据。

a. 模拟实战条件下通信联通性能评估

战场上电磁环境异常复杂，对其装备体系的联通能力也会产生很大影响。模拟实战条件下通信联通性能评估，需要重点收集各种战场环境模拟数据，各种信息化武器装备之间模拟信号、数字信息的传输数据，互联、互通、互操作性能和电磁兼容性能数据等。

b. 信息化条件下指挥控制性能评估

装备体系的核心是一体化信息系统。一体化信息系统是以指挥控制为核心，武器装备为平台，通信网络为纽带，实现各种作战要素的无缝链接和有机结合，各级各类装备有机联系、功能互补，各种电子装备体制统一、有机集成的综合电子信息系统。系统以提高整体性能和系统效能为准则，目的是整合信息优势、连接作战要素、提升作战效能，是影响装备体系作战能力的关键因素。装备体系指挥控制性能评估，主要评价装备体系在一体化信息系统支撑下使用所具备的指挥控制性能，应收集包括决策计划性能、组织指挥性能、控制协调性能等有关的指令、时间、响应等数据。

c. 一体化条件下协同打击性能评估

协同打击性能指标是装备体系整体性能的关键性指标之一。一体化条件下协同打击性能评估主要收集在一体化信息系统支撑下，各作战单元相互协调、主动协同的综合火力打击性能数据，包括火力准备、火力压制、精确打击、火力适应等相关数据。

d. 综合集成条件下使用性能评估

评价装备体系的整体使用性能对于装备体系的作战使用具有十分重要的意义。装备体系的使用性能指标不同，综合集成条件下对装备体系的整体使用性能会产生不同的影响。综合集成条件下使用性能评估主要收集装备体系在综合集成条件下的可靠性、维修性、保障性等整体使用性能数据。

2) 集成度/融合度/网络化效能评估的数据需求

传统的作战解析模型如 Lanchester 方程等，是用损耗系数来衡量对抗双方单个作战实体的平均作战效能的，当作战进入网络化时代，就需要寻求新的评估数据来衡量对抗双方作战体系在考虑自适应性、鲁棒性、抗毁性等条件下的整体作战效能。结合复杂网络的一些通用数据要求，给出网络化效能的试验数据要求如下。

(1) 计算网络化效能系数。用网络邻接矩阵的谱半径 $\rho(G)$ 来表示。谱半径 $\rho(G)$ 是 $\det[A-\lambda_i]=0$ 的最大平凡特征值，这里 A 为网络模型的邻接矩阵，特征值是 λI 的对角线 $\lambda_1,\lambda_2,\lambda_3, \cdots, \lambda_n$。该指标衡量的是整个网络的总效能，系数值越高，网络总效能越高。

(2) 计算节点平均网络化效能系数。衡量平均每个节点参与的作战环的数量，用于比较不同节点规模的网络效能潜力，节点平均网络化效能系数是网络邻接矩阵的谱半径用网络链路总数归一化后得到的，假设邻接矩阵的谱半径为 $\rho(G)$，则定义 $\lambda(G)=\rho(G)/N$ 为网络 G 的节点平均网络化效能系数。该指标衡量的是平均每个节点参与的环的数量，用于比较不同节点数量的网络的效能，指标值与网络效能成正比。

(3) 计算链路平均网络化效能系数。衡量平均每条链路参与的作战环的数量，用于比较不同链路总数网络的效能潜力，链路平均网络化效能系数是网络邻接矩阵的谱半径用网络链路总数归一化后得到的。

该指标衡量的是平均每条链路参与的环的数量，用于比较不同链路数量的网络效能，指标值与网络效能成正比。

(4) 计算聚类系数。定义节点 i 的聚类系数 $C_i=2E/(k_i\ (k_i-I))$，整个网络的聚类系数 C 就是 C_i 的平均值。在作战网络中，聚类系数有两个方面的含义：一是表示在完成某个作战任务时，同一个作战单元内各节点之间相互协调的能力；二是在网络重建中有着重要意义，如作战网络在遭受敌方的打击时失去了与一些作战单元的联系，而聚类系数较高的作战单元可通过其中任意节点与网络重要节点取得联系而有效地完成网络重建。分布式作战网络的聚类系数越大，作战网络的效能越高。

(5) 计算节点平均度和度分布。节点 i 的度 k_i 定义为与该节点连接的其他节点的数目，网络中所有节点 i 的度 k_i 的平均值是网络的节点平均度，记为 $\langle k\rangle$。在作战网络中，一个节点的度越大，意味着这个节点在某种意义上越重要，例如，指控中心等映射的节点一般具有比较高的度值，在作战过程中将成为己方保护和敌方打击的重点。

3) 体系作战效能评估的数据需求

为了评价、比较不同武器系统或行动方案的优劣，必须采用某种定量尺度去度量武器系统或作战行动的效能，这种定量尺度称为效能指标或效能量度。例如，用单发毁伤概率去度量导弹的射击效能，则效能指标是单发毁伤概率。由于作战情况的复杂性和作战任务要求的多样性，效能评估常常不可能用单个明确定义的效能指标来表示，而需用一组效能指标来刻划。这些效能指标分别从不同的角度表示武器系统功能的各重要属性 (如毁伤能力、生存能力、机动性等) 或作战行动的多重目的 (如对敌毁伤数、推进速度、突防能力等)。由于效能生成的复杂性，其效能度量不可能像物理度量那样精确和直接。因此，在收集体系对抗性能评估数据时，下列因素必须予以考虑。

(1) 由于作战行动的随机性，效能指标必须用具有概率性的数字特征来表示。例如，当作战行动的目的是获得某个预定结果时，可收集“获得预定结果的概率”数据；当作战行动的目的是对敌方造成尽可能多的毁伤时，可着重收集毁伤平均数或数学期望数据。

(2) 效能的度量可取多种尺度来体现决策者不同的主观价值判断。选择哪种尺度取决于决策者要求的作战效能目的。因为同一作战行动，随着它的目的不同，可有不同的效能指标数据。

(3) 作战行动目标不明确或与人的行为关系密切可使某些效能参数难以量化。例如，指挥所的指挥效能。这种情况下的效能度量可应用定性评价的定量表示方法，即使用表示相对效能主观评价的百分数作效能指标评估数据。

(4) 部分效能指标可用实兵演习、专项试验或仿真模拟等方法加以评估，此部分数据的收集同样重要。

4) 新系统在体系中的适应性评估数据需求

开展新系统在体系中的适应性评估数据需求分析时，一般制定专门的试验数据采集记录表，并下发装备操作员，以便由装备操作员在试验实施过程中利用各种设施设备、器具等采集相关信息数据并记录于下发表格中，用于后续试验评估。

5) 新系统对体系的贡献率评估数据需求

评估装备系统对体系的能力贡献率，一是看系统对于整个装备体系完成使命的支持程度，即系统的军事价值，是一种主观重要度分析；二是看系统关联性，在装备体系中，与被试系统有关联的装备系统越多，说明其在体系中的地位越重要，认为其贡献率越大。因为系统对体系的能力贡献率是一种静态度量，其评估过程一般采用层次分析、网络分析等，无须专门收集动态试验数据。

评估装备系统对体系的效能贡献率，需收集包括某型装备的体系作战效能试验数据，以便与不包括该型装备的体系作战效能数据进行对比分析。有关体系作战效能的评估数据需求，在前面体系整体性能评估、体系集成度/融合度/网络化效能评估、体系对抗效能评估等章节中已详细描述，在此不再赘述。需特别指出的是，与评估装备系统对体系的能力贡献率时的系统关联性相对应，在评估装备系统对体系的效能贡献率时应特别收集系统间的协同性数据，以便客观公正地评估装备系统在体系中的贡献率。因为各个装备系统要在指挥指令下做出相应的行动操作，其行动操作必须及时准确才能保证任务的完成，若反应错误或不及时，都会影响任务完成。被试装备系统若只是与体系中其他装备系统关联度高，但协同性不够，其体系贡献率必然也会很低。

7.5.4　方法途径

评估步骤主要包括：

(1) 收集整理数据。在许多情况下，任务数据会在遍布逻辑靶场的多个地理位置分布的地点进行收集。只有当这些数据收集到一个集中的地方才可能进行高效的分析。这种收集过程需要一定的时间，必须在进行广泛、详细的分析之前完成。

(2) 处理并融合数据。该过程将任务数据转换成有关任务中发生了什么、为什么会发生以及发生的方式的说明。对数据进行分析以决定被试系统性能如何或训练对象如何反应，并确定任务期间产生了什么重要的或显著的影响。可重用的分析工具提供了高级的数据挖掘、模式识别、可视化以及统计分析技术，用来辅助任务分析人员处理数据并得出合适的结论。

(3) 回放试验任务/汇报训练演练。该步中，要对任务的重要部分进行回放或总结以便更好地理解任务经过。

(4) 将新的资源存储到资源仓库中。任何新的可重用的软件 (包括在靶场资源应用、网关、工具) 提交给资源仓库以便未来可能重用。只有当资源仓库中包含了大量已经过整个靶场界使用和测试的靶场公共体系结构兼容应用时，资源重用才能实现。

(5) 产生任务报告/执行行动后总结 (AAR) 并建立总结文档。对于试验任务而言，撰写与任务目的相关的总结和分析报告并递交用户。对于某个训练演练而言，还产生一个类似于试验任务最终报告的总结文档，以巩固任务期间所受到的训练并总结训练效果。

(6) 将 “问题与建议” 记录分发并存档到资源仓库中。每个逻辑靶场都增加了国防领域有关具体技术、配置、碰到的问题及其解决方案的知识库。通过这些获得的教益对于广大靶场界及其用户来说可能有用，必须采用用户友好的方式保存到资源仓库中，这样未来的逻辑靶场设计人员可从以前的逻辑靶场中已经研究过并得到解决的问题中受益。

但是与传统装备试验相比，装备体系试验涉及装备系统的种类和部门较多，试验规模大，试验项目设置和试验环境构设复杂，试验结果不易测试。因此，开展装备体系试验综合评估困难较大，主要体现在以下三个方面:

(1) 评估数据获取难。装备体系试验实施复杂，各种定性、定量信息，实装、仿真信息，结合开展的各类训练、演习信息，相互交织共同影响装备体系的综合评估，数据类型多、关系复杂、动态变化，信息获取难度较大。在试验实施前必须明确相关数据收集要求才有可能达到评估目的。

(2) 评估方法选择难。装备体系试验的指标体系通常为网状结构，传统的线性综合方法无法满足装备体系试验评估需求，应当采用能反映复杂网状结构关系的非线性综合方法，评估方法复杂。

(3) 评估模型建立难。装备体系底层评估指标计算复杂，一般需建立与装备体系结构和装备性能参数有关的、较复杂的计算模型。

正确评价装备体系，评估理论方法的正确性和技术途径的可实现性是关键。一般采用以下评估方法和主要技术途径。

1) 基本评估方法

装备体系效能是不可能或者极少能够从测量值中直接推断出来的，一般需利用试验数据，采用建模、仿真的方法通过大量仿真计算才能得到。因此，装备体系试验评估的基本思路是，统计处理试验结果数据，将得到的定量和定性信息进行综合分析，比较、评估装备体系在各种真实作战环境下的性能，同时根据其战术运用方式和敌方对抗情况，采用仿真模拟方法，评估装备体系在各种想定中的整体性能、体系集成度或融合度 (或称网络化效能)、体系对抗效能，结合参试部队在训练和使用中的情况分析评估装备体系的作战适应性。

体系试验评估内容根据系统的功能结构、能力要素，采用逐层分解的方法进行，评估方法采用可统计试验法、解析法、蒙特卡罗仿真法和作战模拟法。由于体系对抗试验的检验项目多，有些项目测量难度大或准确度无法保证，在这种情况下，应采用主观评价方法，即定性评价。定性评价同样需要确定评价内容，通过确定评分规则，由领域专家进行评分量化，并采用相应的方法进行评定。总体上，装备体系对抗试验评价应采用定量定性相结合的方法。具体的方法主要有：

a. 装备结构优化方法

基本思想是抛开具体的交战过程，建立描述双方装备体系对目标最终毁伤结果的计算模型。用此数学模型确定为达到军事斗争需求应采取的武器对目标分配方案，并给出双方对抗的效果评估。分析者可比较不同装备体系结构、想定和目标所引起的不同结果。虽然这种评估模型不能完全反映实战细节，但能从总的作战能力上来评估装备结构，因而能为论证提供有效而可用的信息。

b. 装备体系对抗表法

该方法是一种通过建立多层装备体系对抗表来描述体系对抗关系，结合使用价值模型方法及层次分析方法获得体系对抗表各层之间的关联系数，最终运用对策论等运筹方法求解获得体系效能。该方法最大的优点是结构化特性强，逻辑性强，易理解，技术难点是动态偏微分博弈求解方法有待进一步探索。

c. RAND 战略评估方法

该方法以体系效能为主要准则，面向高层次和复杂装备体系的规划。把装备体系发展战略目标层层分解，先到多个联合战役，再到联合战役中主要战术任务装备体系。主要通过评估模型系统中的红蓝双方兵力分配与调整模块、体系对抗推演模块、系统控制模块等求得优化规划解。RAND 战略评估方法是 RAND 公司的效能评估核心方法体系，比较成熟，值得借鉴和深入研究。

d. 体系仿真方法

该方法是在以计算机程序模拟装备体系对抗、作战单元和多维战场环境，通过按预定作战想定进行推演，分析论证武器装备及其体系效能的评估方法，现已发展到以 HLA/RTI 为代表的分布式仿真，其特点是模拟精细、效果突出，但技术相对复杂，实现难度较大。

e. 探索性建模与分析方法

该方法是利用模型解决复杂问题的一种方法，尤其是利用计算机解算模型，系统地改变假设来广泛地试探各种可能的结果。该方法不是找一个结果比较合理的基本案例，而是找出对所有案例的结果都比较合理的策略。这种策略将具有健壮性和可适应性。探索性建模除了要求模型正确外，还要求对模型变量和结果度量指标进行合理的选取。模型变量有两种类型，一是可控的数量变量，二是表示不确定的风险变量。结果度量指标用于决定案例的相对优劣，并对分析者或决策者有明确的军事含义。探索性建模与分析要求细节不要多。因为细节越多，问题空间的维数将增加，每个案例运行时间也将延长，这有可能导致维数灾。在满足分析目的的情况下，模型简化会增加分析的灵活性：改变假设条件、运行模型和解释模型比较容易。当然，模型不能简化至令人误解的程度。

f. 研讨法

该方法是在进行体系对抗效能分析时，面对很多不确定因素，难以建模进行仿真解算，由各方面的专家参与研讨与分析。研讨法的基础和出发点，是专家的定性判断和经验，是定性、定量相结合的方法。政治 - 军事对策讨论式博弈就是一种研讨方法，针对特定的军事政治问题，由政治、军事、社会、经济、科学技术决策者的代表 (决策模拟者) 参加，交互讨论式的对策模拟。由双方或多方兵力参与，由模仿实际的规则、数据、程序进行控制的作战模拟，进而分析体系对抗效能。

2) 主要技术途径

装备体系试验评估中，评估信息的获取和分析利用对于装备体系的客观有效评价至关重要，从这一角度看，进行评估的途径主要有以下三种：

(1) 利用实装试验数据进行评估。利用实装试验获取的实际信息进行统计分析，定性和定量相结合，对装备体系整体性能、体系对抗效能和体系适应性等进行综合评价，对新系统在体系中的适应性和贡献率进行评估。实装试验是指在真实的自然环境下，由真实的兵力参加，构设复杂的战场环境和对抗条件，按照作战流程和战术原则进行的试验。实装试验真实感强，试验数据真实可信，但由于试验费用高、组织难度和风险大，多数是结合部队训练演习进行的。通过对实装试验数据的收集和分析，可对装备体系的基本作战能力做出评定，验证仿真试验的结果，给出装备体系整体作战能力的客观效果，为装备体系的综合评价提供支撑。

(2) 利用虚拟试验数据进行评估。虚拟试验数据，是实装试验数据的有效补充。以仿真与建模技术为核心，综合运用现代信息技术、计算机技术、网络技术和效能评估技术，通过构建装备模型、兵力模型、对抗态势模型、环境模型和作战过程模型，在实验室条件完成装备体系对抗效能的仿真试验。利用试验实测数据不断对模型进行修正，可使仿真试验数据更加可信。

(3) 虚实结合进行评估。虚拟试验和实装试验作为传统试验手段各有优缺点，随着分布式仿真技术的发展，将外场实装、靶场测控装备及各类仿真资源设施集成在一个统一的试验平台上，实现地理上分布，逻辑上统一的联合任务试验环境，在这个环境下开展装备体系试验，可充分利用各类试验资源，兼顾试验的可信性和安全性，是大规模装备体系试验的发展方向。利用虚实联合一体的方式获取的数据更具客观性和可信性，其评估也更具有综合评估的特征。

(4) 产生快速浏览报告。这种分析过程是在任务仍在运行期间进行的。各种分析的基础可能是通过专门的实时数据分析应用或提交给逻辑靶场数据档案的实时查询而搜集的数据。快速浏览报告的内容应在任务分析计划中说明，并且应基于顾客、任务指挥人员的需求。

7.6　任务运行流程举例

以武器装备试验为例，说明在逻辑靶场软件体系结构和技术体系结构的指导下装备试验过程的运行方法，具体运行流程如图 7.8 所示。

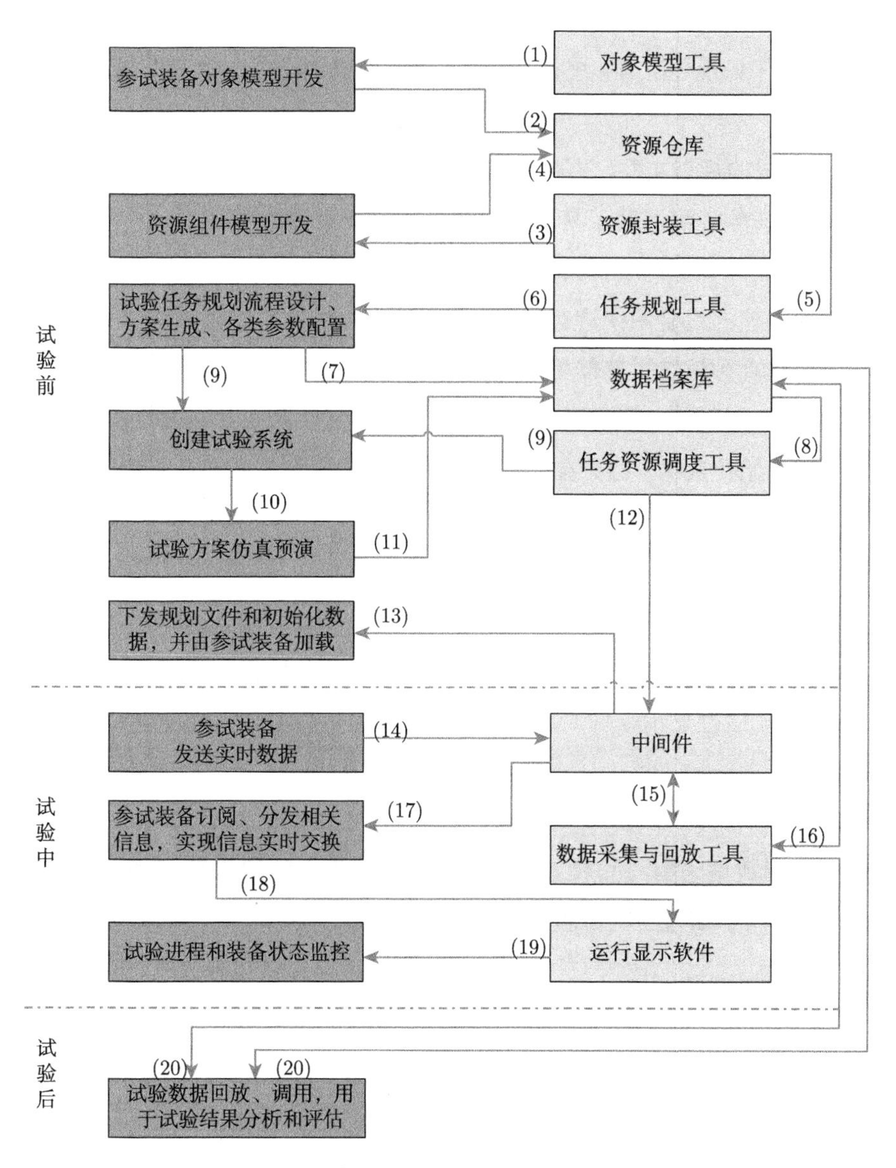

图 7.8　逻辑靶场试验任务运行流程示意图

试验前：

(1) 利用对象模型工具，开发参试装备对象模型；

(2) 将生成的对象模型存储于资源仓库；

(3) 利用资源封装工具开发资源组件模型；

(4) 将资源组件模型存储于资源仓库；

(5) 利用任务规划工具，下载相关对象模型和资源组件模型；

(6) 利用任务规划工具，进行试验任务规划、流程设计、方案生成和各类参数的配置；

(7) 将生成的规划文件、试验方案、配置参数、初始化数据存储于数据档案库；

(8) 利用任务资源调度工具下载规划文件和初始化数据；

(9) 利用任务资源调度工具和规划文件创建试验系统；

(10) 对创建的试验系统进行仿真预演，检查方案的可行性；

(11) 将仿真预演结果存储于数据档案库；

(12)、(13) 利用任务资源调度工具，并通过中间件向相关参试装备和节点下发规划文件和初始化数据，相关参试装备和节点加载规划文件和初始化数据。

试验中：

(14)、(15)、(16) 通过中间件和数据采集与回放工具，实时采集数据并存储于数据档案库；

(17) 实时数据通过中间件进行按需订阅分发，实现信息实时交换；

(18)、(19) 运行显示软件通过订阅实时数据，以实现对试验进程和装备状态的监控。

试验后：

(20) 利用数据采集与回放工具和数据档案库中存储的信息，对试验数据进行回放和调用，用于试验后的试验结果分析和评估。

第 8 章 逻辑靶场公共体系结构应用视图

8.1 应用视图框架

逻辑靶场应用视图在系统视图、软件视图、技术视图、运行视图的支撑下，在靶场应用领域体现了三个“三位一体”，即在靶场任务使命上体现试验、训练、科研三位一体；在靶场任务技术手段上体现真实装备 (实装)、半实物仿真、全数字仿真三位一体；在靶场任务运行职能上体现指挥控制、资源管控、检验评估三位一体。靶场可以根据不同的任务灵活按需组织建立不同应用的靶场任务系统 (图 8.1)。

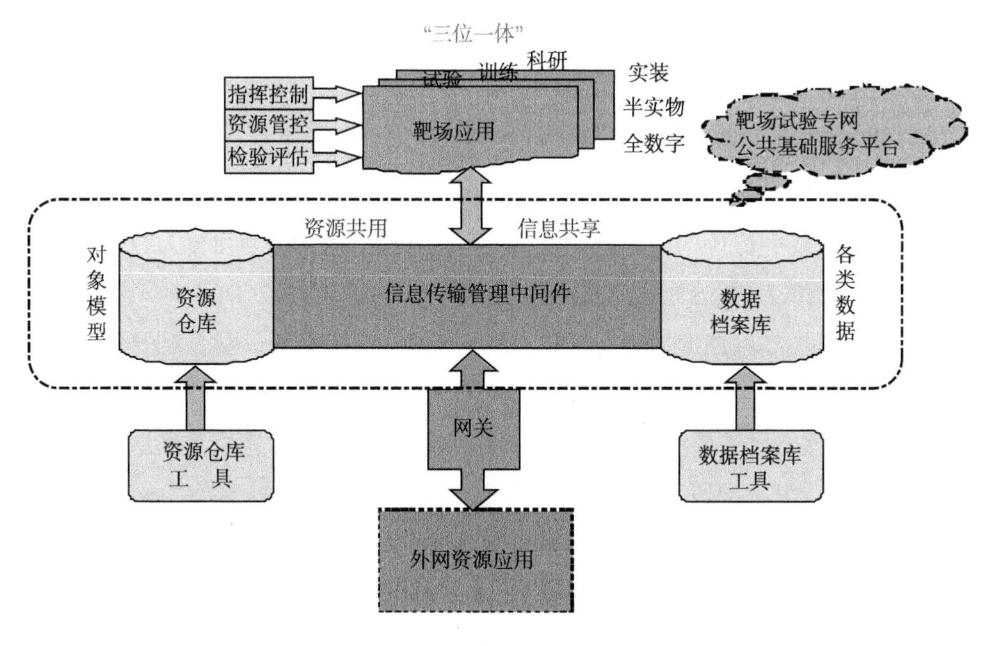

图 8.1 应用视图框架

1) 试验、训练、科研三位一体

试验、训练、科研是靶场履行使命的三大领域，三者联系紧密，互为依托，相互促进。试验以武器装备为检验对象，训练以使用武器装备的部队人员为检验对象，科研以如何开展试验和训练为研究对象。无论试验、训练还是科研，都是以数据为根本的，对数据的不同要求和应用，体现了试验、训练、科研的不同特点。以往我们在靶场建设中常常把试验、训练、科研相分离，独立建设，多头管理，资源分散，效益不高。靶场资源包括真实装备、半实物仿真、全数字仿真以及指挥控制、资源管控、检验评估等系统，统筹共用、统管共享这些资源和信息，才是实现多功能信息化海上综合靶场目标的基本途径。

2) 真实装备、半实物仿真、全数字仿真三位一体

真实装备、半实物仿真、全数字仿真是靶场完成试验、训练任务和开展科研活动的三大技术手段。真实装备属于外场，半实物仿真和全数字仿真属于内场，要将外场真实装备与内场半实物仿真和全数字仿真有机融合，实现内外场一体化，这是国内靶场领域长期以来一直研究而没有解决的技术难题。如果按照应用体系结构，将靶场的真实装备、半实物仿真、全数字仿真通过靶场的指挥控制、资源管控、检验评估有效地运用于靶场试验、训练和科研领域，这就是真正意义上的逻辑靶场。

3) 指挥控制、资源管控、检验评估三位一体

在靶场的应用体系中，不论是试验、训练还是科研，也不论是实体装备、半实物仿真还是全数字仿真，按照人员、装备、信息的运行管理特点可分为综合指挥控制、综合资源管控和综合检验评估三大应用系统。

综合指挥控制系统是集靶场各级指挥控制与运行管理于一体，对上与上一级指挥控制中心相通，对下与各任务执行单位相连，对外与参加靶场任务兵力指挥所相接，发挥靶场各类任务指挥控制和运行管理功能；综合资源管控系统是集各类靶场资源于一体，发挥靶场各类任务信息获取和信息传输功能的；综合检验评估系统是集靶场承担设计、验证、分析、评估任务的各类专业实验室于一体，发挥靶场各类任务信息处理和信息应用功能。这三大系统相互依赖，相互影响，共同形成信息化靶场的资源信息共享空间 (图 8.2)。

靶场资源信息共享空间代表了靶场信息化建设的能力和水平，它与综合指挥控制、综合资源管控和综合检验评估这三大系统能力建设相辅相成，资源信息共享空间所体现的能力大小与三个体系的能力大小成正比，若其中一个系统能

力为零，资源信息共享空间也就不复存在。因此，这三个系统须同步建设，共同发展。

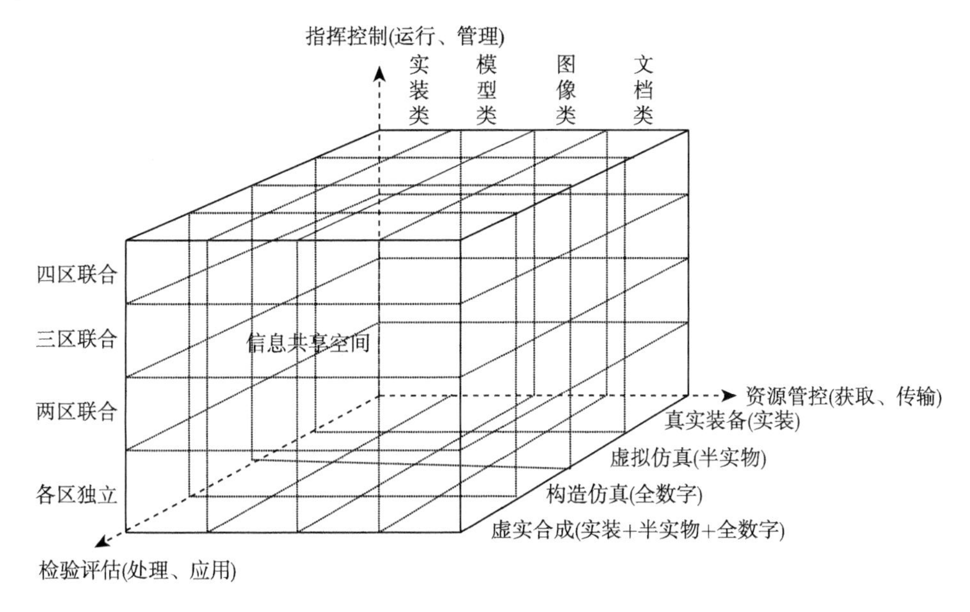

图 8.2 靶场资源信息空间参考模型

8.2 靶场应用体系构建方法

符合信息化特征的逻辑靶场应用体系是分布的靶场各系统和基本单元在统一靶场使命和任务目标的支配下由公共基础设施通过系统及单元间的自同步行为形成的统一整体，通过整体的“涌现”行为实现其任务目标，其自同步行为是各系统及单元间为达成共同的任务使命与目标而在任务行动上的自主协同与自主配合，从而达到快速有效的整体“涌现”。系统及单元间的自同步行为区别于传统体系层级指挥控制方式，它是在资源共用、信息共享的公共基础设施平台上，通过分布网络环境中既定的规则与运行机制而达成的一致行为。

8.2.1 构建靶场应用体系的基本思路

以靶场体系的使命任务需求为依据，在全局高度上遵循“自顶向下”的分解原则进行靶场使命任务需求的分解，在靶场基本单元以及基础设施的同步行为上遵

循 "自底向上" 的聚合原则，通过公共基础设施进行资源的聚合与调整。在 "自顶向下" 分解过程与 "自底向上" 聚合过程的融合上，以靶场能力为结合点。

"自顶向下" 原则是指从体系的全局高度，即从体系使命需求考虑体系的构建。实施步骤是首先进行使命的分解，建立可执行的具体的靶场任务；然后在具体的任务上进行进一步的分解，建立使命执行所需要的各种靶场能力。

体系 "自底向上" 原则是指从体系基础设施条件、组成的基本单元的角度考虑体系的构建。实施步骤是首先建立体系底层基本单元或基础设施的能力要素；然后依据任务的能力需求通过公共基础设施进行资源的聚合或调整，以满足体系使命的需求。

8.2.2 靶场应用体系构建方法

体系构建行为以 "靶场能力" 为纽带联结 "自顶向下" 的分解工作与 "自底向上" 的聚合工作，最终形成与使命匹配的体系要素。在体系 "自底向上" 的资源聚合与调整过程中，其要素包括资源的聚合和体系多种关系的要素的调整，这些关系要素包括单元执行具体任务的序列关系与分配关系、单元间的协作与协同关系、单元间的指挥控制关系以及体系通信组织关系等。由图 8.3 可知，构建靶场应用体系的基础是资源层。要把各试验单位的独有单元作为公共单元，独立系统作为共用系统，将各单位的科研、试验、训练资源统筹共享，既可避免重复建设，又可达到优势互补，产生聚合效果。构建靶场应用体系的关键是服务层。要将各自独立的单元和系统根据使命、任务、能力的需求集成为一体，必须要有资源共用、信息共享的机制，要有统一调度、运行管理的机构，每个单元和系统都必须要遵循统一的公共体系结构标准规范。构建靶场应用体系的牵引是应用层。靶场的多重使命任务，武器装备型号的不断更新，要求靶场必须走能力牵引、体系建设的发展路子，根据不同任务使命，分析提出完成任务所应具有的能力，再运用公共基础设施服务平台构建具有完成任务能力的体系。构建靶场应用体系的核心是逻辑靶场公共体系结构。不论是从使命、任务到能力的自上而下规划，还是从单元、系统到体系的自下而上集成，都是按照应用视图，遵循运行视图，符合技术视图，依托软件视图。

由靶场应用体系模型可以看出，在靶场公共体系结构的作用下，A、B、C、D

等多靶场的资源可以统筹调配，综合利用，可以根据任务需求灵活组合构建系统和体系，发挥各个靶场的独有专长，进行优势互补，形成靶场整体合力。这是靶场适应军队基于信息系统体系作战能力建设需求的基本方法。

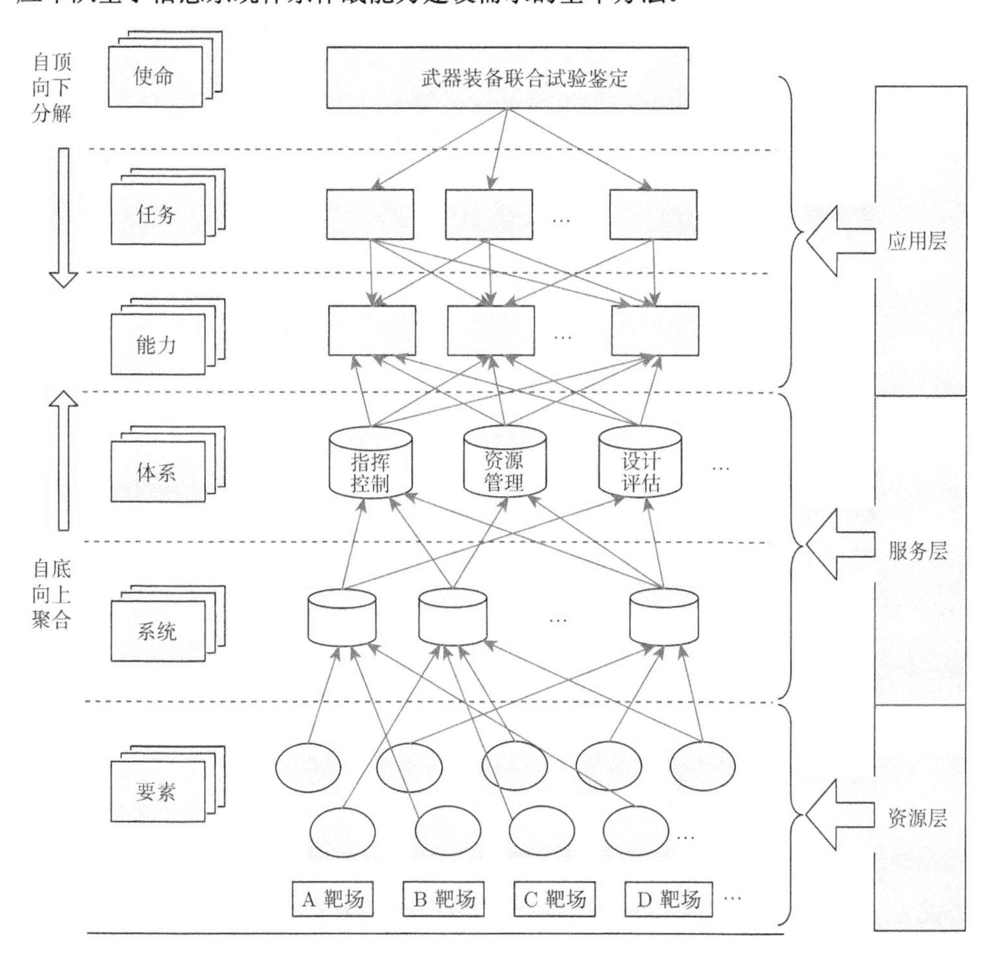

图 8.3 靶场应用体系模型

8.3 构建靶场应用体系举例

以水面舰艇作战系统防空反导试验体系为例描述如何构建靶场应用体系，如图 8.4 所示。

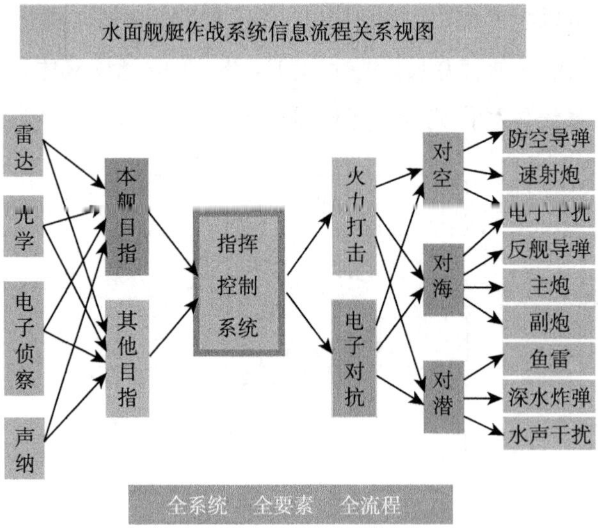

图 8.4　水面舰艇作战系统信息流程关系视图

假设：导弹试验系统、舰炮试验系统和电子装备试验系统相对独立，目标探测、舰空导弹拦截、舰炮拦截、电子干扰等各自分离独立试验，舰载指控系统缺乏“端到端”完整作战过程的真实试验环境和试验手段，无法检验水面舰艇作战系统防空反导作战效能。

使命任务：靶场试验鉴定应按照作战使用信息流程，从目标探测经指控系统到使用武器，完成“端到端”完整作战过程的水面舰艇作战系统防空反导能力试验。

能力需求：为完成水面舰艇作战系统防空反导能力试验任务，要求靶场应具有实施该试验的总体实施方案规划设计能力，按照总体实施方案实施效果的仿真验证能力，按照总体实施方案开展试验并对试验结果进行分析评估的能力。

可用资源：A 区拥有导弹试验系统、舰炮试验系统，具有反舰导弹、舰空导弹和舰炮武器系统试验功能；B 区拥有电子装备试验系统，具有目标探测、电子对抗试验及指控系统软件评测功能。

构建体系：在网络支持下，通过中间件、网关以及对象模型、组件模型等平台设施将被试对象与 A、B 区各试验系统构建成为一个试验体系，相互之间可实现信息交互，即可以完成从目标探测、舰空导弹拦截、电子干扰到密集阵舰炮拦截“端到端”完整作战过程的作战系统防空反导试验鉴定任务。

第 9 章　逻辑靶场公共体系结构工程应用

经过几年的探索和实践，逻辑靶场公共体系结构已在海上靶场试验鉴定领域得到工程应用。在工程应用的过程中不仅解决了相关关键技术和问题，还带来了显著的军事和经济效益。

9.1　关键技术解决途径

逻辑靶场公共体系结构设计中存在资源封装、自适应数据采集、数据并行分发、数据过滤匹配、非结构化数据管理等重点、难点问题，可采用如下关键技术予以解决。

9.1.1　基于协议模板的内嵌式动态数据包编解码技术

基于协议模板的内嵌式动态数据包编解码技术主要用于解决用户在资源封装过程中的零编程和装备接口零修改的问题，提高装备接入效率。该技术涉及协议识别、自动解析等关键环节，且对实时性要求较高。现有靶场装备型号繁多，协议复杂，数据格式多样，其主要特征包括协议多重嵌套、多分支、按比特位使用等，所以数据包的动态解码十分困难。采用该技术可以开发协议模板编辑工具、基于协议模板的内嵌式数据包动态编码组件、基于协议模板的内嵌式数据包动态解码组件。协议模板编辑工具基于对协议分层管理的思想，将复杂协议按照协议集、协议项、协议帧头/帧尾、协议元素、分支、元素位进行分层表示，再利用 XML 语言对复杂协议进行描述；由动态编码组件加载协议模板，按照用户配置信息生成符合协议模板的数据包；由动态解码组件加载协议模板，按照协议模板自动解析接收到的动态数据包。针对不同应用、不同装备之间的通信协议，用户无须编程，即可利用协议模板编辑工具建立各种复杂协议的模板，满足数据传输实时性要求高且实现资源快速接入需求。

9.1.2 基于区域限值的自适应数据采集技术

基于区域限值的自适应数据采集技术主要用于提高数据采集效率和质量。数据采集的等间隔特性极有可能导致两种极端情况的发生：由监测间隔过小而导致的系统负担加重，处理能力大幅降低；由于监测间隔过大，特定时段内原始数据质量严重下降，从而给后期的统计分析、故障诊断等工作带来障碍。为了从源头上保证监测数据质量，采用能根据装备状态参数的变化特征而自动改变采集间隔的自适应采集算法，数据采集策略首先根据用户对监测值的精度需求并结合历史数据统计来确定装备状态参数的最小和最大允许变化量，当装备状态前后监测值的变化量小于最小允许变化量时，说明采集精度已远远超过用户需求，此时可降低采集频率，减少对价值不大数据的采集和存储；当装备状态前后监测值的变化量大于最大允许变化量时，说明采集精度已无法满足用户需求，此时可增大采集频率，以提高系统对设备状态变动的捕捉能力；当装备状态前后监测值的变化量处于最小和最大允许变化量之间时，说明采集精度符合用户需求，此时可继续保持原有采集频率。基于区域限值的自适应数据采集技术在保证不丢失任何有价值数据的同时，也不采集过多的冗余数据。

9.1.3 基于订阅节点转发的并行数据分发技术

基于订阅节点转发的并行数据分发技术用于实现非组播网络环境下的高效数据分发机制。当发布者有多个订阅者时，利用订阅节点的资源，将接收到的数据转发给其他订阅者，该技术可大幅度提高数据分发效率，提高中间件性能。在大量数据分发算法的基础上，设计适用于中间件的数据并行分发算法。该算法是针对系统中一个发布节点对应多个订阅节点的情况，并且发布节点与各个订阅节点都已满足订阅发布关系，将订阅节点作为转发节点参与到数据分发中，并根据系统成员节点信息和订购发布关系，构建合理的分发路径，为发布节点和参与转发的订阅节点选择合适的目的节点，最终构建包含所有节点的数据分发路径。

9.1.4 基于区域/网格/排序的数据过滤匹配技术

基于区域/网格/排序的数据过滤匹配技术主要是提高试验系统内部信息传输实时性。中间件的数据分发管理服务是提高试验系统内部信息传输实时性的重要手段，而其中的数据过滤匹配算法则决定了整个数据分发管理算法的运行效率。为提高数据分发管理服务的性能，通过研究基于区域、网格和排序等三种数据过滤匹配算法为不同网络负载下优化系统的整体数据分发效率提供相应的策略。该项技术对于联合试验运行具有至关重要的意义。基于区域的匹配算法，采用完全匹配的方式，即每一个更新区域必须和外部所有的订购区域进行匹配，若是订购区域与公布区域相互之间有重叠，就会建立它们这两个区域所关联的实体数据的连接关系，实现简单，匹配精确；基于网格的匹配算法，发布区域与订购区域并不是直接地比较是否相交，而是将每个联邦成员的订购区域和发布区域与路径空间的网格相匹配，然后按照在同一个网格中是否同时存在发布区域和订购区域这一原则进行匹配，匹配计算的复杂度大大降低，易于实现；基于排序的匹配算法，将发布区域和订购区域在相同维度的坐标上进行投影，按从小到大的规则排序，利用高低界值排序所隐含的区域相交信息得到各区域匹配关系。

9.1.5 非结构化数据模型建模技术

靶场试验数据中包含很多非结构化试验数据。非结构化数据所包含的内容复杂，并具有不同的结构特点。非结构化数据模型建模技术是非结构化数据管理的重要基础，能够构建各种异构非结构化数据的数据模型，实现各种模态信息 (如语义特征、底层特征等) 的集成描述，有效支持大数据的检索与关联分析。数据模型定义了数据描述结构、数据操作方法以及数据完整性约束条件。基于数据模型，可以建立可扩展的数据存储模型，使数据能以某种结构和方式进行存储与读取；可以建立面向上层应用的灵活多样的数据操作模型，支持用户对数据的高效访问。非结构化数据如文本、图形、图像、音频和视频等，从内容上没有统一的结构，数据是以原生态形式保存的，因此计算机无法直接理解和处理。为了对不同类型的非结构化数据进行处理，采用四面体建模技术对非结构数据进行描述，包括原始数据刻面、数据基本属性刻面、语义特征刻面和底层特征刻面，基于描述性信息实现对非结构化数据内容的管理和操作。四面体数据模型具有 4 个特点：语义特征与底层特征进行一体化表达的集成性，图像、文本、视频、音频等多种异构数据表达的统一性，支持语义特征、底层特征动态变化的可扩展性和简单性。基于四面体模型构建的数据管理平台，能够实现异构数据的统一存储与关联操作，从而更好地支持大数据的深度处理。

9.2 典型工程应用

以信息技术为核心的精确打击是高技术战争的主要特征，以战术导弹为代表的精确制导武器是现代战争的主要杀伤力量，多武器平台及多军兵种联合作战是现代军队的主要作战模式。当前先进国家的武器装备越来越信息化，其信息系统也越来越武器化；美军靶场界认为以信息化为代表的武器系统互操作试验，特别是以C4ISR 为核心、从传感器探测端到指挥与控制再到武器交战的完整作战过程试验，其规模和范围超出了现有任何一个物理靶场的试验评估能力，只有逻辑靶场才能提供这种复杂作战空间的逼真表示。在新形势下，靶场建设应着眼于服务军队战斗力生成这一基本宗旨，积极促进靶场转型发展，使靶场真正成为和平时期的战场，成为具有丰富的外场测控资源和内场模拟资源的军队战斗力倍增器。无论是以作战系统为核心的“端到端”试验，还是有实兵和实装参与的训练、研练和演练，都需要靶场提供逼真的对抗环境、构建复杂的作战任务空间和构思合理的任务剖面。只有整合内场仿真资源和外场试验资源，才能构建贴近实战的、高逼真度和高置信度的一体化联合试验环境；而进行资源的有机整合必须依赖构建复杂试验系统的靶场公共体系结构。当前靶场正在建立并完善公共体系结构标准规范，已经在试验鉴定各领域成功开展了相关的工程应用。

9.2.1 内外场联合试验

9.2.1.1 概述

冷战结束后美国大幅削减国防预算，而一些新型武器性能复杂、造价高昂，导致其试验评估费用暴涨。从靶场建设角度看，美军认为已投入巨量资金建设的靶场其地理位置分散，通常只能提供单一服务且面向单一军种，如果每个靶场都以烟囱式独自发展，不但要重复建设，而且还会严重阻碍靶场资源间的互操作和重用；而从先进武器系统试验需求角度看，美军认为以信息化为代表的武器系统互操作试验，特别是以 C4ISR 为核心、从传感器探测端到指挥与控制再到武器交战的完整作战过程试验，其规模和范围超出了现有任一个靶场的试验评估能力，在物理意义上完全重建靶场既无必要也不可能。随着计算机和网络技术的发展，以先进分布式仿真技术 (ADS) 为代表的军用仿真技术和飞速发展的信息技术为美军靶场向一体化联合试验转型提供了坚实的技术基础。早在 1992 年，美国国防部就认识到应该使用 ADS 将仿真模型、各类模拟器资源、半实物仿真试验设施、试验/训练靶场及其他资源互联、互通，构造一个贴近实战威胁的合成试验环境，用以改进武器装备的试验与评估。

以美军 “网络中心战” 为代表的一体化联合作战思想，对当代军事装备发展产生了深远影响，以信息技术为核心的精确打击已成为现代高技术局部战争的主要特征。海军新型战术导弹已呈现出几个鲜明特点：① 以大型水面舰艇为作战平台；② 以通用垂直发射系统为发射平台；③ 信息化程度高、集成度高、通用化强；④作战效能发挥高度依赖体系作战能力；⑤ 结构复杂、耦合度高、技术跨度大。传统上依托军兵种和武器类别建立的功能独立靶场已不能适应以信息为中心、以联合作战为特征的新型武器装备试验/训练需求。

海军中远程舰空导弹装备在大中型水面舰艇上以舰载通用垂直发射系统为发射平台，遂行水面舰艇编队区域防空作战任务。武器系统在相控阵雷达支持下具备可同时制导数十枚导弹、拦截数十个目标的多目标拦截能力。受外场试验成本、测量控制及安全控制能力限制，难以利用多型多类靶标模拟饱和攻击威胁环境，而利用舰载嵌入式模拟训练系统对导弹拦截多目标能力进行考核的方法又存在很多缺点：① 训练系统非试验系统；② 训练环境模拟不逼真；③ 训练系统采用粗粒度模型；④ 嵌入式训练系统无法模拟导弹从探测端到交战端的大闭合回路。综上所述，无法对舰空导弹拦截多目标能力进行充分考核。

而靶场导弹内外场联合试验技术可以解决上述多目标拦截能力等导弹边界条件考核难题。导弹内外场联合试验系统以靶场已研制的逻辑靶场体系原型系统和已验证的关键技术为基础，通过联合试验平台升级改造、导弹实时数字仿真系统扩容改造、舰载导弹武器系统实装靶场接口设备研制、目标模拟系统改扩建等建设，采用软件中间件、资源封装重用和跨地域时空一致性控制等关键技术，综合集成作战平台及舰空导弹武器系统实装、模拟器和内场导弹数字仿真等资源，构造被试武器实装和作战人员在回路的内外场合成试验环境，检验外场飞行试验因成本、安全性等不宜开展的试验项目，辅助完成新型舰空导弹武器系统设计定型试验。通过对原系统升级改造和必要的软硬件设备建设，利用雷达目标模拟器生成的“电子靶标”增加威胁目标数量，利用内场仿真系统生成的“数字导弹”驱动舰面导弹制导支路实装，形成接近真实靶试的海军新型舰空导弹多目标拦截模拟试验环境，实现对武器系统抗饱和攻击的战技指标的充分考核。

9.2.1.2　内外场联合试验系统开发

内外场联合试验系统采用逻辑靶场公共体系结构的“发布 - 订购”数据交互机制和系统封装集成机制，将舰平台实装、海军新型中远程舰空导弹武器系统实装、内场导弹实时数字仿真系统 (未来可利用导弹半实物仿真系统替代)、外场电磁干扰设备、外场目标模拟设备以及靶场指控、测控系统整合到一个内外场合成的虚拟试验环境，利用“虚拟打靶”的方式开展海军新型舰空导弹全系统、全要素、全流程的内外场联合试验，其中导弹实体采用仿真方式产生，除靶机外的大部分威胁目标实体以模拟相控阵雷达回波方式产生。为了逼真地模拟导弹舰面指令制导环节，需要研制制导雷达导弹数据注入设备，其主要作用有：一是在内场仿真产生的“数字导弹”真值激励下模拟导弹测量值并回送给舰载武控系统实装，二是将武控系统生成的导弹制导指令回送给舰载武器系统实装数据采集处理设备并利用靶场专用无线信道实时传递给内场“数字导弹”。将模拟导弹回波或数字测量值分别注入制导雷达实装的不同部位，可更逼真地模拟舰面导弹指令制导环节。导弹武器系统内外场联合试验框架结构见图 9.1。

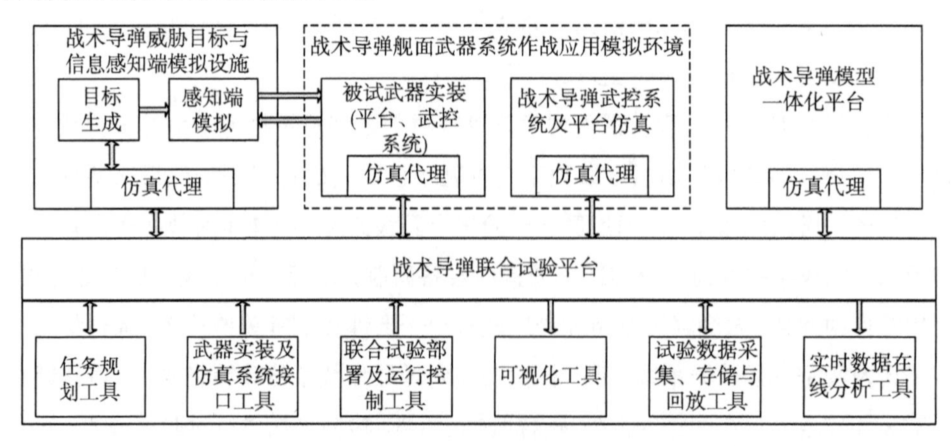

图 9.1　导弹内外场联合试验系统框架

内外场联合试验系统主要包括: ① 基于靶场公共体系结构的内外场联合试验基础平台，包括联合试验管控系统、协同系统、任务规划系统、数据采集系统及导弹数字仿真系统和各类异构系统仿真代理等; ② 舰载武器系统实装接口仿真代理设备、制导雷达导弹数据注入设备、垂直发射系统接口设备、舰空导弹战斗状态架上模拟器; ③ 雷达目标模拟器; ④ 舰艇平台及武器系统实装。内外场联合试验系统组成与布局如图 9.2。试验系统采用开放式的技术架构，系统大仿真回路体系结构充分借鉴 TENA 的先进技术和思想。其中符合体系结构标准的软件中间件可以看作是异构系统的“黏合剂”，可将靶场各种内外场试验资源联合成为复杂的、合成的导弹试验环境。试验系统由仿真联邦 (试验系统运行时的一次映像)、成员 (试验设施)、对象 (设施内部封装的功能独立组件) 组成，系统底层硬件是靶场试验通信网络，网络之上是支持导弹联合试验系统体系结构的中间件，各试验设施间互操作信息通过软件中间件传递，交互信息定义为对象属性的更新 (持续的) 和对象间的交互 (短暂的)。

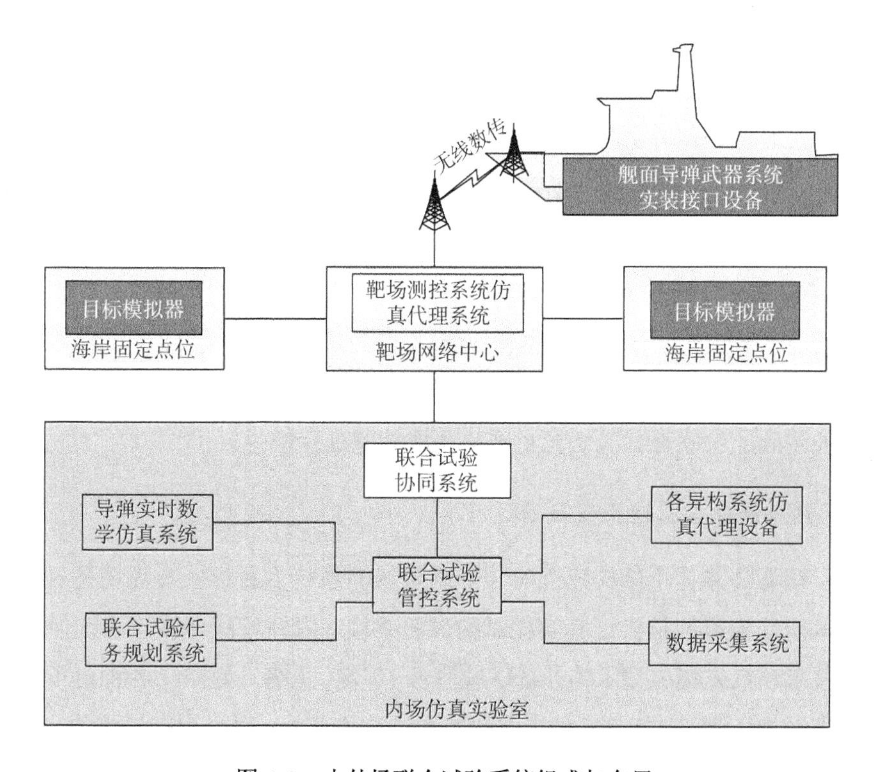

图 9.2 内外场联合试验系统组成与布局

基于靶场公共体系结构的导弹内外场联合试验系统在本质上是一个实时分布交互式仿真系统，具备以下功能。

1) 创建、管理并运行导弹内外场联合试验系统功能

该平台利用软件中间件和仿真代理技术将单舰平台实装、导弹武器控制系统实装、相控阵雷达实装、雷达目标模拟器、导弹架上模拟器和内场仿真系统综合集成，创建、管理并运行一个分层结构的、地域分布的、强弱实时混合的、时空一致的联合试验系统。

2) 联合试验任务规划功能

主要用于在试验前对参试系统节点、交互实体、交互事件、初始数据等信息进行配置，形成相关配置文件，为试验系统运行提供配置及初始化信息。

3) 联合试验过程可视化功能

能够实时接收联合试验运行过程中的各类实体属性和事件状态数据，并将试验数据以二维、三维可视化形式展现出来。

4) 联合试验数据录取及回放功能

联合试验数据录取分两部分：仿真代理强实时部分试验数据录取和联合试验各节点弱实时部分试验数据录取。回放功能是针对录取的弱实时部分数据并通过时戳对齐后同步、实时回放，也可调整回放速度。录取的强实时数据用于评估系统的时空一致性。

5) 联合试验资源封装与集成功能

该功能主要包括联合试验数据协议转化、实体时空一致性维护、试验数据记录等核心功能。由于试验平台交互数据模型修改、参试实体/事件类型增加，需要在原有功能基础上对联合试验资源封装与集成功能进行增强。

9.2.1.3　内外场联合试验系统试验过程

基于靶场公共体系结构建立的导弹联合试验系统多目标威胁环境是目前联合试验技术所能模拟的最接近真实靶试的试验手段。内外场联合试验系统使用先进的信息技术和系统集成技术将外场试验资源 (环境、武备、测控)、各种内场仿真资源和仿真设施资源 (包括真实的、虚拟的和构造仿真的) 联合为有机整体，建立逼真的、复杂的、合成的试验环境，支持导弹抗干扰、突防和对抗等复杂试验样式，实

现在贴近实战环境条件下对新型导弹各种性能和效能指标的充分考核和评估。利用虚实合成试验环境和实装舰艇仿真交战技术开展的新型舰空导弹抗饱和攻击试验工作流程描述如下：

(1) 陪试舰进入试验航路，舰空导弹武控系统开机进入作战程序，舰载相控阵雷达开机并搜索目标；

(2) 靶机从阵地发射，以规定航路飞行，靶场测控系统实时测量靶机飞行数据；

(3) 置于海岸地区的目标模拟器实时订购陪试舰时间 - 空间 - 位置信息，各自模拟发射数枚电子靶标；

(4) 舰载搜索警戒雷达发现并稳定跟踪电子靶标及靶机并形成目指信息发送给舰空导弹武器控制系统；

(5) 舰空导弹武器控制系统对威胁目标进行威胁判断并形成拦截指令，并对拦截目标进行射击诸元解算，模拟发射数枚导弹同时拦截电子靶标和一架真实靶机，并将发控参数通过武器实装接口设备实时发送给内场武器系统实装仿真代理；

(6) 内场导弹数字仿真系统依据外场回送的发控参数，实时控制舰空导弹模型运行，模拟导弹拦截目标全过程；

(7) 内场导弹数字仿真系统将舰空导弹的状态真值发布给舰载导弹制导雷达模拟器；

(8) 导弹制导雷达模拟器产生导弹测量值并发送给舰载武器控制系统，武器控制系统产生中制导指令并发布给内场导弹数字仿真系统；

(9) 目标毁伤测试分析系统根据弹目交会数据实时计算出目标毁伤结果；

(10) 各系统实时记录相关数据。

9.2.1.4 内外场联合试验系统工程应用

近年来，利用导弹内外场联合试验系统开展了某型舰载末端反导武器拦截虚实合成双目标内外场联合试验，对该型武器的反应时间、单目标拦截次数和杀伤区近界等战标进行了考核评估。导弹内外场联合试验系统利用射频威胁目标模拟器增加外场威胁目标数量，利用内场数字仿真系统模拟某中远程舰空导弹拦截多目标的实时交战过程，将该型导弹武器系统“沉浸”在逼真的、内外场资源合成的多目标威胁环境中进行了抗饱和攻击能力考核。某国产大型驱逐舰相关战位操作手还在同向饱和攻击目标流、亚超结合目标流、同向背离目标流等贴近实际作战运用的高强度防空压力下同时进行了全系统、全要素、全流程的防空作战训练。

随着新型武器装备的迅猛发展以及适应贴近实战环境下武器装备作战能力考核的要求，武器试验逐渐由以武器性能试验鉴定为主过渡到以武器作战试验、在役考核和支持部队开展高水平训练/演练为主。导弹作战试验的目的是评估导弹武器系统完成作战任务的能力，可通过对两类指标的试验评估来实现：作战效能和作战适宜性。作战效能是指武器装备由典型作战人员在所期望的战场环境下使用时完成作战任务的程度，通常是一个概率值。作战适宜性是指武器装备在所期望的战场环境下使用时满足其可用性、适应性、互操作性、后勤支持性、安全性等使用类指标的程度。利用联合试验技术集成靶场各类资源构建虚实合成试验环境，即利用目前已有的内场仿真资源扩充增强外场试验环境的威胁度和复杂度，实现利用靶场现有仿真资源支持大部分的作战适宜性指标检查，如导弹战场环境适应性、可用性以及导弹武器系统与作战平台间互操作性等试验/测试。

1) 基于“电子靶标”的舰空导弹武器系统“二次拦截”试验

“二次拦截”是舰空导弹武器系统在舰指控系统集中控制下和舰平台其他系统配合下典型的作战使用流程，“二次拦截”试验的核心是考核在真实的威胁目标条件下全舰武器系统能否互相配合完成平台及编队防空任务。靶场受试验平台、靶标技术、导弹子样数等限制，无法利用外场飞行试验考核类似的作战使用性能。而利用雷达目标模拟器产生的“电子靶标”配合导弹“虚拟打靶”和引战配合仿真，可以在逼真的模拟试验环境条件下充分检验舰空导弹武器系统的“二次拦截”能力。

2) 基于编队协同防空系统的舰空导弹拦截超视距低空突防目标试验

未来海战场环境下对单舰平台和编队威胁最大的是超视距低空突防类目标。中远程舰空导弹自身都具备一定的拦截超视距低空突防目标能力，但由于本舰雷达视距限制，导弹武器系统拦截超视距低空突防目标的发射区和拦截区受到大幅压缩，其作战能力的发挥受到了影响。靶场开展舰空导弹拦截超视距低空突防目标试验的重点是考核信息系统与导弹武器系统的互操作能力，没有必要通过发射昂贵的实弹来验证。利用联合试验技术，综合运用内场仿真资源和目标模拟器构建编队协同防空模拟试验环境，可以低成本、安全且可重复地进行各武器系统间互操作性考核。

3) 基于合成试验环境的舰空导弹从探测端到交战端大闭合回路抗干扰试验

靶场传统试验模式常聚焦于单个武器系统，看重的是火力打击能力，在试验组织分工、资源配置上极易形成条块分割，割裂武器装备系统间的内在联系。由于试验组织分工和资源配置的不合理，导弹从探测端到交战端大闭合回路抗干扰试验一直无法实施，这影响了导弹作战能力评估的充分性、有效性，为武器装备后续的部队使用带来隐患。联合试验技术可以有效整合试验资源，构建逼真的、贴近实战的试验环境，充分考核雷达等前端传感器受到干扰时对导弹作战使用性能的影响。

9.2.2 跨地域实时分布式仿真试验

9.2.2.1 概述

逻辑靶场的核心部分是虚实合成的作战试验/训练环境，主要由构造的、虚拟的和真实的资源组成，用于表示作战环境、敌我或第三方的各种装备、系统、人员及其交互关系，虚实合成环境通过各种靶场定制的专用接口与被试武器装备交互；逻辑靶场的基础部分是建立在各种国防专网和经加密处理的民用网之上的靶场内、靶场间及靶场外的信息传输通道，其中关键的软件设施是中间件和各种实时引擎；逻辑靶场的应用部分是靶场公共应用工具集，包括数据处理、数据采集和信息表现(视觉、听觉) 等软硬件设施；逻辑靶场神经中枢是作战试验/训练活动的运行控制，包括任务想定及规划、安全控制、资源控制、运行调度等靶场设施。

典型战情想定对应的试验环境要素可划分为以下几类：① 被试武器装备体系的表示 (包括红方的传感器、作战指挥系统和各类末端交战武器)；② 作战平台的表示；③ 红方作战平台信息支援系统的表示；④ 蓝方威胁系统的表示；⑤ 蓝方电子战武器的表示等。表示上述五类资源要素的类型主要有三类：构造、虚拟和真实。至于最终选用哪种资源类型需根据作战试验任务需求、系统集成难易度、项目经费量和仿真置信度来确定。上述各类资源的综合集成不是简单的、一成不变的“相加”，而是基于模拟能力的组合、重用和互操作对各类资源的按需集成。这对各类试验设施提出了更高的要求，其仿真模拟能力应具有专业性、权威性、逼真性和有效性。因此联合试验系统中各要素优先选择实装，其次选用射频信号级的高置信度实装模拟器，最后选用经过严格 VV&A 过程控制的数学模型。从资源视角看，典型海战场联合试验系统结构如图 9.3 所示。

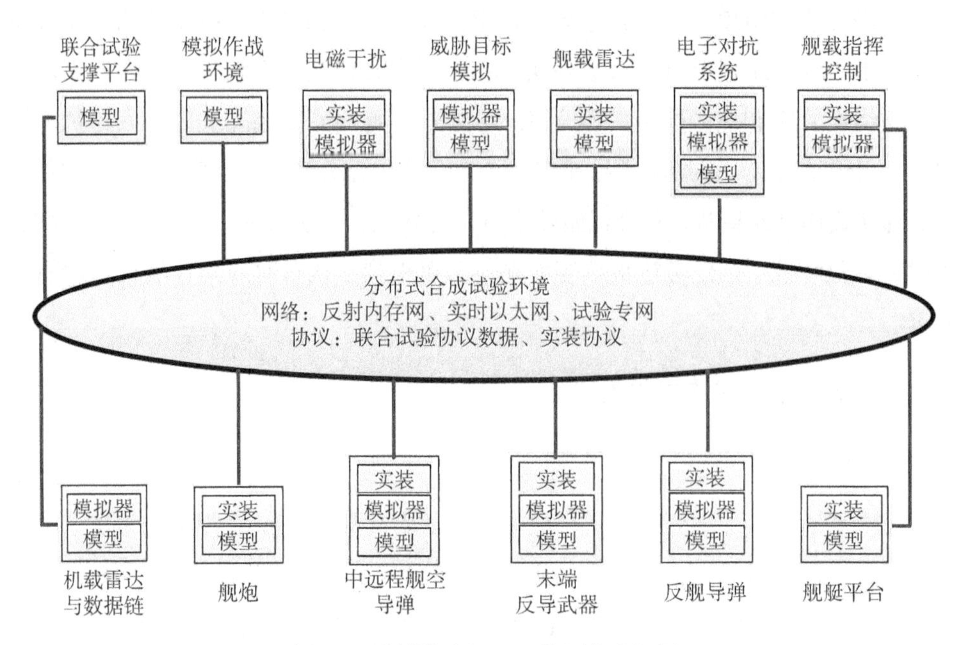

图 9.3　逻辑靶场 LVC 资源集成视图

逻辑靶场是由多个系统、设施构成的复杂试验系统，本质上也是个体系。依托靶场公共体系结构建设逻辑靶场是一个复杂的系统重构过程，应遵循科学合理的总体建设思路。美国海军空战中心武器分部建设虚拟导弹靶场 VMR(virtual missile range) 的方法步骤可以借鉴，即先内场后外场、先陆上后海上、先仿真/模拟后实装的稳健、渐进式的实施过程。按照 “试验 - 模型 - 试验” 的迭代式试验评估思路，成熟模型可以在一定程度上取代实际装备。武器系统一般是先有概念模型、原理模型、参数模型直至虚拟样机的模型化过程。因此逻辑靶场可以先从跨地域互联靶场内场数字仿真、半实物仿真、人在回路模拟器构建实时分布式仿真系统开始。这种做法的好处在于：一是可以稳步推进公共体系结构标准规范，二是演示验证逻辑靶场关键技术，三是方便系统联调联试以提高复杂系统建设效率。

9.2.2.2　系统设计

逻辑靶场公共体系结构参照 TENA 设计。其中中间件提供给靶场各类应用程序通用的 “插接板”，而每个应用程序都按照统一标准封装为 “插件”。逻辑靶场公共体系结构可以看作是异构系统的“黏合剂”，可将靶场各种内场仿真资源联合成为复杂的、合成的试验环境。实时分布式仿真系统由仿真联邦 (试验系统运行时的一次映像)、成员 (试验设施)、对象 (设施内部封装的功能独立组件) 组成，系统底层硬件是靶场试验通信网络，网络之上是支持靶场公共体系结构的中间件，各试验设施间互操作信息通过软件中间件传递，交互信息定义为对象属性的更新 (持续的) 和对象间的交互 (短暂的)。

靶场公共体系结构在靶场范围的良好推广是实现跨区域联合仿真的基础，因此系统设计既要面临很高的通用性要求，同时又要解决导弹武器系统及其试验环境专用领域内的异构问题，因此必须采用逻辑靶场系统集成机制。

1) 系统分层

目前在计算机、硬件体系结构设计中，最常用且富有成效的思想是分层原理。将系统垂直划分为若干相对独立的功能层。在实时分布式仿真系统中应将公共体系结构严格限制在系统顶层。

2) 统一授时

实时分布式仿真系统包括仿真设施、外场试验设施 (模型形式) 和实装 (模拟器形式)，是一个复杂的实时系统。为了使系统与靶场时统严格同步，必须采用有针对性的时统策略，如系统顶层不进行严格的同步闭环控制、各系统采用独立的时间服务器与靶场时统设备时间同步、系统内部独立管理时间等。

3) 系统自治

实时分布式仿真系统是一个由很多子系统组成的复杂系统，平台的体系结构就是对系统组成部分及其功能、接口和相互关系的划分。系统自治策略就是各系统独立管理内部各实体状态的更新、仿真模型的运行和时间推进，系统顶层只负责各系统间的交互信息。系统自治包括系统聚集和解聚以及数据过滤。

4) 实时性设计

为了保证实时分布式仿真系统运行的实时性，除了采用系统自治策略外，还要合理划分系统仿真帧频。系统顶层分布交互仿真联邦的实时粒度一般为百毫秒到秒级，系统内部实时粒度一般为毫秒级。

5) 模型封装

为了保证新建系统具有良好的开放性、可复用性和互操作性，且能够兼容靶场已建的数学仿真系统和半实物仿真系统，系统研制中必须采用模型封装策略。

6) 中间件

实时分布式仿真系统是基于靶场公共体系结构的分布式实时系统，为了保证各系统间交互信息实时、高吞吐量、低延迟、可靠地传输，必须在分布式网络环境中引入高性能的网络通信中间件。

9.2.2.3　系统关键技术

1) 系统时空一致性控制技术

跨地域实时分布式仿真系统是利用靶场公共体系结构整合靶场仿真资源构造的虚拟的仿真试验任务空间，代表这些资源的仿真实体 (或实物代理) 在地域上是分散的，交互信息在时间上是异步的。为了维持虚拟任务空间中所集成的仿真实体协调、有序、实时且满足一定精度要求正常运行，必须保证虚拟场景和真实世界的时空一致性。空间一致性主要取决于靶场仪器仪表测量的精确程度，当然时间的不一致也会引起空间上额外的不一致，因此对于导弹内外场合成试验环境更重要的是在数据异步传输且数据更新率各不相同的情况下保持实体间的时间统一性。解决时空一致性的主要措施包括如下方面。

a. 合理划分系统各部分的实时粒度

系统具有分层结构，相应的交互信息也是分层的。顶层仿真联邦是一个基于广域网的弱实时系统，实时粒度暂定 100 毫秒，考虑到网络和多节点因素允许数据传输有一定的时延，但必须有修正机制；底层异构的仿真设施，由于有连接实物的要求，是强实时系统，实时粒度一般为 1~5 毫秒，所以通常采用实时通信网络 (反射内存网)。

b. 系统 (设备) 采用时间自治策略

由于广域网带宽和传输时延的限制，中间件不采用时间管理服务。仿真联邦只负责成员间交互信息的发布/订购和传输数据的过滤，不负责系统成员间的时间同步控制，时间同步由各系统 (设备) 成员自治。为了精确确定两个系统成员间传输数据的延迟，两个系统成员间计算机时间必须同步。解决的方法是在各系统成员网络中增加时间服务器节点，利用网络时间协议 NTP 软件或 GPS 秒同步信号使系统中其他计算机与时间服务器节点时间同步，而时间服务器与靶场时统信号同步。采取时间自治策略，综合试验平台仿真联邦时间不同步误差应能控制在 1~10 毫秒。

c. 增加硬件投入

为了保证系统运行的高效、实时，应增加投入，引入高性能计算软硬件平台和硬件在回路设施，提高系统运算速度；采用高速计算机网络，引入分布式共享内存网 (如反射内存网)、高速专用光纤通信网等。

d. 优化设计

优化系统结构设计，减少信息传输，节省网络带宽。尤其是对于基于广域网的仿真联邦间的信息传输，通过采用数据预处理、基础数据共享、充分利用中间件的数据分发管理服务等措施，可显著减少通信量。优化程序设计和算法，采用多进程、多线程软件技术，充分合理使用计算机硬件资源。引入实时操作系统，提高计算机实时处理和实时运算能力。

2) 异构系统仿真代理技术

靶场为了构建跨地域实时分布式仿真系统，必须采用公共体系结构标准整合现有仿真资源，而靶场现有仿真资源由于历史原因都是异构系统，互操作性弱。因此设计异构系统仿真代理软件是进行试验资源封装和重用的关键。设计合理可行的仿真代理软件能够保证各类仿真资源以可控自治的方式协调运行。仿真代理软件在本质上是一种模块化、可配置的接口，可设计为三个组成部分。

① 异构系统接口组件。负责与异构系统的双向通信，负责解析异构系统的协议和消息格式，能够访问数据库和时间，提供图形化的用户界面以便用户配置接口参数。该组件与异构系统保持同步通信，一般工作在强实时状态；其从异构系统获取的实时信息，一般需要通过缓冲区缓存，并及时将接收信息发送给公共组件，再经过中间件接口组件以对象属性更新和交互类参数形式发送给订购的联邦成员；其从公共组件获取的信息必须经过时戳比对进行信息修正，然后作为异构系统的激励发送给异构系统，这些信息是异构系统订购其他联邦成员发布的对象属性和交互类参数。

② 公共组件。它包括各种功能模块，这些功能模块可重用、可重新配置，由运行程序根据不同的异构系统和仿真联邦需求进行配置和协调运行，包括数据容量、更新率和数据的预处理。这些模块接收接口组件采集的异构系统信息，并将其转

换成仿真联邦可用的对象属性和交互类参数形式信息 (代表异构系统的行为能力)，发送给中间件接口组件，同时将仿真联邦产生的、异构系统订购的其他联邦成员的仿真信息 (对异构系统的激励) 转换成异构系统可用的信息并发送给接口组件；公共组件与仿真联邦基本同步 (不严格，因为系统时间自治)，一般工作在弱实时状态；公共组件具有协调两种不同帧频信息的能力，与工作在强实时状态的接口组件进行通信时通常采用缓冲区技术。

③ 靶场公共体系结构中间件接口组件。提供公共组件和中间件之间的接口，为公共模块提供中间件的各类服务调用，最终实现异构系统与仿真联邦和其他异构系统的信息交互。

针对不同的异构系统开发接口组件，最大程度地重用公共组件和中间件接口组件，可以促进靶场资源的标准化和通用化。异构系统仿真代理软件的框架结构如图 9.4 所示。

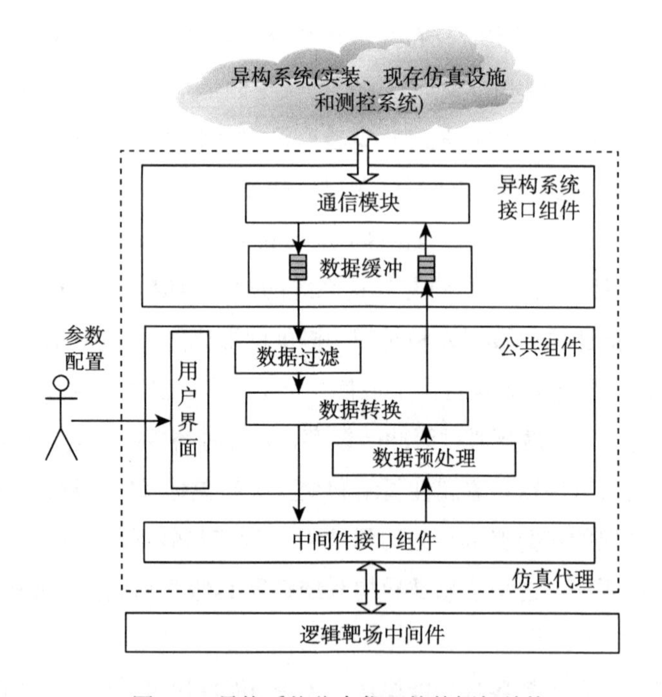

图 9.4 异构系统仿真代理软件框架结构

3) 模型封装技术

为了保证新建系统具有良好的开放性、可复用性和互操作性，且能够兼容靶场已建的数学仿真系统和半实物仿真系统，系统研制过程中必须严格贯彻软件封装思想。由于系统采用靶场公共体系结构，仿真模型一般采用三层封装。第一层封装是仿真实体的封装，实现这类封装一般采用面向对象的仿真建模技术。这层封装的目的是使仿真实体能在系统仿真数据域与其他实体 (本系统或其他系统中的) 进行交互，这种交互是双向的：一方面，通过数据域接收来自其他实体的系统激励信号；另一方面，通过数据域发送本实体的响应信号和对其他实体的激励信号。因此仿真信息转换技术也是第一层封装的重要内容。系统第二层封装是对仿真试验系统、设施的整体封装，是在各种仿真实体封装的基础上增加了仿真设施控制器 (通常称为仿真系统调度管理节点)，使得各个仿真实体能够在分布式仿真环境中协调工作。该层封装一般由一个网络接口、一个仿真设施控制器、一个或多个封装的仿真实体组成。为了复用仿真试验资源，拓展系统新的仿真应用领域，必须对仿真系统进行第三层封装，即把整个仿真试验设施封装成与靶场公共体系结构兼容的联邦成员。第三层封装就是在上述数字化仿真设施封装的基础上开发仿真代理软件接口，从而实现基于靶场公共体系结构标准的仿真资源互操作。封装实质就是使本仿真系统能作为一个可复用的仿真联邦成员跟其他的仿真联邦成员进行互操作。

9.2.2.4　仿真试验概况

1) 跨地域数字仿真系统互联试验情况

内场数学仿真资源互操作试验主要参与系统有联合试验控制系统、导弹数学仿真试验系统、导弹火控系统在线仿真测试系统、目标模拟系统、导弹综合试验协同系统等。其中，目标模拟系统负责仿真并发布来袭反舰导弹类目标；导弹火控系统在线仿真测试系统负责仿真并发布试验舰状态数据，同时，针对目标模拟系统发布的目标信息进行火控解算，当满足舰空导弹发射条件时，发出导弹发射事件并给出射击诸元；导弹数学仿真试验系统负责仿真舰空导弹对来袭反舰导弹进行拦截。试验时，由导弹综合试验控制系统依据试验方案生成试验规划文件并向其他系统分发。试验开始后，导弹综合试验控制系统向其他系统发送“初始化”“网络测试”“开始试验”“停止试验”等命令，各系统收到命令后进行相应的动作，动作结束后向导弹综合试验控制系统反馈动作执行情况。该试验验证了跨地域实时分布式仿真试验系统数学仿真试验资源之间可以进行互联、互通和互操作。图 9.5 为跨地域传输高速运动实体状态数据 DR 推算结果，结果表明时空不一致误差在许可范围内存在。

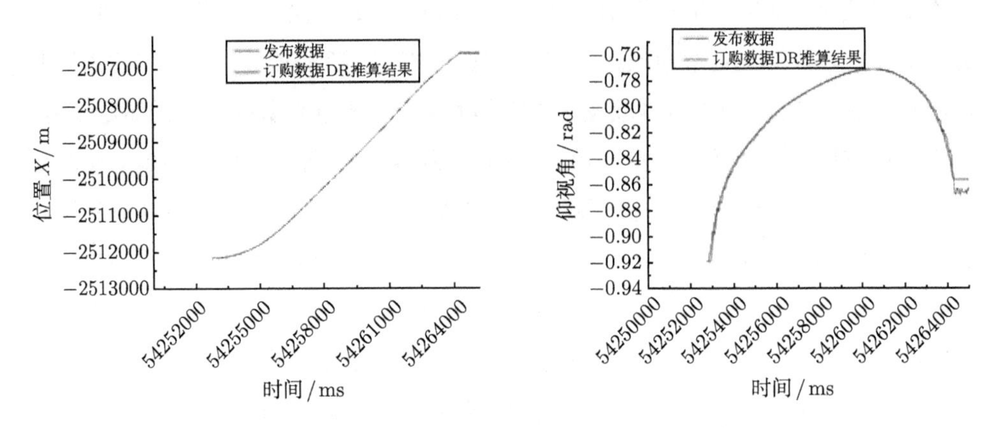

图 9.5　舰空导弹实体状态参数跨地域传输 DR 推算结果对比

2) 跨地域数字仿真系统与半实物仿真系统互联试验情况

数字仿真系统与半实物仿真系统互操作试验主要参与系统有联合试验控制系统、导弹数学仿真试验系统、导弹火控系统在线仿真测试系统、导弹复杂电磁环境半实物仿真试验系统、导弹综合试验协同系统等，其中，导弹复杂电磁环境半实物仿真试验系统负责仿真并发布来袭反舰导弹类目标；导弹火控系统在线仿真测试系统负责仿真并发布试验舰状态数据，同时，针对目标模拟系统发布的目标信息进行火控解算，当满足舰空导弹发射条件时，发出导弹发射事件并给出射击诸元；导弹数学仿真试验系统负责仿真舰空导弹对来袭反舰导弹进行拦截。试验过程与 1) 相同。该试验验证了跨地域实时分布式仿真试验系统数学仿真试验资源与半实物仿真资源之间可以进行互联、互通和互操作。图 9.6 为跨地域传输高速运动实体状态数据 DR 推算结果，结果表明时空不一致误差在许可范围。

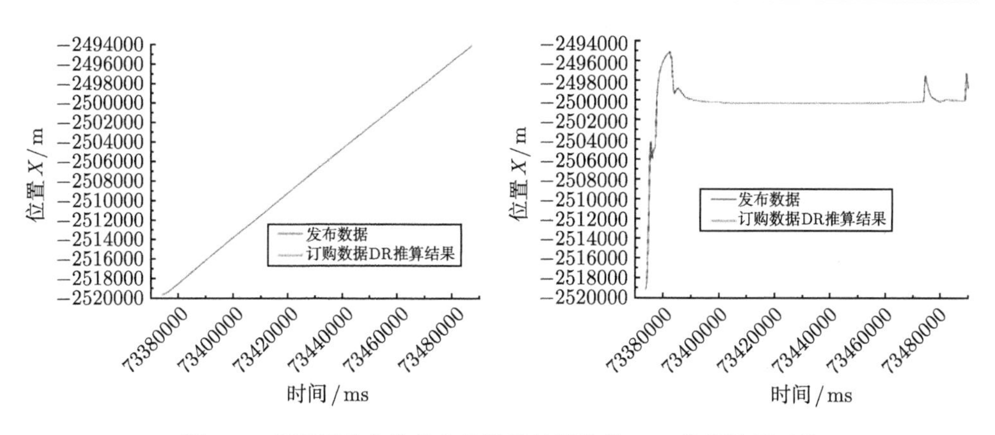

图 9.6 反舰导弹实体状态参数跨地域传输 DR 推算结果对比

9.2.3 多型靶场测控雷达组网

9.2.3.1 靶场仪器仪表化以及测控系统建设新需求

以靶场测控通信装备为基础并扩充专用接口、物理效应生成、HPC 数据处理等逻辑靶场设施的功能强大、完备的仪器仪表系统是逻辑靶场运行的物质基础，也是国家靶场有别于一般野外靶场、部队训练场的主要特征。仪器仪表是人们认识世界、量测世界进而改造世界的基础工具，美军一般将具备完备的测控通信基础设施的靶场称为仪器仪表化靶场，意思是利用靶场专用试验/测试设施完全可以理解、掌握被试武器装备的性能参数等技术细节。

传统靶场仪器仪表主要包括有光、电、雷、遥等测控设备，产生的测量数据一般用于事后结果分析，数据处理实时性要求不高，主要用于试验过程可视化；除安控需求外，一般不与被试装备交互；通常也不进行数据实时融合处理和分发。逻辑靶场通过集成 LVC 资源建立并维持合成环境，被试武器装备实装和周围真实的自然环境被映射到合成环境中与模拟的敌方威胁交互，而靶场功能强大的测控通信等基础设施是实现真实装备与各种虚拟仿真、构造仿真无缝集成的主要机制。

支持逻辑靶场的测控通信设施除了应具备传统靶场数据测量、记录、传输、收集处理供态势感知及试验指挥控制等功能外，还增加了以下新建设需求。

为了实现逻辑靶场合成环境实时感知外场实体并实现仿真实体和外场物理实体的互操作，测控系统必须全方位、实时地获取靶场上运行的各类实体信息。以武器平台为例，其实时位置信息可以采用光、电、雷、遥 GPS 等设备实时获取，而其姿态信息则必须依赖自身惯性设备测量并通过无线方式实时传输到内场。这样，为了获取一个完整的实体对象数据，需要多个传感器同时进行实时测量，要得到实体高精度实时测控数据，必须对多源传感器的测控数据进行实时融合并分发给链接在逻辑靶场合成环境的用户。

逻辑靶场之所以能够承载庞大的体系级装备开展“任务级”“战役级”作战试验/训练，就在于其仪器仪表系统具备强大的态势感知、数据处理分发、对抗场景实时重构及对抗结果快速分析评估能力，其中最重要的新功能就是目标实时交战毁伤评估。支撑合成环境中各类实体进行攻防对抗交互 (互操作) 逻辑靶场仪器仪表系统首先要保证真实靶场上各种实际武器装备根据有效训练或试验的需要进行所有有效交战的非毁伤性实现，即“仿真交战”；其次，为了保证实际靶场上的“真实仿真”能跟各种虚拟的或构造的威胁仿真“无缝”集成并进行各种对抗交战 (互操作)，也需要仪器仪表系统提供强大的数据交互能力。支持目标实时交战毁伤评估的逻辑靶场仪器仪表系统主要包括靶场物理实体时间 - 空间 - 姿态信息跟踪测量设备、武器平台接口设备、数据实时通信设备、基于 HPC 的实时数据处理分析设备、内场武器仿真设备等。

为解决目前靶场海空域的海空情警戒与监视雷达处于分散管理、无体系独立运行的状态，解决目前靶场雷达装备间不能互联、互通，情报不能共享等问题，需要建设一套以体系能力建设为目标，将各个分散地区及多艘试验舰的多种型号、多种体制、多种应用、多方管理的多部雷达联合组成一个信息共享、资源共用的海空情综合处理显示系统，支持警戒雷达、测量雷达等多种体制雷达资源的互联、互通、互操作，以及船舶自动识别系统 (AIS)、北斗及 GPS 等异构系统信息的快速接入，进一步满足靶场跨地区试验、训练等任务需求，确保试验安全并为靶场试验运行控制提供及时、准确的综合海空情信息。

9.2.3.2 靶场测控雷达情报信息融合处理

1) 测控雷达情报信息融合处理系统体系结构

测控雷达情报信息融合处理系统由硬件平台和软件平台组成。硬件平台由显控服务器、机架式工控机、便携式工控机、处理计算机、网络交换机以及附属设备组成，构成一级节点、二级节点和雷达级节点的层次结构。系统软件平台由专用设备驱动组件、通信协议转换组件、雷达信息融合处理组件、军用数字地图处理组件和系统软件支撑平台组成。系统可实现对雷达、AIS 系统、北斗终端机等多个情报源数据的收集、融合处理、显示、分发、存储和回放等。

测控雷达情报信息融合处理系统体系结构是在遵循全军统一体制的基础上，按照逻辑靶场公共体系结构，根据靶场海空情一体化监视应用需求，以靶场试验测控网为依托，结合靶场装备现状，设计了警戒测控雷达情报信息融合处理系统体系结构，它主要由公共基础靶场资源、靶场应用，以及各种维护工具和网关组成，图 9.7 给出了测控雷达情报信息融合处理系统体系结构概览图。

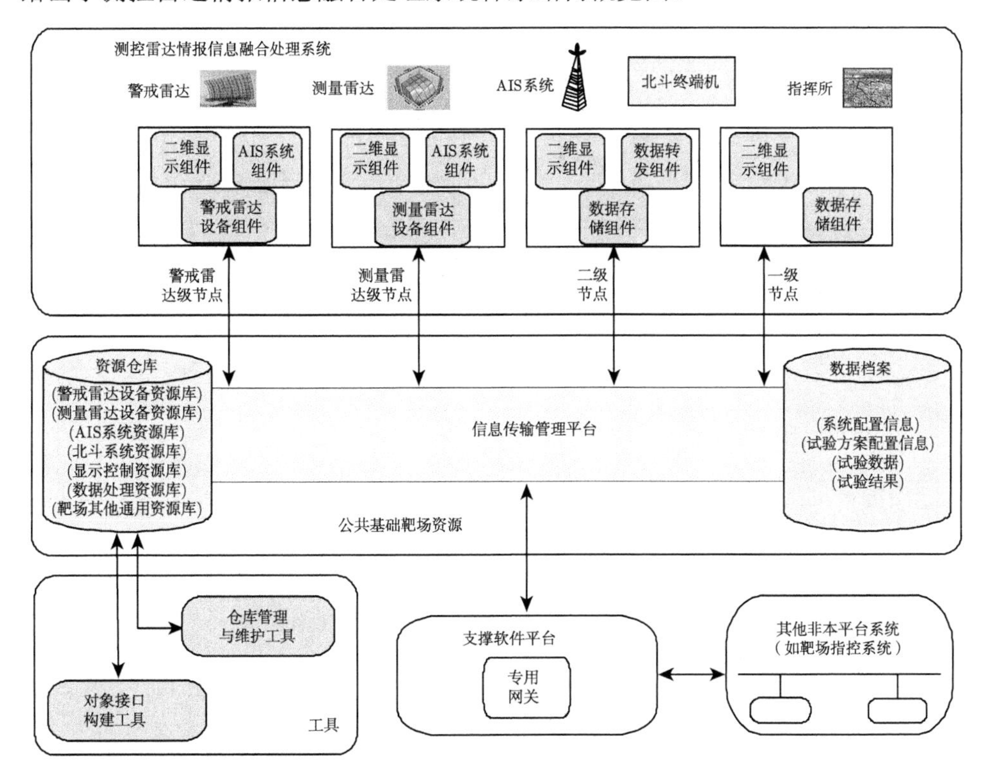

图 9.7 测控雷达情报信息融合处理系统

2) 测控雷达组网软件结构

测控雷达情报信息融合处理系统采用组件化、服务化、网络化的技术体系结构，主要由基础设施、数据库、系统软件、支撑软件、系统应用和标准规范六部分组成。基础设施，主要包括网络、计算机及安全保密设施等，即依托试验网、信息处理、存储设备、信息展现设备、已有的安全保密设备，构建运行稳定、安全可靠的基础支撑环境；数据库，包括基础数据库、试验数据库、情报数据库和地理信息数据库；支撑软件，主要包括公共体系结构支撑类软件、专用设备驱动组件、系统应用类软件，主要包括信息收发与解析、数据处理、数据记录与回放、数据筛选、二维态势规划、通信协议转换、综合态势显示和系统监控等组件；系统应用主要包括一级节点、二级节点、警戒雷达级节点和测量雷达级节点等。图 9.8 给出了测控雷达情报信息融合处理系统软件结构图。

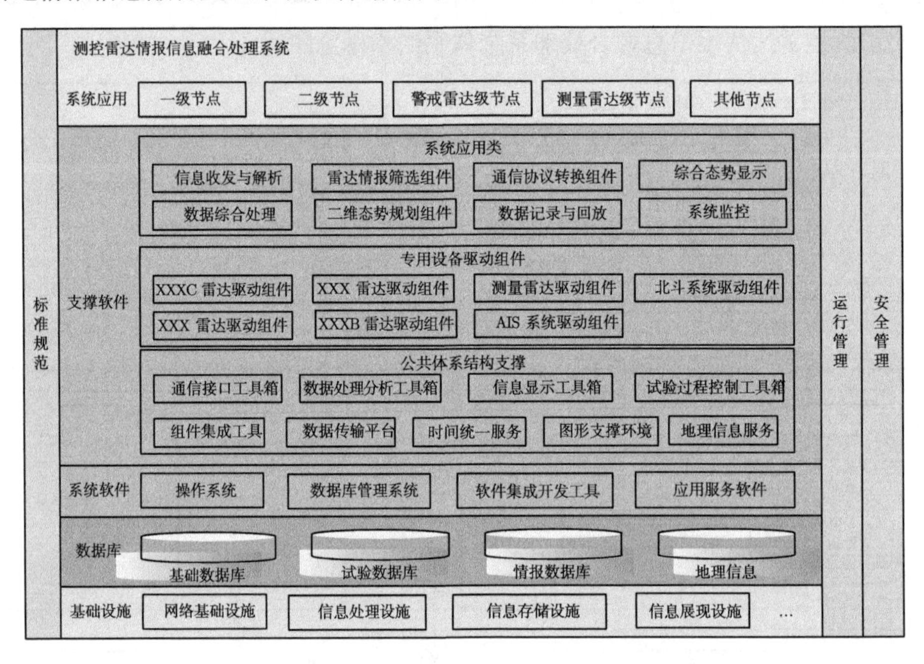

图 9.8　测控雷达情报信息融合处理系统软件结构

系统软件支撑平台是一个支持系统应用节点编辑及运行的平台软件，集成系统支撑类软件、专用设备驱动组件和系统应用类软件等，配置于系统各节点上，完成应用节点功能创建、节点间信息传输服务、运行过程管理、控制与支持、过程监控、数据处理、数据存储及信息多模式显示等功能于一体。

系统软件支撑平台按照公共体系结构标准开发的软件运行环境和软件工具，采用组件化设计思想进行开发，其基本思路是将基本功能单元封装成组件，按照特定任务的需求在软件支撑平台提供的组件仓库中以可视化的方式选择合适的组件构建系统，软件支撑平台对于用户构建的系统提供直接运行支持，具有免编程开发特定任务系统的能力。平台具有用户身份认证和用户权限管理的能力，可限定对系统资源的访问。利用该软件平台，试验人员无须编程即可实现任务规划及结构建模、任务过程监控及信息多模式显示、数据采集、存储、回放与处理、试验装备/模型的管理与控制、任务的运行管理与控制等功能。

测控雷达情报信息融合处理系统包括一级节点、二级节点和雷达级节点，各个应用节点使用系统软件支撑平台进行封装创建。其创建过程是根据具体的应用节点需求，从资源仓库中选取合适的试验资源组件，配置试验资源间的信息交互关系，规划信息流程、显示方式以及情报数据获取及处理方式即可完成。系统软件支撑平台对于用户构建的节点提供直接运行支持，协调节点中的各试验资源组件，完成情报信息的接收、处理和显示。

3) 系统信息处理流程

测控雷达情报信息融合处理系统建设解决了靶场对海、对空联合警戒问题，实现了多部雷达的快速组网及多个情报源数据的收集、处理、融合、显示、分发和存储等功能，实现警戒雷达与测量雷达的互联、互通、互操作。测控雷达情报信息融合处理系统具有 IP 网和异步串口两种接口，接收靶场各警戒雷达、测量雷达、AIS 系统和北斗终端机等装备的实时情报信息，经解析处理后通过靶场测控网发布到信息传输管理平台服务器，系统内部所有节点均可通过订购关系实时共享所有情报信息，系统可通过网络实时向靶场各级指挥所发送实时情报信息。系统信息流程如图 9.9 所示。

9.2.3.3 靶场海空情态势信息分发

1) 靶场海空情态势信息分发系统体系结构

系统在测控雷达情报信息融合处理系统基础之上进行软件重构。通过研制一套海空情态势信息分发系统软件全集，软件全集功能包通过数据分发服务、软件集成框架、数据资源管理等整合成一套完整的海空情态势信息分发系统，具备信息订阅分发管理、用户管理功能，实现系统集成管控；构建靶场、试验区域、雷达三级节点，通过软硬件的集成部署，构建三级功能节点，满足实时融合、专业展示等系统功能性要求；灵活组织三级节点成任务系统，系统在一级节点的运行监控下，灵活组织靶场、试验区域、雷达三级节点协同运行，形成面向特定作战、试验、演练活动的任务系统，支持情报源即插即享，海空情态势信息按需订阅共享。信息分发系统体系结构如图 9.10 所示。

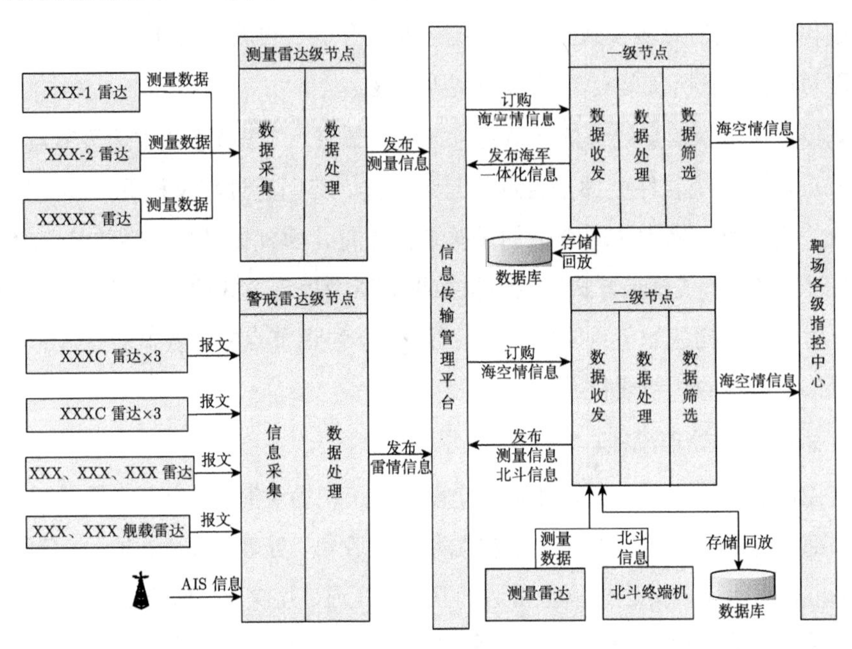

图 9.9　测控雷达情报信息融合处理系统信息流程

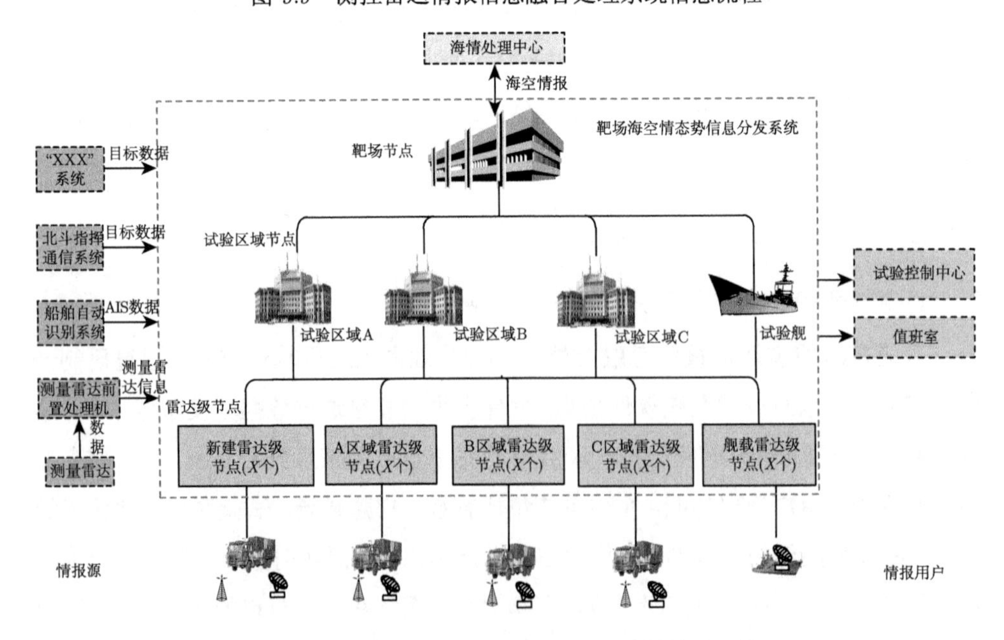

图 9.10　靶场海空情态势信息分发系统体系结构

2) 态势信息分发过程

靶场海空情态势信息分发系统工作流程主要包括系统准备、外部信息接入、节点间信息共享、态势生成处理、态势信息分发等环节，如图 9.11 所示。

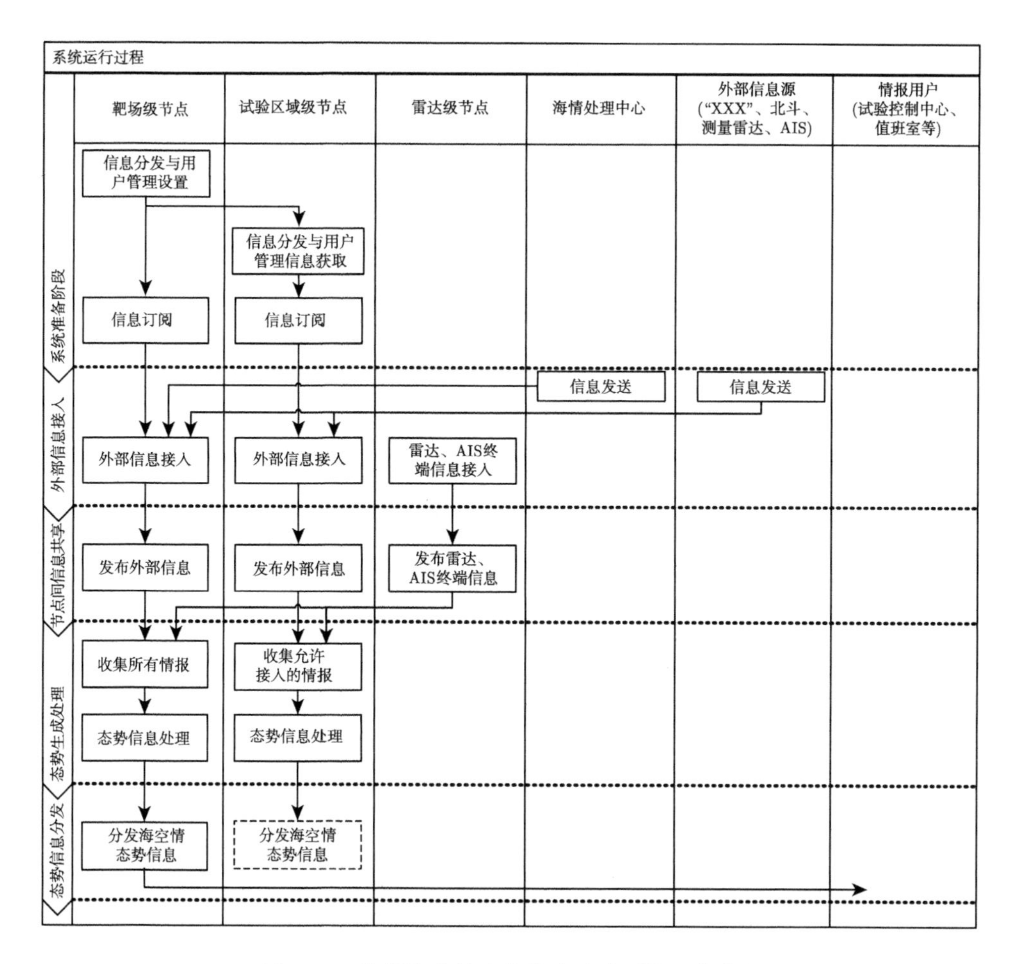

图 9.11 靶场海空情态势信息分发系统工作流程

系统准备：系统由靶场级节点进行信息分发权限管理和系统用户管理设置，试验区域级节点在获取信息分发管理和系统用户管理设置信息后，按照权限订阅所需情报信息。

外部信息接入：由一级、二级节点通过试验网接入 “XXX” 系统、北斗指挥通信系统、船舶自动识别系统、测量雷达等的原始情报信息，由靶场级节点接入海情处理中心的海情信息，由雷达级节点接入相应节点的警戒雷达和 AIS 设备的海空情报信息。

节点间信息共享：各节点将接入的外部海空情报信息经格式转换、编批等处理后，通过信息分发服务发布，供其他节点订阅获取。

态势生成处理：靶场级节点、试验区级节点订阅获取外部接入的海空情信息，经多源信息融合与目标识别等处理，生成海空情综合态势。其中一级节点一般订阅获取所有的海空情信息、试验区级节点按照信息分发管理设置订阅获取相应的海空情信息。

态势信息分发：在开设一级节点情况下，一般由一级节点向所有情报用户提供海空情态势信息保障；在一级节点故障或未开机等情形下，由试验区节点提供情报保障。

3) 系统应用情况

系统建成后，为靶场试验控制提供情报保障，对试验区域/航区周围海空态势的全面展示和危险情况告警，为试验指挥人员提供最为形象、直观、方便的各类态势显示和危险目标的声光形式告警；多雷达、多信息源的情报融合处理和实时分发，确保试验区域的目标信息完整性，制订冗余的情报相关判断准则，确保综合目标不漏情，在不漏情的基础上形成靶场全面的、清晰的、准确的海空一体化态势。同时利用 AIS 信息对雷达情报进行补充和识别，尤其在雷达存在盲区的情况下，AIS 可在此区域补盲；从结构上允许接入的情报源数量可变，以实现机动雷达站和试验舰情报的随遇接入，具有较强的系统扩充能力，可以满足靶场试验区域海空情态势系统的中长期发展需要。

参考文献

巴海涛, 许锐锋. 2012. 基于 DDS 规范的战场态势信息分发框架 [J]. 指挥信息系统与技术, 3(1): 45-48, 75.

白洪波, 李雄伟, 张旭光. 2016. 开展多靶场联合试验的思考 [J]. 装备学院学报, 27(3): 125-128.

卞华星. 2015. 基于 DDS 的飞机协同设计数据服务中间件的设计与实现 [D]. 南京：南京航空航天大学.

蔡小斌, 张东波, 王鑫, 陈飞. 2018. 武器装备复杂电磁环境适应性试验与评估能力建设 [J]. 测控技术, 37(6): 1-4.

曹文杰. 2015. 基于 HLA 技术的虚拟仿真应用系统设计 [D]. 南京：南京邮电大学.

曹延华, 任昊利. 2015. 基于 DDS 技术的指挥控制系统研究 [J]. 指挥与控制学报, 1(2): 192-197.

曹裕华, 刘淑丽. 2013. 装备作战试验与鉴定概念内涵及关键问题研究 [J]. 装备学院学报, 24(4): 123-126.

车梦虎, 庄锦程, 蔡强. 1920. 基于 TENA 的虚实结合的靶场公共体系结构设计 [J]. 计算机测量与控制, 2012, 20(7): 1895-1897.

程永红. 2011. 面向 DDS 分布式系统的动态配置技术研究 [D]. 哈尔滨：哈尔滨工程大学.

迟刚, 胡晓峰, 吴琳. 2014. 异构模型系统协同仿真与联合运行研究 [J]. 系统仿真学报, 26(11): 2704-2708.

崔佳佳, 郭齐胜, 潘高田, 彭文成, 李羚. 2008. 一体化试验鉴定检验方法中两类风险研究 (英文)[C]. 中国运筹学会第九届学术交流会论文集.

崔侃, 王保顺. 2012. 美军装备试验与评估发展 [J]. 国防科技, 33(2): 17-22.

董光玲. 2016. 基于贝叶斯理论的靶场试验综合设计方法研究 [D]. 哈尔滨：哈尔滨工业大学.

段作义, 吴威, 赵沁平. 2006. 基于构件的分布式虚拟现实应用系统 [J]. 软件学报, 17(3): 546-558.

樊龙. 2012. 试验训练体系结构资源封装工具开发 [D]. 哈尔滨：哈尔滨工业大学.

付文青. 2016. HIT-TENA 虚拟试验场景显示软件开发 [D]. 哈尔滨：哈尔滨工业大学.

高展. 2002. 第二代面向对象建模技术 [J]. 程序员, (10)：38-40.

高志年, 邢汉承. 2002. 基于 HLA 的智能仿真支撑环境研究 [J]. 计算机工程, 28(4): 13-14, 27.

韩雁飞, 李建鲁, 韩军. 2007. 联合作战实验组织实施方法 [J]. 军事运筹与系统工程, 21(1): 8 11.

赫赤, 曹国华, 董光玲, 李强. 2010. 常规兵器定型试验中仿真技术现状及发展 [C]. 2010 系统仿真技术及其应用学术会议论文集.

胡俊峰. 2011. 联合一体化试验训练靶场设计研究 [D]. 西安: 西安电子科技大学.

胡亚男, 程健庆, 何跃峰. 2015. DDS 可靠发送机制的研究 [J]. 微型机与应用, 34(22): 28-30.

黄承慧. 2005. J2EE 平台的通用资源管理池的分析和实现 [J]. 计算机工程与设计, 26(1): 237-240.

黄俊彦. 2008. 面向方面建模技术的研究 [D]. 哈尔滨：哈尔滨工程大学.

黄贤英. 2002. 面向对象建模技术在软件开发中的应用研究 [D]. 重庆: 重庆大学.

黄越平, 蔡旭红, 徐建军, 等. 2016. 多靶场联合战试训体系结构研究 [J]. 航天电子对抗, 32(2): 18-21.

金署钧, 赵占伟, 林连雷. 2012. 基于中间件技术的靶场装备管控系统设计 [J]. 计算机系统应用, 21(12): 141-144.

金振中, 等. 2019. 海军装备试验鉴定若干问题研究 [M]. 北京: 海潮出版社, 33-208.

军事科学院军事科学信息研究中心. 2018. 试验鉴定领域发展报告 [M]. 北京: 国防工业出版社, 110-241.

柯宏发, 祝冀鲁, 徐勇. 2017. 美军装备试验鉴定的组织实施及启示 [J]. 装甲兵工程学院学报, 31(2): 5-10.

孔令军, 徐文胜, 查建中. 2012 基于服务模板的制造资源封装方法 [J]. 计算机应用, 32(12): 3534-3539.

雷帅, 丁士民. 2011. 基于一体化试验鉴定发展的试验鉴定发展规律 [J]. 国防科技, 32(4): 36-39.

雷帅, 丁士民. 2011. 基于一体化试验鉴定发展的试验鉴定发展规律 [J]. 国防科技, 32(4): 36-39.

李春晨. 2014. 一种异构多核 SoC 存储精确系统级建模的设计实现 [D]. 南京：南京大学.

李馥丹. 2017. 联合试验平台中间件的数据分发管理模块开发 [D]. 哈尔滨：哈尔滨工业大学.

李宏伟. 2018. 海军靶场仿真体系建设发展构想 [J]. 无线电通信技术, 44(4): 347-352.

李洪儒, 冯月领, 冯振声. 2000. 面向对象建模研究 [C]. 2000 系统仿真技术及其应用学术交流会论文集.

李康宁. 2016. 一体化试验优化设计方法研究 [D]. 哈尔滨: 哈尔滨工业大学.

李腊元, 李春林. 2004. 计算机网络技术 [M]. 北京: 国防工业出版社.

李理. 2012. HIT-TENA 资源应用集成开发环境开发 [D]. 哈尔滨: 哈尔滨工业大学.

李良辰. 2017. 联合试验平台 OpenDDS 网关开发 [D]. 哈尔滨: 哈尔滨工业大学.

李梦汶. 2008. 联合作战仿真实验的几个基本问题 [J]. 军事运筹与系统工程, 22(1): 25-29.

李启军. 2002. 信息作战试验训练一体化研究 [J]. 论证与研究, 4: 38-41.

李实吉. 2014. 面向战场态势分析的移动对象数据库关键技术研究与实现 [D]. 南京: 南京航空航天大学.

李微. 2014. HIT-TENA 通用协议转换软件开发 [D]. 哈尔滨: 哈尔滨工业大学.

梁洁, 徐忠富, 潘毅佳. 2013. 逻辑靶场对象建模方法研究 [J]. 指挥控制与仿真, 35(2): 85-89.

刘基阳. 2018. 面向多源异构数据的数据集成中间件的设计与开发 [D]. 成都: 电子科技大学.

刘鲁华. 2002. 导弹试验多源信息融合及精度鉴定方法研究 [D]. 长沙: 国防科学技术大学.

刘希. 2013. DDS 中间件技术在作战系统网络中的应用 [J]. 计算机光盘软件与应用, (12): 133-134.

刘小毅, 梁汝鹏, 张武. 2018. 联合试验信息系统构建 [J]. 指挥信息系统与技术, 9(3): 42-48.

刘瑛. 2014. 测试性虚实一体化试验技术研究及其应用 [D]. 北京: 国防科学技术大学.

刘悦晨. 2016. DDS 跨局域网通信机制的研究 [D]. 南京: 东南大学.

卢传富, 钱兴华, 蔡志明, 沈迎春. 2006. 分布式实时系统中数据分发服务研究与设计 [C]. 中国造船工程学会电子技术学术委员会会员代表大会暨电子技术学术年会.

吕超, 黄炎焱, 迟少红, 等. 2010. 基于 MAS 的海军装备协同作战仿真模型 [J]. 苏科技大学学报 (自然科学版), 24(3): 273-277.

罗雪山, 罗爱民, 张耀鸿, 等. 2010. 军事信息系统体系结构技术 [M]. 北京: 国防工业出版社, 31-175.

洛刚, 陈东锋, 黄彦昌, 康丽华. 2016. 多靶场联合试验组织指挥探讨 [J]. 装备学院学报, 27(1): 103-106.

洛刚, 黄彦昌, 康丽华, 崔侃. 2015. 关于推进我军装备一体化试验的思考 [J]. 装备学院学报, 26(4): 120-124.

马文坛, 孙超, 孙震. 2018. H-TENA 任务运行监控软件设计 [J]. 自动化技术与应用, (1): 22-28

马文坛. 2017. 联合试验平台信息监控工具开发 [D]. 哈尔滨：哈尔滨工业大学.

马跃. 2012. 试验训练体系结构资源仓库开发 [D]. 哈尔滨：哈尔滨工业大学.

麦苏嘉. 2008. 美国军政体系结构设计与应用研究 [R]. 总后后勤科学研究所.

梅玉娜. 2011. 面向 DDS 分布式系统的数据流查询技术研究 [D]. 哈尔滨：哈尔滨工程大学.

孟庆均, 曹玉坤, 张宏江, 郭英, 陈守华. 2017. 装备在役考核的内涵与工作方法 [J]. 装甲兵工程学院学报, 31(5): 18-22.

孟庆均, 郭齐胜, 曹玉坤, 涂建刚, 张强. 2018. 装备在役考核评估指标体系 [J]. 装甲兵工程学院学报, 135(1)：22-28.

那贵昇. 2014. 软件开发过程中建模方法的研究 [J]. 电子技术与软件工程, (19)：68.

倪忠仁. 2004. 武器装备体系对抗的建模与仿真 [J]. 军事运筹与系统工程, 18(1): 2-6.

裴发展, 陈陪久. 2001. 面向对象建模与 UML 研究 [J]. 河北省科学院学报, 18(4): 211-214.

乔冠禹, 胡然, 刘冰峰. 2017. 美军靶场试验鉴定元数据建设情况研究 [J]. 航天电子对抗, 33(6): 14-18.

秦金柱. 2018. 对装备作战试验的认识与思考 [J]. 价值工程, 496(20)：250-252.

秦玉函. 2018. 嵌入式实时多处理系统的通信中间件技术研究 [D]. 杭州：浙江大学.

曲宏宇, 冯楠, 许文腾. 2015. 靶场虚实合成多目标作战试验环境构建方法 [J]. 装备学院学报, 26(4): 125-128.

任昊利, 赵洪利. 2016. TENA 与 DDS 技术对比分析 [J]. 指挥与控制学报, 2(1): 65-70.

任连生. 2009. 基于信息系统的体系作战能力概论 [M]. 北京: 军事科学出版社, 26-204.

商乐. 2018. 关于靶场开展一体化联合试训环境建设的思考 [J]. 舰船电子工程, 286(4)：12-16.

石峰, 王霜, 高兴华. 2014. 建模与仿真在靶场试验鉴定过程中的应用 [C]. 中国系统仿真技术及其应用学术论文集 (第 15 卷).

石实, 曹裕华. 2015. 美军武器装备体系试验鉴定发展现状及启示 [J]. 军事运筹与系统工程, 29(3): 46-51.

孙昊翔. 2013. DDS 和以数据为中心的通信方式 [J]. 科技和产业, 13(7): 153-158.

孙建彬. 2014. 基于作战环的反导装备体系形式化建模与能力评估方法 [D]. 长沙: 国防科学技术大学.

孙丽君. 2003. 基于消息的中间件设计 [C]. 2003 年晋冀鲁豫鄂蒙川沪云贵甘十一省市区机械工程学会学术年会论文集 (河南分册).

孙旭涛, 曹泽宇, 孙向前. 2018. 基于内外场联合试验的作战试验构想 [J]. 系统仿真技术, 14(3): 191-196.

汪建国. 2016. 靶场导弹武器装备作战试验条件建设 [J]. 国防科技, 37(1): 114-118, 122.

汪新, 李飞. 2017. 试验鉴定研究中若干问题探讨 [J]. 装备学院学报, 28(2): 84-87.

王保顺, 洛刚, 康丽华, 尚娜, 方顺. 2012. 我军装备试验体系建设的思考 [J]. 装备学院学报, 23(6): 106-110.

王国盛, 洛刚. 2010. 美军一体化试验鉴定分析及启示 [J]. 装备指挥技术学院学报, (2): 95-98.

王国玉, 冯润明, 陈永光. 2007. 无边界靶场 [M]. 北京: 国防工业出版社, 393-483.

王凯, 赵定海, 闫耀东. 2012. 武器装备作战试验 [M]. 北京: 国防工业出版社.

王亮. 2012. RFID 中间件技术及应用研究 [D]. 武汉：华中科技大学.

王鹏, 李革, 黄柯棣. 2017. 靶场内外场一体化仿真体系结构及时间管理 [J]. 系统工程与电子技术, 39(10): 2255-2263.

王萍. 2018. 2017 年美空军武器装备试验鉴定能力发展综述 [N]. 中国航空报, 2018-05-08(005).

王任中, 吴健, 蒋泽军. 2014. 面向 TENA 的虚拟试验应用组件技术研究 [J]. 计算机测量与控制, 22(2): 450-452, 459.

王胜涛, 杨志飞, 杜红兵. 2012. 逻辑靶场网关设计方法研究 [J]. 舰船电子工程, 32(2): 84-86, 105.

王维, 王振, 雷国强. 2008. 美军靶场发展模式 [J]. 国防科技, 29(2): 77-80.

王文娜. 2012. 流程对象建模方法的研究 [D]. 济南：济南大学.

王献鹏. 2012. 试验训练体系结构中间件开发 [D]. 哈尔滨：哈尔滨工业大学.

王兴敏. 2011. 基于面向对象的通信仿真系统建模方法的研究 [D]. 武汉：华中科技大学.

王雪峥, 许雪梅, 周玢. 2019. 基于 CTM 的驱护舰编队对海攻击能力作战试验方法初探 [C]. 第十七届水面舰艇作战与训练理论研讨会论文集.

韦宏强, 郑巍, 赫赤, 郑屹, 张鹏. 2016. 信息化武器装备内外场一体化试验鉴定模式研究 [C]. 第 17 届中国系统仿真技术及其应用学术年会论文集 (17th CCSSTA 2016).

韦宏强, 郑屹, 杨允海. 2018. 虚拟靶场战术导弹试验技术研究 [C]. 第 19 届中国系统仿真技术及其应用学术年会论文集 (19th CCSSTA 2018).

韦庆清, 崔如春. 2014. C++ 程序设计中对象建模方法研究 [J]. 佛山科学技术学院学报 (自然科学版), 32(5): 55-60.

卫鑫, 姜宁, 刘星璇. 2018. 基于反舰导弹作战试验背景的战场电磁环境构建 [J]. 航天电子对抗, 34(4): 18-21.

吴琳, 胡晓峰, 司光亚, 等. 2016. 联合作战武器装备体系演示验证仿真系统研究 [J]. 系统仿真学报, 18(12): 3593-3598.

吴婷, 许瀚, 刘彤. 2017. 美军作战适用性及作战效能试验与评价模式探究 [J]. 船舶标准化与质量, (2): 49-52.

吴维元. 2014. 将 DDS 用于建模仿真系统 [J]. 电脑编程技巧与维护, (8). 110-111, 110.

肖曦. 2007. 可信中间件体系结构及其关键机制研究 [D]. 郑州: 中国人民解放军信息工程大学.

校景中. 2003. 基于中间件的开发平台的研究 [D]. 成都: 电子科技大学.

谢德光. 2016. 武器装备作战试验保障研究 [J]. 装备学院学报, 27(6): 122-126.

谢莉萍. 2002. 仿真结果用于试验鉴定的理论与方法研究 [D]. 长沙: 国防科学技术大学.

熊巧. 2014. 基于 U/C 矩阵的对象建模研究 [J]. 电脑知识与技术, (9): 5895-5897.

徐宝宇, 张宏军. 2015. 基于虚实一体的实兵对抗训练系统设计研究 [J]. 军事运筹与系统工程, 29(3): 52-56.

徐鸿鑫. 2015. 基于 LVC 的联合仿真试验与技术研究 [D]. 长沙: 国防科学技术大学.

徐忠富, 潘毅佳, 薛飞. 2014. 逻辑靶场实现过程和关键技术分析 [J]. 指挥控制与仿真, (5): 49-54.

徐忠富, 王国玉, 张玉竹, 原瑞政. 2008. TENA 的现状和展望 [J]. 系统仿真学报, 20(23): 6325-6329, 6337.

许雪梅. 2014. 试验与训练使能体系结构 (TENA) 及在我国靶场的应用设想 [J]. 遥测遥控, 35(3): 62-68.

许雪梅. 2017. 分布式 LVC 联合试验环境构建 [J]. 遥测遥控, 38(4): 58-63.

许雪梅. 2018. 靶场公共体系结构设计研究 [J]. 遥测遥控, 39(4): 1-6.

许雪梅. 2019. 靶场公共体系结构与关键技术研究 [C]. 2019 年面向实战的试验评估学术论坛论文集.

薛彦绪. 2000. 高技术条件下联合作战指挥与协同 [M]. 北京: 国防大学出版社, 120-159.

燕秀秀. 2013. 基于 HIT-TENA 的试验规划软件开发 [D]. 哈尔滨: 哈尔滨工业大学.

杨榜林, 岳全发. 2002. 军事装备试验学 [M]. 北京: 国防工业出版社, 71-328.

杨磊, 武小悦. 2010. 美军装备一体化试验与评价技术发展 [J]. 国防科技, 31(2): 8-14.

杨新平, 周咏梅. 2003. 中间件的原理与应用 [J]. 华南金融电脑, (2): 53-55.

杨雪榕, 李智, 张占月, 杨雅君. 2018. 武器装备试验及靶场相关概念辨析 [C]. 第六届中国指挥控制大会论文集 (上册).

叶红. 2005. 面向对象及构件技术在专家系统开发中的应用研究 [D]. 合肥: 安徽大学.

叶茂生. 2017. 一种通用访问控制中间件设计与应用 [D]. 重庆: 重庆邮电大学.

于丽. 2015. 基于 UML 的面向对象建模技术研究与应用 [J]. 信息与电脑 (理论版), (20): 16-17.

于同刚, 于洪敏, 陈爱国. 2009. 美军武器装备需求生成机制研究 [J]. 兵工自动化, 28(1): 12-13, 16.

于子桓, 顾宁平, 朱虹. 2016. 试验训练一体化靶场建设构想 [J]. 指挥信息系统与技术, (3): 15-19.

余高达. 2000. 军事装备学 [M]. 北京: 国防大学出版社.

虞佳晋. 2017. 面向分布式实时嵌入式系统的通用组件模型的研究与实现 [D]. 南京: 东南大学.

曾明亮, 刘衍军, 彭小林, 黄炜. 2011. 逻辑靶场理论与应用研究 [J]. 飞行器测控学报, 30(3): 89-94.

张宝珍. 2019. 美军武器装备试验与鉴定策略的发展演变 [N]. 中国航空报, 2019-01-15(007).

张传友, 贺荣国, 冯剑尘. 2017. 武器装备联合试验体系构建方法与实践 [M]. 北京: 国防工业出版社, 113-187.

张洪星, 曹志刚, 仲伪君. 2013. 武器装备作战试验鉴定有关问题的探讨 [J]. 价值工程, 32(3): 324-326.

张洁. 2011. 基于 TENA 思想的分布式靶场虚拟试验系统设计 [J]. 系统仿真技术, 7(1): 58-62.

张金槐, 蔡洪. 1997. 适应新形势, 发展具有我国特色的武器装备试验鉴定技术 [J]. 国防科技参考, (4): 15-18, 25.

张连仲, 李进, 薄云蛟. 2014. 一体化联合试验体系内涵和特征研究 [J]. 装备学院学报, 25(5): 113-116.

张连仲, 李一, 等. 2010. 信息化靶场概论 [M]. 北京: 国防工业出版社, 72-149.

张锐. 2012. 武器装备的保障性试验鉴定 [J]. 四川兵工学报, (2): 48-49.

张睿, 郝桂友, 方博, 朱炜, 徐丹君. 2018. 美军武器装备试验鉴定中可靠性工作分析及启示 [J]. 质量与可靠性, (3): 19-22.

张淑英. 2004. 数据库中间件技术在电信综合网管系统中的研究与实现 [D]. 长春: 吉林大学.

张新丰, 刘新友, 苗高洁. 2013. 基于靶场的联合试验训练系统 [J]. 国防科技, 34(3): 35-39.

张远. 2018. 海军战术导弹虚实合成仿真训练方法研究 [J]. 火力与指挥控制, 43(3): 142-145.

赵继广, 柯宏发, 康丽华, 黄彦昌. 2015. 武器装备作战试验发展与研究现状分析 [J]. 装备学院学报, 26(4): 113-119.

赵占伟, 齐立新, 陈长安. 2014. 浅析内场仿真试验中的若干关键技术 [J]. 四川兵工学报, (12): 42-44.

周思卓, 刘宝平, 彭洪江, 夏亚茜. 2016. 美军航天装备试验鉴定体系发展现状研究 [J]. 装备学院学报, 27(6): 65-68.

朱璟, 蔡敏, 许锦洲. 2010. 面向对象建模技术在设备管理系统中的应用 [J]. 电脑知识与技术, (7X): 5687-5688.

朱瑞峰. 2012. 基于桥接器的 HLA 与 DDS 互连技术研究 [D]. 哈尔滨: 哈尔滨工程大学.

朱文振, 叶豪杰, 王昊. 2017. 水中兵器一体化试验总体设计探讨 [J]. 计算机测量与控制, 25(10): 285-288.

祝艳苏. 2015. 导弹测试设备通用调试与验证平台研制 [D]. 哈尔滨: 哈尔滨工业大学.

庄益夫, 潘殿省. 2018. 海战场环境下武器装备作战试验研究 [J]. 飞航导弹, (5) : 68-71, 85.

Ahmad W M, Harb A M. 2003. On nonlinear control design for autonomous chaotic systems of integer and fractional orders[J]. Chaos, Solitons & Fractals, 18(4): 693-701.

Alberts D S. 2009. 军事试验最佳规程 [M]. 郁军, 周学广, 译. 北京: 电子工业出版社, 39-206.

Andy F. 2005. Discovering Statistics Using SPSS[M]. 2nd ed. Thousand Oaks: Sage Publications, Inc.

Angeli D, Bliman P A. Extension of a result by moreau on stability of leaderless multi-agent systems [C]. Proceedings of the 44th IEEE Conference on Decision and Control, 15-15 Dec. 2005, Seville, Spain. IEEE, : 759-764.

ATEC, et al. 2012. Memorandum of Agreement on Multi-Service Operational Test and Evaluation and Operational Suitability Terminology and Definitions[Z].

Bello P. 2004. Theoretical foundations for rational agency in third-generation wargames[J]. Proceedings of SPIE - The International Society for Optical Engineering, 5423(4): 378-387.

Blonde VD, Hendrickx J M, Olshevsky A, et al. Convergence in multiagent coordination, consensus, and flocking[C]. Proceedings of the 44th IEEE Conference on Decision and Control, 15-15 Dec. 2005, Seville, Spain. IEEE: 2996-3000.

Bondy J A, Murty U S R. 2008. Graph Theory[M]. Verlag: Springer, 113-116.

Cai Y, Xie G M, Liu H Y. 2012. Reaching consensus at a preset time: Single-integrator dynamics case[C]. The 31nd Chinese Control Conference (CCC), Hefei, China, July 25-27, 6220-6225.

Cao M, Morse A S, Anderson B D O. 2006. Reaching an agreement using delayed information[C]. Proceedings of the 45th IEEE Conference on Decision and Control, 13-15 Dec. San Diego, CA, USA. IEEE, : 3375-3380.

Chairman of the Joint Chiefs of Staff. Joint Capabilities Integration and Development System. CJCSI 3170.01H[Z]. 2012.

Charef A, Sun H H, Tsao Y Y, et al. 1992. Fractal systems as represented by Singularity Function [J]. IEEE Transactions on Automatic Control, 37(9): 1465-1470.

Chen W, Toueg S, Aguilera M K. 2002. On the quality of service of failure detectors[J]. IEEE Transactions on Computers, 51(5): 561-580.

Clemen R T, Reilly T. 2001. Making Hard Decisions with Decision Tools[M]. Pacific Grove: Duxbury Press.

Cucker F, Smale S. 2007. Emergent behavior in flocks[J]. IEEE Transactions on Automatic Control, 52(5): 852-862.

Cuomo K M, Oppengein A V, Srogatz S H. 1993. Synchronization of Lorenz based chaotic circuits with applications to communications[J]. IEEE Transactions on Circuits and Systems, 40(10): 626-632.

Davis P K, Shaver R D, Beck J. 2012. 武器装备体系能力的组合分析方法与工具 [M]. 北京: 国防工业出版社.

Defense Acquisition University. 2012. Test and Evaluation Management Guide [M]. 6th ed.Virginia: The Defense Acquisition University Press.

Deng Y S, Qin K Y, Quan S S. 2009. Synchronization in coupled fractional order Chen's chaos and application in secure communication[C].Proceedings of 2009 International Conference on ommunications, Circuits and Systems: 1122-1126.

Deng Y S, Qin K Y, Xie G M, et al. 2012. Consensus algorithm for formation echnology of multiple unmanned aerial vehicles [J]. International Review on Computers and Software, 7(7): 3764-3769.

Deng Y S, Qin K Y, Xie G M. 2013. 3-D space flight formation control for UAVS based on MAS [J]. Journal of Theoretical and Applied Information Technology, 47(2): 653-659.

Deng Y S, Qin K Y. 2010. Fractional order Liu-system synchronization and its application in multimedia security[C]. 2010 International Conference on Communications, Circuits and Systems, Hongkong, 769-772.

Deng Y S, Qin K.Y, Huang Q Z. 2013. Synchronization of complex nonlinear systems at a preset time[J]. Journal of Theoretical and Applied Information Technology, 48(1): 200-205

Dimarogonas D V, Kyriakopoulos K J. 2008. A connection between formation infeasibility and velocity alignment in kinematic multi-agent systems[J]. Automatica, 44(10): 2648-2654.

Erturk V S, Momani S, Odibat Z. 2008. Application of generalized differential transform method to multi-order fractional differential equations[J]. Communications in Nonlinear Science and Numerical Simulation, 13(8): 1642-1654.

FaxJ A, Murray R M. 2004. Information flow and cooperative control of vehicle formations[J]. IEEE Transactions on Automatic Control, 49(9): 1465-1476

Fredlake C P, Wang K. 2008. Einstein Goes to War: A Primer on Ground Conxbat Models[R].Center for Naval Analyses, 9.

Froggett S, Liu S. 2011. System performance modeling in C4ISR/weapon system design and development[J]. Naval Engineers Journal, 113(2): 55-64.

Graham J R, Decker K S, Mersic M, 2003. DECAF-A: Flexible multi-agent system architecture[J]. Autonomous Agents and Multi-Agent Systems, 7(1/2): 7-27.

Hanay Y S, Hunerli H V, Koksal M I, et al. 2007. Formation control with potential functions and Newton's iteration[C]. Proceedings of the European Control Conference, Kos, Greece.

Hong Y, Chen G, Bushnell L. 2008. Distributed observers design for leader-following control of multi-agent networks[J]. Automatica, 44(3): 846-850.

Jadbabaie A, Lin J, Morse A S. 2003. Coordination of groups of mobile autonomous agents using nearest neighbor rules[J]. IEEE Transactions on Automatic Control, 48(6): 988-1001

Jadbabaie A, Lin J, Morse A S. 2003. Coordination of groups of mobile autonomous agents using nearest neighbor rules[J]. IEEE Transactions on Automatic Control, 48(6): 988-1001.

Ji M, Egerstedt M. 2007. Distributed coordination control of multiagent systems while preserving connectedness[J]. IEEE Transactions on Robotics, 23(4): 693-703.

Jia H Y, Chen Z Q, Yuan Z Z. 2010. A novel one equilibrium hyper-chaotic system generated upon Lu attractor[J]. Chinese Physics B, 19(2): 020507.

Kim Y, Mesbahi M. 2006. On maximizing the second smallest eigenvalue of a state-dependent graph laplacian[J]. IEEE Transactions on Automatic Control, 51(1): 116-120.

Levis Alexander H, Wagenhals Lee W. 2000. Developing a Process for C3ISR Architecture Design [R]. System Architectures Laboratory C3I Center MSN 4D2 George Mason University.

Li Y H, Li Y, Liu J. 2007. An HLA based design of space system simulation environment [J] .Acta Astronautica, 61(1-6): 391-397.

Li Z W, Wang A R. 2003. A Petri nets based deadlock prevention approach for flexible manufacturing systems[J]. Acta Automatics Sinica, 29(5): 733-740.

Li Z W, Zhou M C. 2005. Elementary Siphon of Petri nets for Effective Deadlock Control in Flexible Manufacturing Systems[M]//Zhou M C, Fanti M P. Deadlock Resolution in Introduction 39 Computer-Integrated Systems. NY: Marcel-dekker Co., 309-348.

Lin P, Jia Y M, Li L. 2008. Distributed robust consensus control in directed networks of agents with time-delay [J]. Systems & Control Letters, 57(8): 643-653.

Lin P, Jia Y. 2008. Distributed robust consensus control in directed networks of agents with time-delay [J]. Systems & Control Letters, 57(8): 643-653.

Lin P, Jia Y. 2010. Robust H_∞ consensus analysis of a class of second-order multi-agent systems with uncertainty [J]. IET Control Theory & Applications, 4(3): 487-498.

Lin P, Jia Y. 2011. Multi-agent consensus with diverse time-delays and jointly-connected topologies[J]. Automatica, 47(4): 848-856.

Lin P, Qin K, Li Z, et al. 2011. Collective rotating motions of second-order multi-agent systems in three-dimensional space[J]. Systems & Control Letters, 60(6): 365-372.

Lorenzo M. 2009. Joint Test and Evaluation (JTEM)—Program Manager's Handbook for Testing in a Joint Environment[Z].

Meng Z, Yu W, Ren W. 2010. Discussion on: "consensus of second-order delayed multi-agent systems with leader-following"[J]. European Journal of Control, 16(2): 200-203.

Mo L, Jia Y. 2010. H_∞ consensus control of a class of high-order multi-agent systems[J]. IET Control Theory & Applications, 5(1): 247-253.

Moreau L. 2004. Stability of continuous-time distributed consensus algorithm[C]. Proceedings of IEEE Conference on Decision and Control, Taipei, 3998-4003.

Moreau L. 2005. Stability of multiagent systems with time-dependent communication links[J]. IEEE Transactions on Automatic Control, 50(2): 169-182

Olfati-Saber R, Fax J A, Murray R M. 2007. Consensus and cooperation in networked multi-agent systems[J]. Proceedings of the IEEE, 95(1): 215-233.

Olfati-Saber R, Murray R M. 2004. Consensus problems in networks of agents with switching topology and time-delays[J]. IEEE Transactions on Automatic Control, 49(9): 1520-1533.

Ren W, Beard R W, Atkins E M. 2005. A survey of consensus problems in multi-agent coordination[C].Proceedings of the 2005 American Control Conference, Portland, USA, 1859-1864.

Ren W, Beard R W. 2005. Consensus seeking in multi-agent systems under dynamically changing interaction topologies[J]. IEEE Transactions on Automatic Control, 50(5): 655-661.

Sang H, Wang S, Tan M, et al. 2005. Research on patrol algorithm of multiple behavior-based robot fish[J]. International Journal of Offshore and Polar Engineering, 15(1): 1-6.

Scardovi L, Sepulchre R. 2009. Synchronization in networks of identical linear systems[J]. Automatica, 45(11): 2557-2562.

Spears W M, Spears D F, Hamann J, et al. 2004. Distributed physics-based control of swarms of vehicles [J]. Autonomous Robots, 17(2-3): 137-162.

Stoian V, Ivanescu M, Stoian E. 2006. Using artificial potential field methods and fuzzy logic for mobile robot control[C]. 12th International Power Electronics and Motion Control Conference: 385-389.

Sun Y G, Wang L, Xie G M. 2008. Average consensus in networks of dynamic agents with switching topologies and multiple time-varying delays[J]. Systems & Control Letters, 57(2): 175-183.

Tabuada P, Pappas G J, Lima P. 2005. Motion feasibility of multi-agent formations[J].

IEEE Transactions on Robotics, 21(3): 387-392.

Tanner H G, Kumar A. 2005. Towards decentralization of multi-robot navigation function[C]. Proceedings of the 2005 IEEE International Conference on Robotics and Automation, 18-22 April 2005, Barcelona, Spain. IEEE, 4132-4137.

Wang H, Han Z Z, Xie Q Y, et al. 2009. Finite-time chaos control of unified chaotic systems with uncertain parameters [J]. Nonlinear Dynamics, 55(4): 323-328.

Xiao L, Boyd S. 2004. Fast linear iterations for distributed averaging[J]. Systems & Control Letters, 53(1): 65-78,

Zavlanos M M, Pappas G J. 2007. Potential fields for maintaining connectivity of mobile networks [J]. IEEE Transactions on Robotics, 23(4): 812-816.

Zhang W, Zeng D, Guo Z. 2010. H_∞ consensus control of a class of second-order multi-agent systems without relative velocity measurement[J]. Chinese Physics B, 19(7): 70518.

Zhang Y Z, Yu Y L, Yang J, et al. 2006. Simulation of Maintenance Support Hybrid System Based on HLA. Proceedings of the 6th World Congress on Intelligent Control and Automation. Dalian, China. June 21-23.

索　　引

Y

Z